工业和信息化普通高等教育"十二五"规划教材立项项目

21世纪高等学校计算机规划教材

21st Century University Planned Textbooks of Computer Science

大学计算机基础——Windows XP+Office 2007

University Computer Foundation——
Windows XP + Office 2007

孟彩霞 罗强强 主编

高校系列

人民邮电出版社

北 京

图书在版编目（CIP）数据

大学计算机基础：Windows XP+Office 2007 / 孟彩
霞，罗强强主编. -- 北京：人民邮电出版社，2012.9（2015.8 重印）
21世纪高等学校计算机规划教材
ISBN 978-7-115-28846-2

Ⅰ. ①大… Ⅱ. ①孟… ②罗… Ⅲ. ①电子计算机—
高等学校—教材 Ⅳ. ①TP3

中国版本图书馆CIP数据核字(2012)第187576号

内 容 提 要

本书是根据教育部高等学校计算机基础课程教学指导委员会 2009 年编制的《高等学校计算机基础教学发展战略研究报告暨计算机基础课程教学基本要求》中关于"大学计算机基础"课程的教学基本要求编写而成的。

全书分为 3 篇，共 12 章。第 1 篇为基础知识篇，讲述了计算机的基本概念、信息在计算机中的表示、计算机系统和计算机软件系统，共 4 章内容；第 2 篇为现代办公平台篇，以 Windows XP 操作系统为平台，介绍了 Microsoft Office 2007 中的字处理软件 Word 2007、电子表格处理软件 Excel 2007 和演示文稿创作软件 PowerPoint 2007，共 4 章内容；第 3 篇为应用技术篇，介绍了计算机网络技术、多媒体信息处理技术、数据库技术和信息安全技术，共 4 章内容。为方便教学，每章后均配有小结与习题。

本书由具有丰富教学经验的一线教师编写，内容新颖，概念清楚，通俗易懂，注重实用。本书适合作为高等院校非计算机专业计算机公共基础课程的教材，也可作为计算机爱好者的自学教材。

21 世纪高等学校计算机规划教材

大学计算机基础——Windows XP+Office 2007

- ◆ 主　编　孟彩霞　罗强强
　　责任编辑　贾　楠

- ◆ 人民邮电出版社出版发行　　北京市丰台区成寿寺路 11 号
　　邮编　100164　电子邮件　315@ptpress.com.cn
　　网址　http://www.ptpress.com.cn
　　三河市海波印务有限公司印刷

- ◆ 开本：787×1092　　1/16
　　印张：17.5　　　　　　　　2012 年 9 月第 1 版
　　字数：460 千字　　　　　2015 年 8 月河北第 6 次印刷

ISBN 978-7-115-28846-2

定价：36.00 元

**读者服务热线：(010)81055256　印装质量热线：(010)81055316
反盗版热线：(010)81055315**

广告经营许可证：京崇工商广字第 0021 号

前言

我国信息化进程的突飞猛进，改变着人们的生活、工作、学习、思维方式和价值观。当前，普遍认为高校计算机基础教育正进入一个新的发展阶段，并呈现出以下几个特点：①确立了计算机基础教学的基础课程地位，计算机基础课程在各专业的本科培养计划中已成为不可缺少的一部分；②随着我国计算机教育在中学阶段的普及发展，越来越多大学新生的计算机基础水平摆脱"零起点"，"计算机文化基础"作为大学第一门计算机基础课程逐渐发展变化为有大学课程特点的"大学计算机基础"；③计算机技术与众多专业的融合，大大丰富了专业课的教学内容，这种融合已成为一种新的科技发展趋势，各专业对学生的计算机应用能力的要求日趋强烈。在新的发展阶段，计算机基础教育在高校越来越被关注和重视。计算机基础教学与数学、物理等课程一样，已经作为大学基础教育的一个基本组成部分。计算机基础教学的成败直接关系到我国未来的高素质人才信息素养的培养程度，加强非计算机专业计算机基础教学对培养具有创新能力的高素质人才是十分重要的。

教育部高等学校计算机基础课程教学指导委员会在 2006 年就提出"1+X"的课程设置方案，2009 年又在此基础上进行了充实和发展，并指出应继续实施"1+X"的课程方案。"大学计算机基础"课程是大学本科必修的一门公共基础课程，是"1+X"课程设置方案开设的第一门计算机基础课程。该课程主要讲授计算机技术四大领域的基础知识与基本技术，涉及计算机软硬件系统的基本概念、组成与工作原理，还涉及信息技术、网络应用等方面的基础性内容。这些内容不仅可以拓展学生的视野，而且使他们能在一个较高的层次上认识计算机和应用计算机，还有助于提高学生在计算机与信息技术方面的基本素质。

本书是根据教育部高等学校计算机基础课程教学指导委员会 2009 年编制的《高等学校计算机基础教学发展战略研究报告暨计算机基础课程教学基本要求》中关于"大学计算机基础"课程的教学基本要求编写而成的。在选材上从实用和教学的角度出发，深入浅出地介绍了计算机的相关知识。本书具有以下几个特点。

① 内容先进。本教材注重将信息技术、计算机技术、网络技术，以及教学研究和科学研究的最新理论、最新成果和最新发展适当地引入教材中，保持了教材的先进性。

② 适应面广。本书以教育部计算机基础教育教学改革为依据，兼顾了理工、农林、经管、人文等各种类型专业对教材的要求。

③ 立体配套。为适应教学模式、方法和手段的改革，本书还配有练习题和上机指导、多媒体电子教案等，以利于学生自学。

全书分为基础知识、现代办公平台和应用技术 3 篇，共 12 章。

第 1 篇为基础知识篇，包含 4 章（第 1 章～第 4 章）。第 1 章计算机基本概念，介绍了计算机的特点、分类和应用，以及计算机的产生、发展和展望；第 2 章信息在计算机中的表示，讲解了数制的概念及数制转换，二进制的数字世界，以及计算机中信息的编码；第 3 章计算机系统，介绍了计算机系统的基本组成和工作原理，以及微型计算机的基本结构；第 4 章计算机软件系统，介绍了软件的概念及分类、操作系统基本知识，以及程序设计语言与语言处理程序。本篇的学习，一方面使读者对计算机有一个概括的理解，另一方面也为读者使用计算机提供必备的基础知识。

第 2 篇为现代办公平台篇；包含 4 章（第 5 章～第 8 章）。第 5 章介绍了 Windows XP 操作系统平台，接下来的 3 章分别介绍了 Microsoft Office 2007 中的字处理软件 Word 2007、电子表格处理软件 Excel 2007 和演示文稿创作软件 PowerPoint 2007。通过这些办公软件的学习，读者可以掌握现代办公的基本技能。

第 3 篇为应用技术篇，包含 4 章（第 9 章～第 12 章）。第 9 章计算机网络技术，介绍了计算机网络的定义、分类、拓扑结构、网络协议和网络体系结构、网络中常用的硬件、Internet 基础知识、接入 Internet 和 IP 地址、网页制作等；第 10 章多媒体信息处理技术，介绍了多媒体技术基本概念，声音、图像和视频的处理技术；第 11 章数据库技术，介绍了数据库系统的基本概念：数据、数据库、数据库系统以及数据模型，然后介绍了微软 Office 办公套件中自带的一个小型的关系型数据库管理系统 Access；第 12 章介绍了信息安全技术。

大学计算机基础课程是一门实践性很强的课程，必须配合一定数量的上机实验，与本教材配合使用的还有一本实验指导教材。本教材建议讲课学时为 32～48 学时，并配合一定数量（约 20～32 学时）的实验学时。讲授时也可以根据学时需要对内容进行适当取舍。

本书由孟彩霞、罗强强任主编，参与编写的还有王燕、陈皓、刘擎、李培、白琳、张琼等老师。其中孟彩霞负责全书内容的取材和组织，并编写了第 1、4、11 章，罗强强编写了第 2、3 章，陈皓编写了第 5 章，刘擎编写了第 6 章，李培编写了第 7 章，白琳编写了第 8、12 章，张琼编写了第 9 章，王燕编写了第 10 章。最后由孟彩霞审校和统稿。在编写本书的过程中参阅了大量文献资料，在此向这些文献资料的作者表示感谢。

本书由具有丰富教学经验的一线教师编写，内容新颖，概念清楚，通俗易懂，注重实用，适合作为高等院校非计算机专业计算机公共基础课程的教材，也可作为计算机爱好者的自学教材。

由于作者水平有限，编写时间仓促，书中难免存在错误和不足之处，恳请读者批评指正。

编　者

2012 年 6 月

目　录

第 1 篇
基础知识篇

　　本篇从计算机基本概念入手，介绍计算机的特点、分类和应用，以及计算机的产生、发展和展望。在此基础上，进一步介绍信息在计算机中的表示，计算机系统的基本组成和工作原理，微型计算机的基本结构，以及计算机软件系统的基本知识。通过本篇的学习，一方面使读者对计算机有一个概括的理解，另一方面也为读者使用计算机提供必备的基础知识。

第1章
计算机的基本概念

1.1　什么是计算机

　　电子计算机是 20 世纪人类最伟大的发明之一，计算机的发明和应用延伸了人类的大脑，提高和扩展了人类脑力劳动的效能，发挥和激发了人类的创造力，标志着人类文明的发展进入了一个崭新的阶段。像电一样，计算机已成为人类现代生活中不可或缺的组成部分。

　　计算机是一种由电子器件构成的，具有计算能力和逻辑判断能力，自动控制和记忆功能的信息处理机。它可以自动，高效，精确地对数字、文字、图像和声音等信息进行存储，加工和处理。

1.1.1　计算机的特点

　　计算机技术是信息化社会的基础，信息技术的核心，这是由计算机的特点所决定的。计算机的特点可概括为以下几个方面。

1. 运算速度快

　　计算机的运算速度是其他任何一种工具无法比拟的。目前，世界上最快的计算机突破了每秒 1 万万亿次的运算速度，普通的 PC 运算速度也可以达到每秒千万次以上。正是有了这样的计算速度，使得过去不可能完成的计算任务得到了解决，使时限性强的复杂问题可在限定的时间内解决，如在军事、气象、金融、交通、通信等领域可以实现实时，快速的服务。而且，计算机的运算速度还以每隔几年提高一个数量级的速度不断地发展。

2. 计算精度高

　　尖端科学技术的发展往往需要高度精确的计算能力，计算机是采用二进制数字进行运算的，只要用于表示数值的二进制位数足够多，就能提高计算精度。事实上，一般计算机可以有十几位甚至几十位二进制有效数字，计算精度可精确到万分之几甚至千万分之几，这是人类历史上任何一种计算工具所望尘莫及的。

3. 存储容量大

　　存储容量表示存储设备可以保存多少信息。计算机的存储器类似于人的大脑，不但能够"记忆"（存储）大量的信息，而且能够快速准确地存入或取出这些信息。应用计算机可以从浩如烟海的文献、资料和数据中查找信息，并把处理这些信息变成容易的事情。

　　早期的计算机，由于存储容量小，存储器常常成为限制计算机应用的"瓶颈"，随着微电子技术的发展，计算机的存储容量越来越大。现在一台普通的 PC 主存储器存储容量都在 1GB～4GB。

4. 具有逻辑判断能力

逻辑判断是计算机的又一重要特点，计算机不仅能进行算术运算，还能进行逻辑运算，实现推理和证明。记忆功能、算术运算和逻辑判断功能相结合，使得计算机能模仿人类的某些智能活动，成为人类脑力延伸的重要工具，所以计算机又称为"电脑"。

5. 可靠性高

随着计算机硬件技术的发展，采用了大规模和超大规模集成电路的计算机具有非常高的可靠性，因硬件引起的错误越来越少。

6. 能自动运行且支持人机交互

所谓自动运行，就是人们把需要计算机处理的问题编成程序，存入计算机中，当发出运行指令后，计算机便在该程序控制下依次逐条执行，不再需要人工干预。人机交互则是在人想要干预时，采用"人机之间一问一答"的形式，有针对性地解决问题。这些特点都是过去的计算工具所不具备的。

1.1.2　计算机的分类

随着计算机技术的发展和应用的推广，计算机的类型越来越多样化，可以按不同的分类方法对计算机进行分类。根据用途划分，计算机可分为通用机和专用机。通用性的特点是通用性强，具有很强的综合处理能力，能够解决各种类型的问题。专用则指功能单一，配有解决特定问题的软、硬件，能够高速、可靠地解决特定的问题。通常，按照计算机的运算速度、字长、存储容量、软件配置及用途等多方面的综合性能指标，将计算机分为巨型计算机、大型计算机、小型计算机、服务器、工作站和微型计算机。

1. 巨型计算机

巨型计算机也称为超级计算机，是功能极强、速度极快、存储量巨大、结构复杂、价格昂贵的一类计算机。巨型计算机主要用在国防、航天、生物、气象、核能等高级科学研究机构。生产这类计算机的能力可以反映一个国家的计算机科学水平。我国是世界上能够生产巨型计算机的少数国家之一。

2. 大型计算机

大型计算机的规模次于巨型计算机，也有较高的运算速度和较大的存储容量，有比较完善的指令系统和丰富的外部设备。大型计算机主要用于大型计算中心、金融业务和大型企业等需要极大的数据存储和计算能力的地方。

3. 小型计算机

小型计算机规模比大型计算机要小，其结构相对较为简单，成本较低，易于维护和使用。小型计算机适合于中小型单位使用，主要用于科学计算、数据处理和自动控制等。

4. 服务器

服务器是一种可以被网络用户共享的高性能计算机，一般都配置有多个中央处理单元（Central Processing Unit，CPU），有较高的运行速度，同时具有大容量的存储设备和丰富的外部接口。

服务器用于存放各类网络资源，并为网络用户提供不同的资源共享服务。常用的服务器有Web 服务器、电子邮件服务器、域名服务器、文件传输服务器（FTP）等。

5. 工作站

工作站是一种高档微型计算机，通常配有大容量的主存、大屏幕的显示器、较高的运算速度和较强的网络通信功能。工作站最突出的特点是图形功能强，具有很强的图形交互和处理能力。

因此，工作站主要用于工程领域，特别是在计算机辅助设计（Computer Aided Design，CAD）和图像处理等领域得到广泛应用。

6．微型计算机

微型计算机简称微机，也称为个人计算机（Personal Computer，PC），是以微处理器为中央处理单元。微机最大的特点就是体积小、价格便宜、灵活性好，有利于普及和推广。目前，微机已广泛应用于办公自动化、信息检索、家庭教育和娱乐等。

1.1.3 计算机的应用

计算机具有存储容量大，处理速度快，可靠性高，同时又具有很强的逻辑推理和判断能力等特点，所以已被广泛应用于各种学科领域，并迅速渗透到人类社会的各个方面，正改变着人们传统的工作、学习和生活方式，推动着社会的发展。数字化生活可能成为未来生活的主要模式，人们离不开计算机，计算机世界也将更加丰富多彩。

下面就从科学计算、数据处理、过程控制、辅助系统、人工智能、电子商务和多媒体技术等几个方面加以叙述。

1．科学计算

科学计算也称为数值计算，是指应用计算机处理科学研究和工程计算中所遇到的数学计算。科学计算是计算机最早的应用领域，世界上第一台计算机就是为军事科学计算而研制的。现代科学技术的迅速发展，使得各种科学研究的计算模型日趋复杂。针对科学计算计算工作量大，数值变化范围大的特点，利用计算机的高速度、高精度及自动化的特点不仅可以使人工难以或无法解决的复杂计算问题变得轻而易举，而且还能大大提高工作效率，有力地推动科学技术的发展。例如在天文学、量子化学、空气动力学、核物理学等领域中，都需要依靠计算机进行复杂的计算。

2．数据处理

数据处理也称为非数值计算，是指对大量的非数值数据（文字、符号、声音、图像等）进行加工处理，例如，编辑、排版、分拆、合并、分类、检索、统计、传输、压缩、合成等。与数值计算不同，数据处理涉及的数据量大，但计算较简单。

计算机中的数据其实就是符号化后的信息，数据处理有时也称为信息处理。现代社会是信息化的社会，随着社会的不断进步，信息量也在急剧增加。计算机最广泛的应用就是信息处理，有关资料表明，世界上80%以上的计算机主要用于信息处理。信息处理的特点是：数据量大，但不涉及复杂的数学运算；有大量的逻辑判断和输入/输出，时间性较强。主要应用在生产管理、财务管理、人事管理、票务管理、情报检索、办公自动化等方面。

数据处理是现代化管理的基础，它不仅应用于处理日常事务，还能支持科学的管理与决策。以一个企业为例，从市场预测，经营决策，生产管理到财务管理，无不与数据处理有关。实际上，许多现代应用仍是数据处理的发展和延伸。目前越来越多的企事业单位严重地依赖计算机维持自己的正常运转。

3．过程控制

过程控制又称实时控制，是指计算机及时采集动态的监测数据，并按最优方案迅速地对控制对象进行自动控制或自动调节。

现代工业由于生产规模不断扩大，技术和工艺日趋复杂，从而对实现生产过程自动化的控制系统的要求也日益增高。利用计算机进行过程控制，不仅可以大大提高控制的自动化水平，而且可以提高控制的及时性、准确性和可靠性，从而改善劳动条件，提高质量，节约能源，降低成本。

计算机过程控制主要应用于冶金、石油、化工、纺织、水电、机械、航天等工业领域，在军事、交通等领域也得到了广泛的应用。

4．计算机辅助系统

计算机辅助系统包括计算机辅助设计、计算机辅助制造、计算机辅助教学等。

计算机辅助设计（Computer Aided Design，CAD）是指用计算机帮助设计人员进行产品和工程设计。由于计算机有快速的数值计算，较强的数据处理及模拟能力，使 CAD 技术得到广泛应用。例如，在建筑设计中广泛使用的计算机辅助绘图、产品造型等，可以对设计方案进行分析比较，绘制出工业标准的施工图纸，统计所需的各种材料等。目前，计算机辅助设计广泛用于飞机或船舶设计、建筑设计、机械设计、大规模集成电路设计等。采用计算机辅助设计后，不仅降低了设计人员的工作量，提高了设计的速度，更重要的是提高了设计的质量。

计算机辅助制造（Computer Aided Manufacturing，CAM）是指用计算机对生产设备进行管理、控制和操作的过程。例如，在产品的制造过程中，用计算机控制机器的运行，处理生产过程中所需的数据，控制和处理材料的流动以及对产品进行检测等。使用 CAM 技术可以提高产品的质量、降低成本、缩短生产周期、减轻劳动强度。

有了 CAD 的设计标准，就可以实现 CAM 的标准化和生产自动化过程，从而进一步产生计算机辅助设计、辅助制造的集成制造系统——计算机集成制造系统（Computer Integrated Manufacturing System，CIMS）。

计算机辅助教学（Computer Aided Instruction，CAI）是指教师可以将某门课的教学内容编制成电子教案、多媒体课件等，学生还可以通过计算机或计算机网络，根据自己的能力、学习要求和掌握程度选择不同的学习内容，循序渐进地有目标地学习。通过学生与计算机之间的交互活动来达到教学目的，使教学内容和形式多样化、形象化。

5．人工智能

人工智能（Artifical Intelligence，AI）是指用计算机来模拟人的思维判断、推理等智能活动，就是使计算机具有自学习适应和逻辑推理的功能。虽然计算机的能力在许多方面远远超过了人类，如计算速度，但是真正要达到人的智能还是非常遥远的事情。目前有些智能系统已经能够替代人的部分脑力劳动，并获得实际应用。机器人是人工智能应用的典型例子，机器人可以帮助人们完成一些在恶劣条件下的繁重工作，例如在放射线、有毒、高温等环境下的工作，都可以控制机器人准确无误地完成。

人工智能还有一个典型的应用案例——"深蓝"。"深蓝"是 IBM 公司研制的一台超级计算机，在 1997 年 5 月 11 日，"深蓝"仅用了一个小时便轻松地战胜俄罗斯国际象棋世界冠军卡斯帕罗夫，并以 3.5:2.5 的总比分赢得人与计算机之间的挑战赛，这是在国际象棋上人类智能第一次败给计算机。

6．电子商务

电子商务（Electronic Commerce，EC）是在 Internet 开放的网络环境与传统信息技术系统的丰富资源相结合的背景下应运而生的一种网上相互关联的动态商务活动，简单地说，是指利用计算机和网络进行的新型商务活动。电子商务作为一种新型的商务方式，将生产企业、流通企业以及消费者和政府带入了一个网络经济，数字化生存的新天地，它可以让人们不再受时间、地域的限制，以一种非常简捷的方式完成过去较为繁杂的商务活动。

电子商务的发展前景广阔，它向人们提供新的商业机会和市场需求。世界上许多公司已经开始通过 Internet 进行商业交易，他们通过网络方式与顾客、批发商、供货商、股东等进行相互间的联系，迅速快捷，费用低廉，其业务量往往超出传统方式。但同时，电子商务系统也面临着诸如保密性、可测性和可靠性等方面的挑战，不过这些问题也会随着网络信息技术的发展和社会的进步而得到解决。

电子商务根据交易双方的不同，分为三种形式：①B2B，交易双方都是企业，这是电子商务的主要形式；②B2C，交易双方是企业和消费者；③C2C，交易双方都是消费者。国内知名的电子商务网站有：阿里巴巴集团在 2003 年 5 月投资创立的 C2C 交易网站淘宝网（http://www.taobao.com），2004 年初涉足电子商务领域的国内 B2C 市场最大的 3C 网购专业平台京东商城（http://www.360buy.com），腾讯 2005 年 9 月上线发布的 C2C 交易网站拍拍网（http://www.paipai.com），当当网信息技术有限公司运营的 C2C 交易网站当当网（http://www.dangdang.com），成立于 1992 年的国内领先的 B2B 电子商务服务供应商慧聪网（http://www.hc360.com），成立于 1999 年的中国领先的在线旅游服务公司携程网（http://www.ctrip.com），等等。

电子商务始于 1996 年，时间虽然不长，但其高效率、低支付、高收益和全球性的优点，很快受到各国政府和企业的广泛重视，发展势头不可小觑。目前电子商务交易额正以每年数倍的速度增长，仅我国在 2011 年电子商务交易额就超过 6 万亿元。

7. 多媒体技术

多媒体技术是以计算机技术为核心，将现代声像技术和通信技术融为一体，追求更自然、更丰富的界面的技术，其应用领域十分广泛。多媒体技术不仅覆盖了计算机的绝大部分应用领域，同时还拓展了新的应用领域，如可视电话、视频会议系统等。

1.1.4　计算机的性能指标

计算机的性能指标反映着计算机的能力，但计算机能力的强弱或性能的好坏，不是由某项指标来决定的，而是由它的系统结构、指令系统、硬件组成、软件配置等多方面的因素综合决定的。不过对于大多数普通用户来说，可以从字长、主频、运算速度、存储容量等几个主要指标来大体评价计算机的性能。

1. 字长

计算机字长是指计算机运算部件能一次处理的二进制数据的位数。计算机的字长总是 8 的倍数，如 8 位、16 位、32 位、64 位等。显然，字长越长，计算机的运算速度就越快，运算精度也就越高，因此字长是计算机中一个很重要的技术性能指标。早期的微型计算机的字长一般是 8 位和 16 位，目前的微型计算机字长大多是 32 位，有些高档微机已达到 64 位。

2. 主频

主频是指 CPU 的时钟频率。它是决定计算机运算速度的重要指标。一般说来，主频越高，计算机的运算速度越快。主频使用的单位为赫兹（Hz），目前的微型计算机主频都在 1GHz 以上，如 Pentium 4 1.5G 的主频为 1.5GHz。由于微处理器发展迅速，微机的主频也在不断提高，"奔腾"（Pentium）处理器的主频目前已超过 2GHz。

3. 运算速度

计算机的运算速度是指每秒钟所能执行的加法指令条数，通常用每秒百万条指令（Million Instruction Per Second，MIPS）来表示。运算速度是衡量计算机性能的一项重要指标，它更能直观地反映计算机的运行速度。目前微机的运算速度在 200MIPS～300MIPS，甚至更高。

4. 存储容量

存储容量是指存储设备存储信息的能力。一般分为内存容量和外存容量。

（1）内存容量

内存容量是指内存储器能够存储信息的总字节数。内存容量越大，它所能存储的数据和运行的程序就越多，其处理数据的能力就越强，所以内存容量是计算机的一个重要性能指标。目前微机的内存容量一般为 1GB～4GB。

（2）外存容量

外存容量是指外存储器能够存储信息的总字节数。外存储器通常是指硬盘（包括内置硬盘和移动硬盘）。外存储器容量越大，可存储的信息就越多，可安装的应用软件就越丰富。目前硬盘容量一般为 160GB～1TB。

（3）常用容量单位

● 比特

1 位二进制数所表示的信息量称为一个比特（bit，简称 b），它只能表示 0 或 1 两个信息，这是最小的信息单位。

● 字节

1 个字节（Byte，简称 B）由 8 位二进制位组成，即 1B=8b，字节是计算机表示存储的基本单位。

● 其他单位

由于计算机的存储容量较大，实际使用的单位有千字节（KB）、兆字节（MB）、吉字节（GB）、太字节（TB），它们之间的换算关系如下：

$1KB = 2^{10}B = 1\ 024B$

$1MB = 2^{10}KB = 2^{20}B$

$1GB = 2^{10}MB = 2^{30}B$

$1TB = 2^{10}GB = 2^{40}B$

以上只是一些主要性能指标。除了上述这些主要性能指标外，还有其他一些指标，例如，可靠性和可维护性，所配置外围设备的性能指标以及所配置系统软件的情况等。另外，各项指标之间也不是彼此孤立的，在实际应用时，应该把它们综合起来考虑，而且还要遵循"性能价格比"的原则。

1.2　计算机的发展和展望

在漫长的文明发展过程中，人类发明了许多计算工具，其中电子计算机的历史只有 60 多年时间。像任何新生事物一样，它的发展也经历了一个不断完善的过程。

1.2.1　第一台电子计算机的诞生

计算机作为一种计算工具，可追溯到中国古代。早在春秋战国时期（公元前 770 年～公元前 221 年），我们的祖先已使用竹子制作的算筹完成计算，唐代时已出现早期的算盘，宋代时已有算盘口诀的记载。17 世纪后，西方产业革命，推动了计算工具的进一步发展，在欧洲出现了能实现加、减、乘、除运算的机械式计算机。1944 年，美国物理学家霍华德·艾肯（Howard Aiken）领导完成了第一台机电式通用计算机，其主要组件采用继电器，是一台可编程序的自动计算机。

世界公认的第一台通用电子数字计算机是在 1946 年 2 月由美国宾夕法尼亚大学莫尔学院电工

系莫克利（John Mauchly）和埃克特（J.Presper Eckert）领导的科研小组研制成功的，取名为 ENIAC（Electronic Numerical Integrator And Calculator，电子数字积分计算机），可读作"埃尼克"，如图 1.1 所示。ENIAC 是一个庞然大物，体积大约 90 立方米，占地 170 平方米，重量达到 30 吨，存放在 30 多米长的大房间里。ENIAC 共使用了 18 000 多个电子管、1 500 多个继电器及其他元器件，每小时耗电 140kW，投资超过 48 万美元。ENIAC 计算机计算速度虽然只有每秒 5 000 次，但它预示着科学家们将从奴隶般的计算中解脱出来，它的问世，标志着人类计算工具的历史性变革，也表明了电子计算机时代的到来，具有划时代的意义。

图 1.1　世界上第一台通用电子数字计算机 ENIAC

ENIAC 计算机存在两大缺点，一是没有存储器；二是用布线接板进行控制。为了在机器上进行几分钟的数字计算，其准备工作要花去几小时甚至几天的时间，使用很不方便。ENIAC 主要用于军事领域中一些复杂的科学计算，从 1946 年 2 月开始投入使用，到 1955 年 10 月最后切断电源，服役 9 年多。ENIAC 的发明仅仅表明计算机的问世，对以后研制的计算机没有什么影响，EDVAC（Electronic Discrete Variable Automatic Computer，离散变量自动电子计算机）的发明才为现代计算机在体系结构和工作原理上奠定了基础。

被称为现代计算机之父的美籍匈牙利数学家冯·诺依曼（John Von Neumann，1903—1957）于 1945 年提出"存储程序"的概念，并于 1946 年 6 月发表了名为"电子计算机逻辑结构初探"的论文，阐述了存储程序的思想并确立了电子计算机由输入设备、输出设备、存储器、运算器和控制器 5 个部件组成的基本结构。冯·诺依曼与宾夕法尼亚大学莫尔学院电工小组合作，应用"存储程序"的概念设计制造了 EDVAC 计算机。"存储程序"的概念为研制和开发现代计算机奠定了基础，以此概念为基础的各类计算机统称为冯·诺依曼计算机。60 多年来，尽管计算机系统在性能指标、运算速度、工作方式、应用领域等方面与当时的计算机有很大差别，但基本结构没有变，都称为冯·诺依曼计算机。

1.2.2　计算机的发展阶段

从第一台电子计算机诞生以来，电子计算机已经走过了 60 多年的历程，它的体积不断变小，但性能、速度却在不断提高。计算机硬件性能与所采用的电子器件密切相关，因此器件的更新换代也作为计算机换代的主要标志。根据计算机采用的物理器件，一般将计算机的发展分为 4 个阶段，也称为 4 代。

随着计算机硬件技术的不断发展，计算机硬件的功能越来越强大，辅之以不断发展的软件技术，使得计算机应用越来越广泛。

1. 第一代电子计算机

第一代电子计算机采用的主要元件是电子管，称为电子管电子计算机，时间大约为 1946 年～1957 年。其主要特征如下。

- 采用电子管元件，体积庞大、耗电量高、可靠性差、维护困难。
- 主存采用阴极射线管或汞延迟线，存储空间有限，内存容量仅为几 KB。
- 输入输出设备简单，采用穿孔纸带、卡片等。
- 程序设计主要使用机器语言或符号语言，几乎没有什么系统软件。
- 计算速度慢，一般为每秒 1 千次到 1 万次运算。
- 应用领域主要是科学计算。

由于当时电子技术条件的限制，第一代计算机的造价很高，主要用于军事和科学研究工作。其代表机型有 IBM650（小型机）、IBM709（大型机）。

2. 第二代电子计算机

第二代电子计算机采用的主要元件是晶体管，称为晶体管电子计算机，时间大约为 1958 年～1964 年，其主要特征如下。

- 采用晶体管元件，体积大大缩小、可靠性增强、寿命延长。
- 普遍采用磁芯作为内存储器，外存有了磁盘、磁带，外设的种类也有所增加。存储容量大大提高，内存容量扩大到几十 KB。
- 提出了操作系统的概念，程序设计语言出现了 FORTRAN、COBOL、ALGOL 等高级语言。
- 计算速度加快，达到每秒几万次到几十万次运算。
- 计算机应用领域扩大，除了科学计算外，还用于数据处理，实时过程控制等。

与第一代计算机相比，晶体管电子计算机体积小、成本低、功能强，可靠性也大大提高，其应用范围更加广阔。其代表机型有 IBM7090、CDC7600。

3. 第三代电子计算机

第三代电子计算机是中小规模集成电路电子计算机，时间大约为 1965 年～1970 年。20 世纪 60 年代中期，随着半导体工艺的发展，人们已制造出了集成电路元件，集成电路可以在几平方毫米的单晶硅片上集成十几个甚至上百个电子元件。计算机开始采用中小规模的集成电路元件。其主要特征如下。

- 采用小规模集成电路（Small Scale Integration，SSI）和中规模集成电路（Middle Scale Integration，MSI）块代替了晶体管，体积进一步缩小，寿命更长。
- 普遍采用半导体存储器，存储容量进一步提高，而体积更小，价格更低。
- 高级程序设计语言有了很大的发展，出现了操作系统和会话式语言，计算机功能更强大。
- 计算速度进一步加快，每秒可达几十万次到几百万次运算。
- 计算机使用范围扩大到企业管理和辅助设计等领域。

随着技术的进一步发展，计算机的体积越来越小，价格越来越低，而软件越来越完善。这一时期，计算机同时向标准化、多样化、通用性、机种系列化方向发展。计算机开始广泛应用在各个领域。其代表机型有 IBM360。

4. 第四代电子计算机

第四代电子计算机是大规模和超大规模集成电路电子计算机，时间从 1971 年至今。进入 20 世纪 70 年代以后，集成电路制造工艺飞速发展，产生出了大规模和超大规模集成电路元件，使计算机进入到一个新的时代，即计算机使用的集成电路迅速从中小规模发展到大规模和超大规模的水平。其主要特征如下。

- 采用大规模集成电路（Large Scale Integration，LSI）和超大规模集成电路（Very Large Scale Integration，VLSI）元件，体积与第三代相比进一步缩小。在硅半导体芯片上集成了几十万甚至几百万个电子元器件，可靠性更好，寿命更长。
- 内存存储容量进一步扩大，体积更小，价格更低。
- 软件配置更加丰富，软件系统工程化、理论化，程序设计实现部分自动化。同时发展了并行处理技术和多机系统，微型计算机大量进入家庭，产品的更新速度更快。
- 计算速度可达每秒几千万次到几万亿次运算。
- 计算机在办公自动化、数据库管理、图像处理、模式识别和专家系统等各个领域大显身手，计算机的发展进入了以计算机网络为特征的时代。

大规模和超大规模集成电路应用的一个直接结果是微处理器和微型计算机的诞生。微处理器是将传统的运算器和控制器集成在一块大规模或超大规模集成电路芯片上，作为中央处理单元（CPU）。以微处理器为核心，再加上存储器和接口等芯片以及输入输出设备，便构成了微型计算机。微处理器自 1971 年诞生以来几乎每隔两三年就要更新换代，以高档微处理器为核心构成的高档微机计算机系统已达到并超过了传统超级小型计算机的水平。由于微型计算机体积小、功耗小、成本低，其性能价格比占有很大优势，因而得到了广泛的应用。微处理器和微型计算机的出现不仅深刻地影响着计算机技术本身的发展，同时也使计算机技术渗透到了社会生活的各个发面，极大地推动了计算机的普及。

总之，计算机从第一代发展到第四代，已由仅仅包含硬件的系统发展到包括硬件和软件两大部分的计算机系统。计算机的种类也一再分化，发展成微型计算机、小型计算机、通用计算机（包括巨型、大型、中型计算机）以及各种专用机等。由于技术的更新和应用的推动，计算机一直处于飞速发展之中。依据信息技术发展功能价格比的摩尔定律，计算机芯片的功能每 18 个月就会翻一番，而价格减一半。

1.2.3　计算机的发展趋势

20 世纪 90 年代以来，计算机技术发展迅速，产品不断更新换代，计算机技术向纵深发展，不论是在硬件还是在软件方面都不断有新的产品推出，总的发展趋势可以归纳为以下几个方面。

1. 巨型化

巨型化是向高速度、大容量和强大功能发展的巨型计算机，这主要是为了满足尖端科学技术、军事、天文、气象、地质等领域的需要，这些领域具有计算数据量大、速度要求快、记忆信息量大等特征。巨型机的发展集中体现了计算机技术的发展水平，它可以推动多个学科的发展。

2. 微型化

微型化是进一步提高集成度，使用高性能的超大规模集成电路研制微型计算机，使其质量更加可靠，性能更加优良，价格更加低廉，整台机器更加小巧，从而使其普及到千家万户，深入到生活的各个领域。计算机向着微型化方向发展和向着多功能方向发展仍然是今后计算机发展的方向。

3. 网络化

网络化是将分布在不同位置上独立的计算机通过通信线路连接起来，以便各计算机用户之间可以相互通信并能共享资源。网络应用已成为计算机应用的重要组成部分，现代的网络技术已成为计算机技术中不可缺少的内容。可以说，21 世纪是网络时代，还有人曾说过"不联网的计算机不能称为真正意义上的计算机"。网络化，尤其是 Internet 的发展能够充分利用计算机的资源，并且进一步扩大了计算机的使用范围，这也是目前网络发展最为迅速的一个方面。

4. 智能化

智能化是让计算机能够模拟人的感觉和思维的能力，是未来计算机发展的总趋势。20 世纪 80 年代以来，美国和日本等工业发达国家就开始投入大量的人力、物力，积极研究支持逻辑推理和知识库的智能计算机，也有人把它称为第五代计算机。智能计算机突出了人工智能方法和技术的应用，在系统设计中考虑了建造知识库管理系统和推理机，使得机器本身能根据储存的知识进行推理和判断。这种计算机除了具备现代计算机的功能外，还要具有在某种程度上模仿人的推理、联想、学习等思维功能，并且具有声音识别、图像识别能力。虽然经过相当一段时间的努力，人们才认识到实现这些功能并非易事，但这种智能化思路应是今后计算机的研究方向。

5. 多媒体化

多媒体技术是集文字、声音、图形、图像和计算机于一体的综合技术。它以计算机软硬件技术为主体，包括数字化信息技术，音频和视频技术，通信和图像处理技术以及人工智能技术和模式识别技术等，因此是一门多学科多领域的高新技术。目前多媒体技术虽然已经取得很大的发展，但高质量的多媒体设备和相关技术还需要进一步研制，主要包括视频和音频数据的压缩解压缩技术，多媒体数据的通信，以及各种接口的实现方法等。因此，多媒体计算机也是 21 世纪开发和研究的热点之一。

1.2.4 未来的新型计算机

目前的计算机都遵循着冯·诺依曼所提出的设计思想，因此称为冯·诺依曼计算机。但由于受到电子物理特性的限制和冯·诺依曼体系结构的制约，电子计算机经过几十年的飞速发展后，不论在技术上还是理论上都已受到限制，只有突破冯·诺依曼体系结构才能产生革命性的进展。科学家们正在致力于研究和探索各种非冯·诺依曼计算机，并且在以下几个方面取得了一定的进展。

1. 光子计算机

光子计算机是利用光束取代电子进行数据运算、传输和存储的计算机。在光子计算机中，不同波长的光代表不同的数据，可以对复杂度高、计算量大的任务实现快速的并行处理。与电子相比，光子具有许多独特的优点，比如它的速度永远等于光速，具有电子所不具备的频率及偏振特性，从而大大提高了传载信息的能力等。此外，光信号传输根本不需要导线，即使在光线交汇时也不会互相干扰。

根据推测，未来光子计算机的运算速度可能比今天的超级计算机快一千到一万倍，并且具有非常强的并行处理能力。在工作环境要求方面，超高速的计算机只能在低温条件下工作，而光子计算机在室温下就能正常工作。另外，光子计算机还具有与人脑相似的容错性，如果系统中某一元件遭到损坏或运算出现局部错误，并不影响最终的计算结果。

1990 年，美国贝尔实验室宣布研制出世界上第一台光子计算机，它采用砷化镓光学开关，运算速度达每秒 10 亿次。尽管这台光子计算机与理论上的光子计算机还有一定距离，但已显示出强大的生命力。目前，光子计算机的许多关键技术，如光存储技术、光存储器和光电子集成电路等都已取得重大突破，然而要研制出光子计算机，还需开发出可用一条光束来控制另一条光束变化的光学晶体管。尽管目前可以研制出这样的元件，但它庞大而笨拙，若用它们造一台计算机，将有一辆汽车那么大，因此要想在短期内使光子计算机实用化还有很大困难。

2. 生物计算机

生物计算机是采用由生物工程技术产生的蛋白质分子构成的生物芯片进行数据运算、传输和存储的计算机。生物计算机在 20 世纪 80 年代中期开始研制，其最大的特点是采用生物芯片，这种芯片由生物工程技术产生的蛋白质分子构成，信息以波的形式传播，运算速度比当今最新一代计算机快 10 万倍。生物计算机的存储量也大得惊人，采用有机蛋白质分子的生物芯片代替由无机材料制成的硅芯片，其大小仅为现在所用的硅芯片的十万分之一，而集成度却极大地提高，如用血红素制成的生物芯片，1 平方毫米能容纳 10 亿个门电路。此外生物芯片具备的低阻抗、低能耗的性质使他们摆脱了传统半导体元件散热的困扰，从而克服了长期以来集成电路制作工艺复杂、电路因故障发热溶化以及能量消耗大等弊端，给计算机的进一步发展带来了广阔的前景。

由于蛋白质分子能够自我组合，再生新的微型电路，使得生物计算机具有生物体的一些特点，如能发挥生物本身的调节机能，自动修复芯片发生的故障，还能模仿人脑的思考机制。更令人惊奇的是，生物计算机的元件密度比人的神经密度还要高 100 万倍，而且传递信息的速度也比人脑进行思维的速度快 100 万倍。它既快捷又准确，可以直接接受人脑的指挥，成为人脑的外延或扩充部分，以人体细胞吸收营养的方式来补充能量，而不需要外界的任何其他能量。

总之，生物计算机的出现将会给人类文明带来一个质的飞跃，给整个世界带来巨大的变化。不过，由于成千上万个原子组成的生物大分子非常复杂，实现其难度非常之大，因此生物计算机的发展可能需要经过一个较长的过程。

3. 量子计算机

量子计算机是利用处于多现实态下的原子进行运算的计算机，这种多现实态是量子力学的标志。在某种条件下，原子世界存在着多现实态，即原子和亚原子粒子可以同时存在于此处和彼处，可以同时表示高速和低速，可以同时向上和向下运动。如果用这些不同的原子状态分别代表不同的数字或数据，就可以利用一组具有不同潜在状态组合的原子，在同一时间对某一问题的所有答案进行探寻，再利用一些巧妙的手段，就可以使代表正确答案的组合脱颖而出。

传统的电子计算机用"1"和"0"表示信息，而量子粒子可以有多种状态，使量子计算机能够具有更为丰富的信息单位，从而大大加快运行速度。它的运算速度可能比目前计算机快 10 亿倍，可以在一瞬间搜寻整个国际网络，可以轻易破解任何安全密码。

电子计算机用二进制存储数据，量子计算机用量子位存储，具有叠加效应，有 $2m$ 个量子位就可以存储 $2m$ 个数据，因此量子计算机的存储能力比电子计算机大得多。

刚进入 21 世纪，美国科学家就宣布，他们已经成功地实现了 4 量子位逻辑门，取得了 3 个锂离子的量子缠结状态。这一成果意味着量子计算机如同含苞欲放的蓓蕾，必将开出绚丽的花朵。也许到 2030 年，每个人桌上计算机的主机不会再使用芯片与半导体，而是充满液体，这是新一代的量子计算机，它应用的不再是现实世界的物理定律，而是玄妙的量子原理。

科学家们预言，21 世纪将是量子计算机、生物计算机、光子计算机和情感计算机的时代，就像电子计算机对 20 世纪产生的重大影响一样，各种新颖的计算机也必将对 21 世纪产生重大影响。

本章小结

计算机是一种由电子器件构成的，具有计算能力和逻辑判断能力，自动控制和记忆功能的信息处理机。它可以自动，高效和精确地对数字、文字、图像和声音等信息进行存储，加工和处理。

自世界上第一台计算机 ENIAC 于 1946 年诞生至今，已有 60 多年，计算机及其应用已渗透到人类社会生活的各个领域，有力地推动了整个信息化社会的发展。

　　本章对计算机的基本概念进行了介绍。首先从什么是计算机开始，介绍了计算机的特点、分类及应用领域，然后介绍了计算机的发展阶段、发展趋势和未来的新型计算机。

思 考 题

1. 计算机的特点有哪些?
2. 按照综合性能指标分类，计算机一般分为哪几类?
3. 简述计算机的主要应用领域。
4. 按照计算机采用的物理器件，一般将计算机的发展分为 4 个阶段，简述之。
5. 简述计算机的发展趋势。

第2章
信息在计算机中的表示

计算机要处理信息，首先要将信息表示成计算机能识别的数据形式。数据是信息在计算机内部的表现形式。

2.1 计算机内部是一个二进制的数字世界

计算机采用的是二进制数字系统，任何信息必须转换成二进制编码后才能由计算机进行处理、存储和传输。这是因为在计算机内部，信息的表示依赖于机器硬件电路的状态，信息采用什么形式，直接影响到计算机的结构和性能。采用二进制编码表示信息有以下几个优点。

1. 可行性（Feasibility）

使用二进制数，只需表示"0"和"1"两个状态，这在技术上是轻而易举能够做到的。电子器件大多能表示2个稳定状态，如：开关的接通与断开、晶体管的导通与截止、电平的高与低等。也就是说，电子元器件使采用二进制具有了可行性。

2. 可靠性（Reliability）

使用二进制数，只有2个状态，数字的传输和处理不容易出错，因此计算机的可靠性高。

3. 简易性（Simplicity）

二进制数的运算法则比较简单。由于二进制运算法则少，使计算机中运算器的结构大大简化，控制也变得简单明了。以加法为例，二进制的加法运算规则仅有4条：0+0=0；0+1=1；1+0=1；1+1=10。

4. 逻辑性（Logicality）

由于二进制数只有0、1两个数码，可以代表逻辑代数中的"假"和"真"，所以逻辑运算也可以使用二进制数，从而简化了计算机在逻辑运算方面的设计。

虽然计算机内部均用二进制编码来表示各种信息，但计算机与外部的交往仍采用人们熟悉和便于阅读的形式，如十进制数、字符、图像和声音等。这就意味着进入计算机中的各种数据，都要进行二进制编码的转换；同样，从计算机输出的数据，也要进行逆向的转换。其转换过程是由计算机系统的硬件和软件来实现的，如图2.1所示。

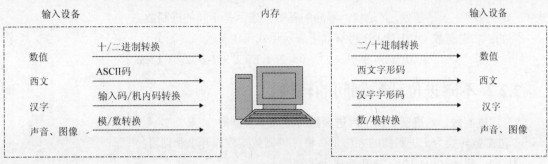

图 2.1 各类数据在计算机中的转换过程

2.2 数制及其相互转换

数值信息在计算机内的表示方法是用二进制数来表示。人们日常生活中最熟悉的是十进制数，在与计算机打交道时仍采用人们习惯的十进制数，有时为了书写方便，还采用了其他进制数，如十六进制数和八进制数等。但无论是哪种数制，其共同之处都是进位计数制，都具有两个共同点，即：按基数来进（借）位；用位权值来计数。

2.2.1 进位计数制

数制也称进位计数制，是指用一组固定的符号和统一的规则来表示数值的方法。在采用进位计数制的系统中，如果用 r 个基本符号（例如 0，1，2，…，r-1）表示数值，则称其为基 r 数制（Radix - r Number System），r 称为该数制的"基数"（Radix），而数制中每一固定位置对应的单位值称为"权"。

表 2.1 常用的几种进位计数制

进位制	二进制	八进制	十进制	十六进制
规则	逢二进一	逢八进一	逢十进一	逢十六进一
基数	r=2	r=8	r=10	r=16
基本符号	0，1	0，1，2，…，7	0，1，2，…，9	0，1，…，9，A，B，…，F
权	2^i	8^i	10^i	16^i
形式表示	B	O	D	H

由表 2.1 可知，不同的数制都有共同的特点：（1）采用进位计数制方式，每一种数制都有固定的基本符号称为"数符"；（2）都使用位置表示法，即处于不同位置的数码所代表的值不同，与它所在位置的"权"值有关。

例如：在十进制数中，（986.25）D 可表示为（D 表示十进制）：

$$（986.25）D = 9×10^2 + 8×10^1 + 6×10^0 + 2×10^{-1} + 5×10^{-2}$$

可以看出，各种进位计数制中的权的值恰好是基数 r 的某次幂。因此，对任何一种进位计数制表示的数都可以写出按其权展开的多项式之和，任意一个 r 进制数 N 可以表示为：

$$N = a_{n-1}×r^{n-1} + a_{n-2}×r^{n-2} + \cdots a_1×r^1 + a_0×r^0 + a_{-1}×r^{-1} + \cdots a_{-m}×r^{-m}$$

$$= \sum_{i=-m}^{n-1} a_i×r^i$$

式中：a_i是数码，r是基数，r^i是权；不同的基数，表示是不同的进制数。

例如：二进制数（101.11）B 可有如下表示形式（B 表示二进制）：

$$（101.11）B = 1×2^2 + 0×2^1 + 1×2^0 + 1× 2^{-1} + 1×2^{-2}$$

2.2.2 不同进位计数制间的转换

1. 二进制数、八进制数和十六进制数转换成十进制数

二进制数转换为十进制数的方法是：将二进制数按权展开求和即可。

例 2.1 将（10011.101）B 转换成十进制数。

$$（10011.101）B = 1×2^4 + 0×2^3 + 0×2^2 + 1×2^1 + 1×2^0 + 1×2^{-1} + 0×2^{-2} + 1×2^{-3}$$

于是：

$$（10011.101）B = 16 + 2 + 1 + 0.5 + 0.125 = （19.625）D$$

同理，八进制数和十六进制数转换成十进制数的方法是，把各个八进制数和十六进制数按权展开求和即可。即把八进制数（或十六进制数）写成 8（或 16）的各次幂之和的形式，然后再计算其结果。

2. 十进制数转换为其他进制数

（1）十进制整数转换为其他进制数

转换规则：整数部分转换采用"除基取余"法，即转换中除以基数（2、8 或 16）取余数，直到商为 0，最后得到的余数倒序读出，即为结果。

一个十进制整数转换为二进制整数的方法如下：把被转换的十进制整数反复地除以 2，直到商为 0，所得的余数（从末位读起）就是这个数的二进制表示。即"除 2 取余法"。

例 2.2 将十进制整数（215）$_{10}$ 转换成二进制整数的计算过程如下：

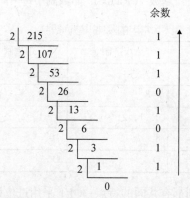

结果为：（215）D =（11010111）B

同理，十进制整数转换成八进制整数的方法是"除 8 取余法"，十进制整数转换成十六进制整数的方法是"除 16 取余法"。

（2）十进制小数转换为其他进制数

转换规则：小数部分转换采用"乘基取整"法，即转换中采用乘基数（2、8 或 16）取整数，直到小数部分的位数达到所要求的精度时为止。

十进制小数转换成二进制小数的方法是将十进制小数连续乘以 2，选取进位整数，直到满足精度要求为止。简称"乘 2 取整法"。

例 2.3　将十进制小数（0.687 5）$_{10}$ 转换成二进制小数。

将十进制小数 0.687 5 连续乘以 2，把每次所进位的整数，按从上往下的顺序写出。

```
0.6875
×)   2
1.3750     整数=1
0.3750
×)   2
0.7500     整数=0
×)   2
1.5000     整数=1
0.5000
×)   2
1.0        整数=1
```

结果为：（0.687 5）D =（0.1011）B

同理，十进制小数转换成八进制小数的方法是"乘 8 取整法"，十进制小数转换成十六进制小数的方法是"乘 16 取整法"。

若一个既有整数又有小数的十进制数转换成其他进制数时，则整数部分和小数部分分别按其对应的转换方法进行转换后再合并即可。

3. 二进制、八进制、十六进制数间的相互转换

由于二进制、八进制和十六进制之间存在特殊关系：$8^1=2^3$、$16^1=2^4$，即 1 位八进制数相当于 3 位二进制数；1 位十六进制数相当于 4 位二进制数。因此转换方法就比较容易，如表 2.2 所示。

表 2.2　　　　　　　　二进制数与八进制数、十六进制数之间的关系

八进制	二进制	十六进制	二进制	十六进制	二进制
0	000	0	0000	8	1000
1	001	1	0001	9	1001
2	010	2	0010	A	1010
3	011	3	0011	B	1011
4	100	4	0100	C	1100
5	101	5	0101	D	1101
6	110	6	0110	E	1110
7	111	7	0111	F	1111

根据这种对应关系，有如下结论：

（1）二进制数转换成八进制数时，以小数点为中心向左右两边分组，每 3 位为一组，两头不足 3 位补 0 即可。同样二进制数转换成十六进制数只要 4 位为一组进行分组。

例 2.4，将二进制数 1001101110.101001 转换成十六进制数：

（0010 0110 1110.1010 0100）B=（26E.A4）H　（整数高位和小数低位补零）

例 2.5，将二进制数 1100011110.110111 转换成八进制数：

（001　100　011　110.110　111）B=（1 436.67）O

（2）将八（十六）进制数转换为二进制数时，只要将每1位八（十六）进制数转换为相应的3（4）位二进制数即可。

例 2.6，（2C1D.AA）H ＝ （0010 1100 0001 1101.1010 1010）B

$\qquad$ ＝ （10 1100 0001 1101.1010 101）B

$\qquad$ （5123. 14）O ＝ （101 001 010 011.001 100）B

$\qquad$ ＝ （101 001 010 011.001 1）B

注意：整数前的高位 0 和小数后的低位 0 可取消。

2.3 计算机中信息的编码

计算机处理的不仅是能参与加减乘除算术运算的数值型数据，它还要处理大量的非数值型数据，如符号、字母、汉字等。这些数据必须经过编码后才能输入到计算机中进行处理。

2.3.1 西文字符编码

所谓西文字符，是指数字、字母以及其他一些符号的总称。对西文字符编码最常用的是 ASCII 字符编码（American Standard Code for Information Interchange，美国标准信息交换代码）。ASCII 码是用 7 位二进制编码，它可以表示 128（2^7=128）个西文字符，其中控制字符 32 个，阿拉伯数字 10 个（0~9），大小写英文字母 52 个，各种标点符号和运算符号 34 个，如表 2.3 所示。在计算机中，实际上是用 8 位二进制（一个字节）来表示一个字符，ASCII 码只占 8 位中的低 7 位，而把最左边的 1 位（最高位）置 0。

表 2.3 $\qquad$ 7 位 ASCII 码表

$d_3d_2d_1d_0$ \ $d_6d_5d_4$		000	001	010	011	100	101	110	111
		0	1	2	3	4	5	6	7
0000	0	NUL	DEL	SP	0	@	P	、	p
0001	1	SOH	DC1	!	1	A	Q	a	q
0010	2	STX	DC2	"	2	B	R	b	r
0011	3	EXT	DC3	#	3	C	S	c	s
0100	4	EOT	DC4	$	4	D	T	d	t
0101	5	ENQ	NAK	%	5	E	U	e	u
0110	6	ACK	SYN	&	6	F	V	f	v
0111	7	BEL	ETB	`	7	G	W	g	w
1000	8	BS	CAN	(	8	H	X	h	x
1001	9	HT	EM	)	9	I	Y	i	y
1010	A	LF	SUB	*	:	J	Z	j	z
1011	B	VT	ESC	+	;	K	[	k	|
1100	C	FF	FS	,	<	L	\	l	|
1101	D	CR	GS	-	=	M	]	m	}
1110	E	SO	RS	.	>	N	↑	n	~
1111	F	SI	US	/	?	O	↓	o	DEL

例如：数字 "3" 的 ASCII 码为（51）D=（33）H=（00110011）B；大写英文字母 "A" 的

ASCII 码为（65）D=（41）H=（01000001）B；小写字母"a"的 ASCII 码为（97）D=（61）H=（01100001）B。由此可知，西文字符经过 ASCII 编码后，就可以变成计算机能识别的 0、1 代码了。

2.3.2　汉字编码

英文是拼音文字，通过键盘输入时采用不超过 128 种字符的字符集就能满足英文处理的需要，编码容易，而且在一个计算机系统中，输入、内部处理和存储都可以使用同一编码（一般为 ASCII 码）。而汉字是象形文字，种类繁多，编码比较困难，并且在一个汉字处理系统中，输入、内部处理、输出对汉字编码的要求不尽相同，因此要进行一系列的汉字编码及转换，汉字信息处理中各编码及处理流程如图 2.2 所示。

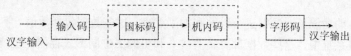

图 2.2　汉字信息处理系统的模型

1. 汉字输入码

汉字输入码是利用键盘输入汉字时用到的编码。目前常用的输入法大致分为两类。

（1）音码类

音码类主要是以汉语拼音为基础的编码方案，如全拼、双拼、自然码和智能 ABC 等。优点是与人们习惯一致，学会使用容易。但由于汉字同音字太多，输入重码率很高，因此，按字音输入后还必须进行同音字选择，影响了输入速度。智能 ABC 输入法以词组为输入单位，很好地弥补了重码、输入速度慢等音码的缺陷。

（2）形码类

形码类主要是根据汉字的特点，按汉字固有的形状，把汉字先拆分成部首，然后进行组合，主要有五笔字型法、郑码输入法等。

不管哪种输入法，都是操作者向计算机输入汉字的手段，而在计算机内部都是以汉字机内码表示。

2. 汉字国标码

汉字国标码是指 1980 年我国颁布的《中华人民共和国国家标准信息交换汉字编码》，代号为GB2312-80，简称为国标码。国标码中收录了 6 763 个常用汉字，其中一级汉字（最常用）3 755个，二级汉字 3 008 个，另外还包括 682 个西文字符和图符。

国标码是二字节码，即用 2 个字节的低 7 位进行二进制数编码来表示一个汉字，每个字节的最高位置都是 0。

例如"巧"字的国标码是（39）H（41）H，编码形式如下：

（00111001）B　　　　（01000001）B

　第一字节　　　　　　　第二字节

3. 汉字机内码

汉字的机内码是计算机系统内部对汉字进行存储、处理、传输时统一使用的代码。为什么要引入汉字机内码呢？这是因为一个汉字的国标码占两个字节，每个字节最高位为"0"；而英文字符的机内代码是 7 位 ASCII 码，最高位也为"0"。为了在计算机内部能够区分是汉字编码还是ASCII 码，可将国标码的每个字节的最高位由"0"变为"1"，变换后的国标码就称为汉字机内码。

例如"巧"字的机内码是（B9）H（C1）H，在机内形式如下：

（10111001）B　　　　（11000001）B

　第一字节　　　　　　　第二字节

4. 汉字字形码

汉字字形码又称汉字字模，用于汉字在显示屏上显示或打印机输出。汉字字形码通常有两种表示方式：点阵和矢量表示方式。

本章小结

计算机最基本的功能是对数据进行计算和加工处理，这些数据包括数值、字符、图形、图像、声音等。在计算机系统中，这些数据都要转换成 0 和 1 的二进制形式存储，也就是进行二进制编码。本章主要介绍了常用数制及其相互转换，西文字符和汉字在计算机中的表示。

思 考 题

1. 简述计算机内二进制编码的优点。

2. 进行下列数的数制转换。

（1）（230）D =（　　　　　）B =（　　　　　）H =（　　　　　）O

（2）（58.564）D =（　　　　　）B =（　　　　　）H =（　　　　　）O

（3）（5C3）H =（　　　　　）B =（　　　　　）D

（4）（1E2）H =（　　　　　）O =（　　　　　）D

（5）（523）O =（　　　　　）B =（　　　　　）D

（6）（11010010111011）B =（　　　　　）H =（　　　　　）O =（　　　　　）D

（7）（10011010010101）B =（　　　　　）H =（　　　　　）O =（　　　　　）D

3. 给定一个二进制数，怎样能够快速地判断出其十进制等值是奇数还是偶数？

4. 什么是 ASCII 码？请查一下"B"、"b"、"8"和空格的 ASCII 码值。

第 3 章
计算机系统

3.1　计算机系统概述

一个完整的计算机系统是由硬件系统和软件系统两大部分组成，如图 3.1 所示。

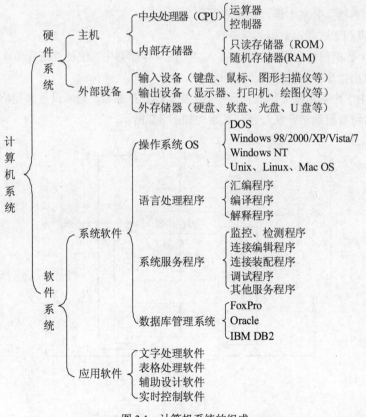

图 3.1　计算机系统的组成

硬件是指计算机装置，即物理设备。硬件系统则是组成计算机系统的各种物理设备的总称，是计算机系统的物质基础，如 CPU、存储器、输入设备、输出设备等。只有硬件系统的计算机称为裸机（Naked Machine），裸机只能识别由 0、1 组成的机器代码，没有软件系统的计算机几乎是无法工作的。

软件系统是为运行，管理和维护计算机而编制的各种程序、数据和文档的总称。实际上，用户所面对的计算机是经过若干层软件"包装"的计算机，计算机的功能不仅仅取决于硬件系统，而在更大程度上是由所安装的软件系统决定的。计算机的软件系统包括系统软件和应用软件两大类。

3.2   计算机的基本组成及工作原理

根据计算机的工作特点，我们把计算机描绘成是一台能存储程序和数据，并能自动执行程序的机器，是一种能对各种数字化信息进行处理的工具。下面对计算机的基本组成及其工作原理的论述，可以使读者对计算机的功能有一个比较准确的认识。

3.2.1   计算机的基本结构

1946 年第一台计算机 ENIAC 的诞生仅仅表明人类发明了计算机，从而进入了计算机时代。而对后来的计算机在体系结构和工作原理上有着巨大影响的是冯·诺依曼和他的同事们研制的 EDVAC 计算机。在 EDVAC 中采用了"存储程序"的概念，以此概念为基础的各类计算机统称为冯·诺依曼型计算机。其基本设计思想如下。

① 采用二进制形式表示数据和指令。

② 将程序（数据和指令序列）事先存入主（内）存储器中，使计算机在工作时能够自动高速地从存储器中取出指令并加以分析、执行。

③ 计算机由 5 个基本部分组成：运算器、控制器、存储器、输入设备和输出设备。这 5 大部件在数据处理时可有机地结合在一起，其结构如图 3.2 所示。

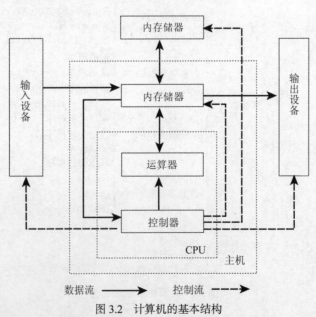

图 3.2   计算机的基本结构

60 多年来，虽然如今的计算机系统在性能指标、运算速度、工作方式、应用领域和其他方面与当时的计算机有很大差别，但基本结构没有变，均属于冯·诺依曼型计算机。

1. 运算器

运算器又称算术逻辑单元（Arithmetic Logic Unit，ALU），是计算机对数据进行加工处理的部件，它的主要功能是对二进制数进行加、减、乘、除等算术运算，和与、或、非等逻辑运算，且实现逻辑判断。运算器中的数据取自内存（从内存中读），运算的结果又送回内存（往内存中写），运算器对内存的读/写操作是在控制器的控制之下进行的。

2. 控制器

控制器是计算机的神经中枢和指挥中心，只有在它的控制之下整个计算机才能有条不紊地工作，自动地执行程序。

控制器的工作过程是：首先从内存中取出指令、翻译指令、分析指令，然后根据指令的功能向有关部件发出控制命令，控制它们执行这条指令规定的操作。当各部件执行完控制器发来的命令后，都会向控制器反馈执行的情况。这样逐一执行这一系列指令，就使计算机能够按照由这一系列指令组成的程序要求自动完成各项任务。

控制器和运算器一起组成中央处理器，即 CPU，它是计算机硬件的核心。

3. 存储器

存储器是计算机用来存放程序和数据的记忆装置，是计算机中各种信息交流的中心。它的基本功能是能够按照指定位置存入或取出二进制信息。

存储器通常分为内存储器和外存储器，如图 3.2 所示。

（1）内存储器

内存储器简称内存或主存，是用来存放欲执行的程序和数据。在计算机内部，程序和数据都以二进制形式表示，8 位二进制代码被定义为一个字节。为了便于对存储器进行访问，存储器通常被划分为许多个单元，每个存储单元中存放一个字节的二进制信息，且每个存储单元分别赋予一个编号，称为存储单元的地址。如图 3.3 所示，地址为 4005H 的存储单元中存放了一个 8 位二进制信息 00111000B。CPU 可直接用指令对内存储器按其地址进行读/写操作。内存的存取速度直接影响计算机的运算速度。内存储器与 CPU 的集合称为主机。

内存又分为以下两种。

- 随机读写存储器（Random Access Memory, RAM）：随机读写存储器可被 CPU 随机地读写，它用于存放将要被 CPU 执行的用户程序、数据以及部分系统程序。断电后，其中存放的所有信息将丢失。

- 只读存储器（Read Only Memory, ROM）：只读存储器中的信息只能被 CPU 读取，而不能由 CPU 任意地写入。断电后，其中的信息不会丢失。用于存放永久性的程序和数据，如系统引导程序、监控程序等。

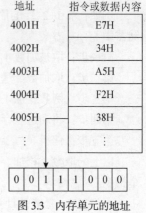

图 3.3　内存单元的地址

（2）外存储器

外存储器（简称外存或辅存），主要用来长期存放"暂时不用"的程序和数据。通常外存不和计算机的其他部件直接地交换数据，而只和内存交换数据，且不是按单个数据进行存取的，而是成批地进行数据交换。常用的外存是磁盘、光盘、U 盘等。

由于外存储器安装在主机外部，所以也可以归属为外部设备。

（3）存储器相关术语

- 位（bit）：表示二进制信息的最小单位（0 或 1）。

- 字节（Byte）：一个字节由 8 位二进制数组成（1 Byte=8 bit），可以存放在一个存储单元中。因此一个字节可以存储一个西文字符的 ASCII 码，两个字节可以存储一个汉字国标码。

为了便于衡量存储器的容量，通常以字节为单位。较大容量时一般用 KB、MB、GB、TB 来表示，其中 1 024=2^{10}。它们之间的关系是：

1KB=1 024B，1MB=1 024KB，1GB=1 024MB，1TB=1 024GB

- 字（Word）：计算机中作为一个整体来处理和运算的一组二进制数，是字节的整数倍。每个字包括的位数称为计算机的字长，是计算机的重要性能指标。

4. 输入/输出设备

① 输入设备：输入设备用来接受用户输入的原始数据和程序，并将它们转变为计算机可以识别的形式（二进制）存放到内存中。常用的输入设备有键盘、鼠标、扫描仪、光笔、数字化仪等。

② 输出设备：输出设备用于将存放在内存中由计算机处理的结果转变为人们所能接受的形式。常用的输出设备有：显示器、打印机、绘图仪、音响等。

输入设备和输出设备简称为 I/O （Input/Output）设备。

3.2.2　计算机的工作原理

计算机开机后，CPU 首先执行固化在只读存储器（ROM）中的操作系统引导程序，它启动操作系统的调入（从外存读入到内存），待操作系统被调入到内存后，计算机才能开始工作，并执行其他的程序。

按照冯·诺依曼计算机"存储程序"的原理，计算机的工作过程就是执行程序的过程。要了解计算机是如何工作的，首先要知道计算机指令和程序的概念。

1. 指令和程序

计算机虽然"聪明能干"，但它本身并不具有智能，它能自动工作是因为人向其发出命令，当我们要求计算机完成某项处理时，必须把计算机的处理过程分解成计算机能直接执行的若干基本操作，计算机才能遵照为之安排的步骤逐步执行。

例如：求 1+2=? 的简单运算，就需分解成以下几步（假设参与运算的数 1 和 2 已保存在内存储器中）。

第一步：取被加数 1 送至 CPU。

第二步：取加数 2 送至 CPU。

第三步：两数相加 1+2=3。

第四步：将和送至存储器的某个单元。

第五步：停机。

以上的取数、相加、存数等都是计算机执行的基本操作。这些基本操作用命令的形式书写就是指令。

- 指令：是能被计算机识别并执行的二进制代码，它规定了计算机能完成的某一种操作。一条指令通常由两个部分组成：

操作码	操作数

操作码指明该指令要完成的操作。例如：取数、加、减、乘、除、输出数据等。

操作数是指参加运算的数或者数所在的单元地址。

一台计算机的所有指令的集合称为该计算机的指令系统。指令系统反映了计算机的基本功能，不同的计算机其指令系统也不相同。

● 程序：是指能完成一定功能的指令序列，即程序是计算机指令的有序集合（如上例求和程序）。显然，程序中的每一条指令必须是所用计算机的指令系统中包含的指令。

2. 存储程序工作原理

由此可见，计算机的工作方式即自动工作过程主要取决于它的两个基本能力：一是能够存储程序；二是能够自动地执行程序。计算机是利用存储器（内存）来存放将要执行的程序，而 CPU 可以依次地从存储器中取出程序中的每一条指令，并加以分析和执行，直至完成全部指令任务为止。这就是计算机的"存储程序工作原理"。

总之，计算机的工作就是执行程序，即自动连续地执行一系列指令，而程序开发人员的工作就是编制程序。一条指令的功能虽然有限的，但是在人精心编制下的一系列指令组成的程序可完成的任务是无限的。

3.3 微型计算机的基本结构

3.3.1 微型计算机的概述

微型计算机简称微机，是指以微处理器为核心，配上存储器、输入输出接口电路等所组成的计算机。微型计算机系统是指以微型计算机为中心，配以相应的外围设备、电源和辅助电路（统称硬件）以及指挥计算机工作的软件所构成的系统。与一般的计算机系统一样，微型计算机系统也是由硬件和软件两部分组成，如图 3.4 所示。

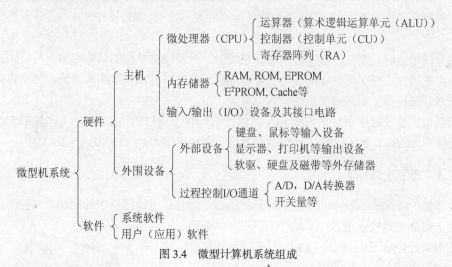

图 3.4　微型计算机系统组成

微型计算机属于第四代计算机，是 20 世纪 70 年代初期研制成功的。一方面是由于军事、空间及自动化技术的发展，需要体积小、功耗低、可靠性高的计算机；另一方面，大规模集成电路技术的不断发展也为微型计算机的产生打下了坚实的物质基础。

3.3.2 总线

微型计算机体系结构的特点之一是采用总线结构，通过总线将微处理器（CPU）、存储器

（RAM，ROM）、I/O 接口电路等连接起来，而输入输出设备则通过 I/O 接口实现与微机的信息交换，如图 3.5 所示。

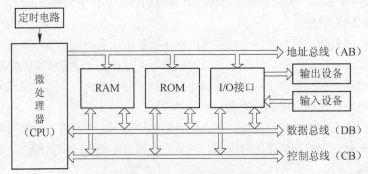

图 3.5　微型计算机硬件系统结构

所谓总线，是指计算机中各功能部件间传送信息的公共通道，是微型计算机的重要组成部分。它们可以是带状的扁平电缆线，也可以是印刷电路板上的一层极薄的金属连线。所有的信息都通过总线传送。根据所传送信息的内容与作用不同，总线可分为以下 3 类。

① 地址总线（Address Bus ,AB）：在对存储器或 I/O 端口进行访问时，传送由 CPU 提供的要访问存储单元或 I/O 端口的地址信息，以便选中要访问的存储单元或 I/O 端口。AB 是单向总线。

② 数据总线（Data Bus ,DB）：从存储器取指令或读写操作数，对 I/O 端口进行读写操作时，指令码或数据信息通过数据总线送往 CPU 或由 CPU 送出。DB 是双向总线。

③ 控制总线（Control Bus, CB）：各种控制或状态信息通过控制总线由 CPU 送往有关部件，或者从有关部件送往 CPU。CB 中每根线的传送方向是一定的，图 3.5 中 CB 作为一个整体，用双向表示。

采用总线结构时，系统中各部件均挂在总线上，可使微机系统的结构简单，易于维护，并具有更好的可扩展性。一个部件（插件）只要符合总线标准就可以直接插入系统，为用户对系统功能的扩充或升级提供了很大的灵活性。

目前微型机总线标准中常见的是 ISA 总线，它具有 16 位的数据宽度，工作频率 8MB/s，最高数据传输率 8MB/s；PCI 总线，32 位数据宽度，传输速率可达 132 MB/s～264MB/s。

3.3.3　微处理器

微处理器（Microprocessor）是微型计算机的核心，它是将计算机中的运算器和控制器集成在一块硅片上制成的集成电路芯片（如图 3.6 所示），即前面提到的中央处理单元（CPU）。CPU 是一台计算机的运算核心和控制核心，其功能主要是解释计算机指令以及处理计算机软件中的数据。CPU 由运算器、控制器和寄存器，以及实现它们之间联系的数据、控制及状态的总线构成。

图 3.6　Intel 奔腾 CPU 芯片

CPU 的主要性能指标如下。

① 主频：是 CPU 内部时钟晶体振荡频率，主频的单位是 MHz（兆赫兹，每秒百万次）和 GHz（吉赫兹，每秒十亿次），目前微机 CPU 主频已达到

2G MHz 或更高。主频越高，微机的运算速度就越快。

② 字长：是指 CPU 一次能够同时处理的二进制的位数，它标志着计算机的处理能力。字长越长的计算机运算速度越快，效率和精度也越高。

③ 寻址能力：反映了 CPU 一次可访问内存中数据的总量，由地址总线宽度来确定。通常，寻址范围的值是以 2 为底的地址总线宽度的次幂。如：地址总线宽度为 16 的计算机的寻址范围是 2^{16}，即 64KB。

④ 多媒体扩展技术：是为适应对通信、音频、视频、3D 图形、动画及虚拟现实而研制的新技术，已被嵌入 Pentium Ⅱ 以上的 CPU 中，其特点是可以将多条信息由一个单一指令即时处理，并且增加了几十条用于增强多媒体处理功能的指令。

30 多年来，微处理器和微型计算机获得了极快的发展，几乎每两年微处理器的集成度就要翻一番，每 2～4 年更新换代一次，现已进入第五代。

1. 第一代——4 位或低档 8 位微处理器

第一代微处理器的典型产品是 Intel 公司 1971 年研制成功的 4004（4 位 CPU）及 1972 年推出的低档 8 位 CPU 8008。它们均采用 PMOS 工艺，集成度约为 2 000 只晶体管/片；指令系统比较简单，运算能力差，速度慢（指令的平均执行时间约为 10～20 s）；软件主要使用机器语言及简单的汇编语言编写。

2. 第二代——中高档 8 位微处理器

第一代微处理器问世以后，众多公司纷纷研制各种微处理器，逐渐形成以 Intel 公司、Motorola 公司、Zilog 公司产品为代表的三大系列微处理器。第二代微处理器的典型产品有 1974 年 Intel 公司生产的 8080 CPU、Zilog 公司生产的 Z80 CPU、Motorola 公司生产的 MC6800 CPU 以及 Intel 公司 1976 年推出的 8085 CPU。它们均为 8 位微处理器，具有 16 位地址总线。

第二代微处理器采用 NMOS 工艺，集成度约为 9 000 只晶体管/片；指令的平均执行时间为 12s。指令系统相对比较完善，已具有典型的计算机体系结构以及中断、存储器直接存取（DMA）功能。由第二代微处理器构成的微机系统（如 Apple–Ⅱ 等）已经配有单用户操作系统（如 CP/M），并可使用汇编语言及 BASIC、FORTRAN 等高级语言编写程序。

3. 第三代——16 位微处理器

第三代微处理器的典型产品是 1978 年 Intel 公司生产的 8086 CPU 和 Zilog 公司生产的 Z8000 CPU。它们均为 16 位微处理器，具有 20 位地址总线。

用这些芯片组成的微型计算机有丰富的指令系统、多级中断系统、多处理机系统、段式存储器管理以及硬件乘/除法器等。为方便原 8 位机用户，Intel 公司在 8086 推出后不久便很快推出准 16 位的 8088 CPU，其指令系统与 8086 完全兼容，CPU 内部结构仍为 16 位，但外部数据总线是 8 位的。同时，IBM 公司以 8088 为 CPU 组成了 IBM PC、PC/XT 等准 16 位微型计算机，由于其性价比高，很快就占领了市场。

1982 年，Intel 公司在 8086 基础上研制出性能更优越的 16 位微处理器芯片 80286。它具有 24 位地址总线，并具有多任务系统所必需的任务切换、存储器管理功能以及各种保护功能。同时，IBM 公司以 80286 为 CPU 组成了 IBM PC/AT 高档 16 位微型计算机。

4. 第四代——32 位高档微处理器

1985 年，Intel 公司推出了 32 位微处理器芯片 80386，其地址总线也为 32 位。80386 有两种结构：80386SX 和 80386DX。这两者的关系类似于 8088 和 8086 的关系。80386SX 内部结构为 32 位，外部数据总线为 16 位，采用 80287 作为协处理器，指令系统与 80286 兼容。80386DX 内部结构、外部数据总线皆为 32 位，采用 80387 作为协处理器。

1990 年，Intel 公司在 80386 基础上研制出新一代 32 位微处理器芯片 80486，其地址总线仍然为 32 位。它相当于把 80386、80387 及 8KB 高速缓冲存储器（Cache）集成在一块芯片上，性能比 80386 有较大提高。

Intel 随后推出的 Pentium 系列 CPU 也都属于 32 位 CPU。

5. 第五代——64 位高档微处理器

Intel 于 2005 年 3 月发布了其第一款 64 位 CPU，即 Pentium 4 6XX，还有面向高端的 Pentium 4 Extreme Edition，简称 P4EE。2005 年 6 月 Intel 又发布了 64 位的 Celeron D CPU 系列芯片。

由于生产技术的限制，通过提升工作频率来提升处理器性能的传统做法面临严重的阻碍，高频 CPU 的耗电量和发热量越来越大，已经给整机散热带来十分严峻的考验。双核技术可以很好地解决这一问题。2006 年 Intel 全线产品就开始以 64 位双核微处理器为主，非双核产品将逐渐淡出市场。可以预见，随着双核技术的进一步成熟，以及配套软件的开发及优化，双核/多核处理器将会成为市场的主流，双核处理器将大量装备于台式机、笔记本和服务器中，双核乃至多核产品的时代已经到来。

3.3.4 内存储器

内存又称为内存储器或者主存储器，是计算机中的主要部件，它是相对于外存而言的。内存的质量好坏与容量大小会影响计算机的运行速度。

一般常用的微型计算机的存储器有磁芯存储器和半导体存储器，目前微型计算机的内存都采用半导体存储器。半导体存储器从使用功能上分为随机存储器（RAM）和只读存储器（ROM），如图 3.7 所示。

图 3.7　ROM 和 RAM

1. 随机存储器

RAM 又称读写存储器，其有以下特点：可以读出，也可以写入。读出时并不损坏原来所存储的内容，只有写入时才修改原来所存储的内容。断电后，存储内容立即消失，即具有易失性。RAM 可分为动态（Dynamic RAM）和静态（Static RAM）两大类。DRAM 的特点是集成度高，主要用于大容量内存储器；SRAM 的特点是存取速度快，主要用于高速缓冲存储器。

RAM 主要用来存放操作系统、各种应用程序、数据等。数据、程序在使用时从外存读入内存 RAM 中，使用完毕后在关机前再存回外存中。

内存容量一般指 RAM 的容量，其大小决定着计算机的处理能力。微机内存一般有 512MB、1GB 甚至更多。

2. 只读存储器

ROM 是只读存储器。顾名思义，它的特点是只能读出原有的内容，不能由用户再写入新内容。原来存储的内容是采用掩膜技术由厂家一次性写入的，并永久保存下来。它一般用来存放专用的固定程序和数据。不会因断电而丢失。

在主板上的 ROM 里面固化了一个基本输入输出系统，称为 BIOS（Basic Input Output System）。其主要作用是完成对系统的加电自检、系统中各功能模块的初始化、保存系统的基本输入输出的驱动程序及引导操作系统。

3．高速缓冲存储器（Cache）

随着微机 CPU 工作频率的不断提高，RAM 的读写速度变得相对较慢，为解决内存速度与 CPU 速度不匹配，从而影响系统运行速度的问题，在 CPU 与内存之间设计了一个容量较小（相对主存）但速度较快的高速缓冲存储器 Cache，简称"快存"。

CPU 访问指令和数据时，先访问 Cache，如果目标内容已在 Cache 中（这种情况称为"命中"），CPU 则直接从 Cache 中读取，否则为"非命中"，CPU 就从主存中读取，同时将读取的内容存于 Cache 中。Cache 可看成是主存中面向 CPU 的一组高速暂存存储器。随着 CPU 的速度越来越快，系统主存越来越大，Cache 的存储容量也由 128KB、256KB 扩大到现在的 512KB 或 2MB。Cache 的容量并不是越大越好，过大的 Cache 会降低 CPU 在 Cache 中查找的效率。

3.3.5　主机板

主板，又叫主机板（Mainboard）、系统板（Systemboard）或母板（Motherboard）。它安装在机箱内，是微机最基本的也是最重要的部件之一。主板一般为矩形电路板，上面安装了组成计算机的主要电路系统，一般有 BIOS 芯片、I/O 控制芯片、键盘和面板控制开关接口、指示灯插接件、扩充插槽、主板及插卡的直流电源供电接插件等元件。

主板采用了开放式结构，如图 3.8 所示。主板上大都有 6～15 个扩展插槽，供 PC 外围设备的控制卡（适配器）插接。通过更换这些插卡，可以对微机的相应子系统进行局部升级，使厂家和用户在配置机型方面有更大的灵活性。总之，主板在整个微机系统中扮演着举足轻重的角色。可以说，主板的类型和档次决定着整个微机系统的类型

图 3.8　主板开放式结构

3.3.6　外存储器

外存储器是指除计算机内存及 CPU 缓存以外的存储器，此类存储器一般断电后仍然能保存数据。常见的外存储器有硬盘、软盘、光盘、U 盘等。

1．软盘

软盘（Floppy Disk）是最古老的存储技术之一，现已经被淘汰。软磁盘是一种涂有磁性物质

的聚酯塑料薄膜圆盘。在磁盘上信息是按磁道和扇区来存放的，软磁盘的每一面都包含许多看不见的同心圆，盘上一组同心圆环形的信息区域称为磁道，它由外向内编号。每道被划分成相等的区域，称为扇区。

2. 硬盘

硬盘（Hard Disk）技术的原理与软盘技术相似。可以认为硬盘是由许多个软盘叠加而成的。硬盘有两个技术指标。

存储容量：存储容量是硬盘最主要的参数。目前硬盘存储容量已经超过 1TB，一般微型计算机配置的硬盘容量已达几百 GB。

转速：转速是指硬盘内电机主轴的转动速度，单位是 RPM（每分钟旋转次数）。转速是决定硬盘内部传输率的决定因素之一，它的快慢在很大程度上决定了硬盘的速度。一般的硬盘转速为 5 400 转和 7 200 转，最高的转速则可达到 10 000 转每分以上。

3. 光盘

光盘（Optical Disk）存储器是一种利用激光技术存储信息的装置。目前用于计算机系统的光盘有三类：只读型光盘、一次写入型光盘和可抹型（可擦写型）光盘。

4. U 盘

便携存储（USB Flash Disk），也称为 U 盘或闪存盘。是采用 USB 接口和非易失随机访问存储器技术结合的方便携带的移动存储器。特点是断电后数据不消失，因此可以作为外部存储器使用。具有可多次擦写，速度快，且防磁、防震、防潮的优点。U 盘采用流行的 USB 接口，无须外接电源，即插即用，实现在不同电脑之间进行文件交流，存储容量从 16MB～16GB 不等。外形通常如图 3.9 所示。

图 3.9　U 盘外形图

3.3.7　输入设备

输入设备用于将人们要告诉计算机的信息，如数据、命令等转换成计算机所能接受的电信号。输入设备主要包括：键盘、鼠标、扫描仪、光笔、数字化仪、条形码阅读器、数字摄像机、数码相机、触摸屏等。键盘和鼠标是目前计算机中最为普及和通用的两类输入设备。如图 3.10 所示。

图 3.10　键盘、鼠标外形图

1. 键盘

键盘（Keyboard）是用户与计算机进行交流的主要工具，是计算机最重要的输入设备，也是微型计算机必不可少的外部设备。键盘内装有一块单片微处理器（如 Intel 8048），它控制着整个键盘的工作。当某个键被按下，微处理器立即执行键盘扫描功能，并将扫描到的按键信息代码送到主机键盘接口卡的数据缓冲区中，当 CPU 发出接收键盘输入命令后，键盘缓冲区中的信息被送到内部系统数据缓冲区中。

2. 鼠标

鼠标（Mouse）又称为鼠标器，也是计算机上的一种常用的输入设备，是控制显示屏上光标移动位置的一种指点式设备。在软件支持下，通过鼠标器上的按钮，向计算机发出输入命令，或完成某种特殊的操作。

目前常用的鼠标器有机械式和光电式两类。机械式鼠标底部有一滚动的橡胶球，可在普通桌面上使用，滚动球通过平面上的滚动把位置的移动变换成计算机可以理解的信号，传给计算机处理后，即可完成光标的同步移动。光电式鼠标的平板上有精细的网格作为坐标。鼠标的外壳底部装着一个光电检测器，当鼠标滑过时，光电检测根据移动的网格数转换成相应的电信号，传给计算机来完成光标的同步移动。鼠标器可以通过专用的鼠标器插头与主机相连接，也可以通过计算机中通用的串行接口（RS-232-C 标准接口）与主机相连接。

3. 触摸屏

触摸屏（Touch Screen）是在普通显示屏的基础上，附加了坐标定位装置而构成的。当手指接近或触及屏幕时，计算机会感知手指的位置，从而利用手指这一最自然的工具取代键盘或鼠标等输入设备。触摸屏通常有两种构成方法：红外检测式和压敏定位式。

4. 扫描仪

扫描仪是 20 世纪 80 年代中期开始发展起来的，是一种图形、图像的专用输入设备。利用它可以迅速地将图形、图像、照片、文本从外部环境输入到计算机中。

5. 数码相机

数码相机也是计算机的一种输入设备，它的作用同传统的照相机相似，不同的是它不用胶卷，照相之后，可把照片直接输入计算机，计算机又可对输入的照片进行处理。一般用数码相机、计算机及一台打印机便可组成一个电脑摄影系统，做出普通照相馆无法做出的特殊效果。

6. 其他输入设备

常见的输入设备还有手写笔（用来输入汉字）、游戏杆（游戏中使用）、数字化仪（用来输入图形）、数字摄像机（可输入动态视频数据）、条形码阅读器、磁卡阅读器、光笔等。

3.3.8　输出设备

输出设备的主要作用是把计算机处理的数据和运行结果显示在屏幕上或打印到纸上，把从存储器取出的电信号转换为其他形式输出。常见的输出设备包括：屏幕显示设备、打印机、绘图仪和音响设备等。

1. 显示器

显示器（Monitor）是微型计算机不可缺少的输出设备。用户可以通过显示器方便地观察输入和输出的信息。

显示器是用光栅来显示输出内容，光栅的像素应越小越好，光栅的密度越高，即单位面积的像素越多，分辨率越高，显示的字符或图形也就越清晰。

显示器按输出色彩可分为单色显示器和彩色显示器两大类；按其显示器件可分为阴极射线管（CRT）显示器、液晶（LCD）显示器和等离子体显示器（PDP）3 种类型。按其显示器屏幕的对角线尺寸可分为 14 英寸、15 英寸、17 英寸和 21 英寸等。如图 3.11 所示。

图 3.11　CRT 显示器和 LCD 显示器

分辨率、彩色数目及屏幕尺寸是显示器的主要指标。显示器必须配置正确的适配器（显示卡），才能构成完整的显示系统。常见的显示卡类型如下。

VGA（Video Graphics Array）：视频图形阵列显示卡，显示图形分辨率为 640×480，文本方式下分辨率为 720×400，可支持 16 色。

SVGA（Super VGA）：超级 VGA 卡，分辨率提高到 800×600、1 024×768，而且支持 16.7M 种颜色，称为"真彩色"。

AGP（Accelerate Graphics Porter）：AGP 在保持了 SVGA 显示特性的基础上，采用了全新设计的速度更快的 AGP 显示接口，显示性能更加优良，是目前最常用的显示卡。

2．打印机

打印机（Printer）是计算机产生硬拷贝输出的一种设备，提供用户保存计算机处理的结果。打印机的种类很多，按工作原理可分为击打式打印机和非击打式打印机。目前微机系统中常用的针式打印机（又称点阵打印机）属于击打式打印机；喷墨打印机和激光打印机属于非击打式打印机，如图 3.12 所示。

图 3.12　点阵式打印机、喷墨打印机和激光打印机

本章小结

本章主要介绍了计算机系统的组成，硬件基础知识，工作原理，以及微型计算机硬件系统的各组成部分：总线、CPU、内存储器、主板、外存储器、输入输出设备等。

冯·诺依曼型计算机系统是由硬件系统和软件系统两大部分组成。计算机硬件系统由运算器、控制器、存储器、输入设备和输出设备 5 部分组成，软件系统一般分为系统软件和应用软件两大类。

指令是能被计算机识别并执行的二进制代码。一台计算机的所有指令的集合称为该计算机的指令系统。指令系统反映了计算机的基本功能，不同的计算机其指令系统也不相同。程序是指能完成一定功能的指令序列，即程序是计算机指令的有序集合。

按照冯·诺依曼计算机"存储程序"的原理，计算机的工作过程就是执行程序的过程。

思 考 题

1. 简述计算机系统的组成。
2. 计算机硬件包括哪几个部分？分别说明各部分的作用。
3. 指令和程序有什么区别？试述计算机执行指令的过程。
4. 什么是总线？总线分为哪三类？
5. CPU 有哪些性能指标？
6. 简述内存和外存的特点。
7. 简述 RAM 和 ROM 的作用和区别。
8. 简述 Cache 的作用及其原理。

第4章
计算机软件系统

如前所述,计算机系统的硬件只提供了执行机器指令的"物质基础",要用计算机来解决一个具体任务,需要根据求解该问题的"算法",用指令来编制实现该算法的程序,计算机通过运行该算法的程序才能获得解决这一任务的结果。随着计算机硬件技术的不断发展及广泛应用,计算机软件技术也日益完善与丰富。作为信息处理的计算机似乎有神奇的力量,什么都能干,这种神奇之力就来自软件,软件是计算机的灵魂!

4.1 软件的概念及分类

所谓软件,就是支持计算机工作,提高计算机使用效率和扩大计算机功能的各类程序、数据和有关文档的总称。程序(Program)是为了解决某一问题而设计的一系列指令或语句的有序集合;数据(Data)是程序处理的对象和处理的结果;文档(Document)是描述开发程序、使用程序和维护程序所需要的有关资料。

计算机软件发展非常迅速,其内容又十分丰富,若仅从用途来划分,大致分为3种:

• 服务类软件:这类软件是面向用户的,为用户提供各种服务,包括各种语言的集成化软件,如 Visual C++;各种软件开发工具及常用的库函数等。

• 维护类软件:此类软件是面向计算机维护的,包括错误诊断和检测软件,测试软件,各种调试用软件,如 Debug 等。

• 操作管理类软件:此类软件是面向计算机操作和管理的,包括各种操作系统、网络通信系统、计算机管理软件等。

若从计算机系统角度看,计算机软件一般分为系统软件和应用软件两大类,如图 4.1 所示。

1. 系统软件

系统软件是指管理、控制和维护计算机的各种资源,以及扩大计算机功能和方便用户使用计算机的各种程序集合。它是构成计算机系统必备的软件,通常由计算机厂家或第三方厂家提供,一般包括:操作系统、语言处理程序、数据库管理系统和工具软件4类。

系统软件有两个显著的特点:一是通用性,其算法和功能不依赖于特定的用户,普遍适用于各个应用领域;二是基础性,其他软件都是在系统软件的支持下进行开发和运行的。

2. 应用软件

应用软件是为了解决各种实际问题而设计的计算机程序,通常由计算机用户或专门的软件公司开发。目前应用软件的种类很多,按其主要用途分为:科学计算、数据处理、过程控制、辅助设计和人工智能软件等。应用软件的组合可称为软件包或软件库。数据库及数据库管理系统过去一般被认为是应用软件，随着计算机的发展，现在已被认为是系统软件。随着计算机技术的不断发展，应用领域不断拓宽，应用软件种类日益增多，在软件中所占比重越来越大，如今已是市场上的主要软件。

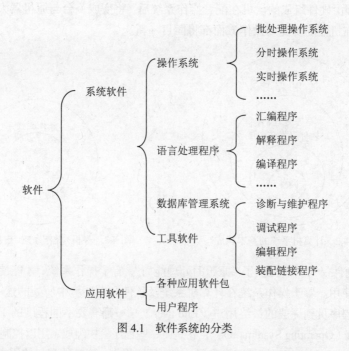

图 4.1　软件系统的分类

　　硬件系统和软件系统是密切相关和相互依存的。硬件所提供的机器指令、低级编程接口和运算控制能力，是实现软件功能的基础；没有软件的硬件机器称为裸机，功能极为有限，甚至不能有效启动或进行起码的数据处理工作。裸机每增加一层软件，就变成了一台功能更强的机器。应该指出，现代计算机硬件与软件之间的分界并不十分明显，有时软件与硬件在逻辑上有着某种等价的意义。

4.2　操作系统概述

　　为了使计算机系统中的所有软、硬件资源协调一致，有条不紊地工作，就必须有一个软件来进行统一的管理和调度，这个软件就是操作系统。操作系统是计算机硬件的第一级扩充，是所有软件中最基础和最核心的部分。操作系统的出现是计算机软件发展史上的一个重大转折，也是计算机系统的一个重大转折。

4.2.1　操作系统的作用与地位

　　众所周知，计算机系统由硬件和软件组成。在众多的计算机软件中，操作系统占有特殊重要的地位。图 4.2 简明地显示了计算机系统的基本构成。这一简图表明：

　　① 操作系统是最基本的系统软件，因为所有其他的系统软件（例如编译程序、数据库管理系统等语言处理器）和软件开发工具都是建立在操作系统的基础之上，它们的运行全都需要操作系

统的支持。在计算机启动后，通常先把操作系统装入内存，然后才启动其他的程序。

② 操作系统是用户与计算机硬件之间的接口。用户及其应用程序是通过操作系统与计算机的硬件相联系的。如果没有操作系统作为中介，用户对计算机的操作和使用将变得非常低效和困难。

③ 按照虚拟机（Virtual machine）的观点，操作系统+裸机=虚拟计算机，如图 4.3 所示。换句话说，一台纯粹由硬件组成的裸机在配置操作系统后，将变成一台与原机器大相径庭的"虚拟"的计算机，无论在机器的功能或操作方面都将面目一新。

图 4.2　计算机系统的基本构成

图 4.3　裸机+操作系统=虚拟计算机

由此可见，硬件仅为人们提供了"原始的处理能力"。有了操作系统，才能使这一能力更有效、更方便地为人们使用。鉴于操作系统在计算机系统及软件开发环境中所处的这一重要地位，任何用户——从系统程序员到一般的最终用户（End user）——都需要不同程度的了解它。

所谓操作系统（Operating System，OS），它是由一些程序模块组成，用以控制和管理计算机系统内的软硬件资源，合理地组织计算机工作流程，并为用户提供一个功能强、使用方便的工作环境。

操作系统有两个重要的作用：

（1）管理计算机系统中的各种资源

我们知道，任何一个计算机系统，不论是大型机、小型机，还是微机，都具有两种资源：硬件资源和软件资源。硬件资源是指计算机系统的物理设备，包括 CPU、存储器和 I/O 设备；软件资源是指由计算机硬件执行的、用以完成一定任务的所有程序及数据的集合，它包括系统软件和应用软件。操作系统就是最基本的系统软件，它既是计算机系统的一部分，又反过来组织和管理整个计算机系统，充分利用这些软、硬件资源，使计算机协调一致并高效地完成各种复杂的任务。

（2）为用户提供良好的界面

从用户的角度看，操作系统不仅要对系统资源进行合理的管理，还应为用户简便、高效地使用系统资源提供良好的界面。一个好的操作系统应提供给用户一个清晰、简洁、易于使用的用户界面。这里的用户包括计算机系统管理员、实用软件的设计人员等。

"管家婆"兼"服务员"，就是操作系统所扮演的一身二任的角色。

4.2.2　操作系统的功能

操作系统是用来管理和调度计算机资源的程序集合，它的基本功能就是合理地、高效地管理计算机系统的各种软硬件资源。在单用户系统中，资源管理相对简单一些，而在多用户共用的系统中，资源管理的任务就比较复杂。由于多用户要共享系统资源，就提出一些新的问题：多个用户如何抢占 CPU 时间，有限的存储空间特别是宝贵的内存空间如何分配，如何竞争输入输出设备及软件资源等。这就要求操作系统必须有相应的功能，来决定资源共享的策略和有效地解决问题的方法，最大限度地发挥计算机的效率，提高计算机在单位时间内处理工作的能力（称为"吞吐量"，through out）。因此，操作系统应具有的基本功能有：处理器管理、存储管理、设备管理、文件管理及作业管理。

1. 处理器管理

处理器管理即 CPU 管理，主要任务是对 CPU 处理器资源进行分配调度，并对处理器的运行进行有效的控制和管理。CPU 是计算机系统中的核心硬件资源，充分发挥 CPU 的功能，提高其利用率是处理机管理的主要任务。在多道程序设计技术出现后，处理器管理的实质是进程管理。因此，有时也把处理器管理称为进程管理。

所谓多道程序设计，就是允许多个程序同时进入内存并运行。采用多道程序技术后，如果一个程序因等待某一条件而不能继续运行时，就把 CPU 占用权转交给另一个可运行程序；或者，当出现了一个比当前运行的程序更重要的可运行程序时，后者应能抢占 CPU。多道程序设计改善了各种资源的使用情况，从而增加了吞吐量，提高了系统效率，但也带来了资源竞争。

所谓进程，简单地说，就是一个正在运行的程序。或者说，进程是具有一定功能的程序关于某个数据集合上的一次运行活动。进程是系统进行资源分配和调度的一个独立单位，通过进程管理协调多道程序之间的关系，以使 CPU 资源得到最充分的利用。

进程既然是程序的执行，它的存在就是暂时的，它是有生命周期的，有诞生，也有消亡。一个程序被加载到内存，系统就创建了一个进程，程序执行结束后，该进程也就消亡了。一个程序可以同时被多次执行，系统也就创建了多个进程，也就是说，一个程序同时可以构成多个进程，另外，一个进程也可以执行一个或多个程序。

根据进程在执行过程中的不同情况，通常可以将进程分成 3 种不同的状态。

① 运行状态。是指进程已获得 CPU，并且在 CPU 上执行的状态。显然，这种状态的进程数目不能大于 CPU 的数目，在单 CPU 情况下，处于运行状态的进程只能有一个。

② 就绪状态。这种状态是指进程原则上是可以运行的，只是因为缺少 CPU 而不能运行，一旦把 CPU 分配给它，它就可以立即投入运行。处于就绪状态的进程可以有多个。

③ 等待状态。也称阻塞状态或睡眠状态。进程在前进的过程中，由于等待某种条件（例如当前外设资源不够，等待其他进程来的信息等）而不能运行时所处的状态。在这种情况下，即使 CPU 空闲，这种进程也不能占据 CPU 而运行。引起等待的原因一旦消失，进程便转为就绪状态，以便在适当的时候投入运行。处于等待状态的进程可以有多个。

在任何时刻，任何进程都处于且仅处于以上 3 种状态之一。进程在运行过程中，由于它自身的进展情况和外界环境条件的变化，3 种基本状态可以互相转换。这种转换由操作系统完成，图 4.4 表示了 3 种基本状态之间的转换及其典型的转换原因。

2. 存储管理

存储管理主要任务是对存储空间的分配、回收与保护。计算机要运行程序就必须要有一定的内存空间，当多个程序都在运行时，如何分配内存空间才能最大限度地利用有限的内存空间为多个程序服务；当内存空间不够用时，如何利用外存将暂时用不到的程序和数据"移出"到外存上去，而将急需使用的程序和数据"移入"

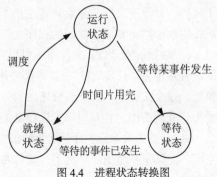

图 4.4　进程状态转换图

到内存中来。

存储管理主要是指内存管理，虽然 RAM 芯片的集成度不断地提高、价格不断地下降，但由于需求量大，内存整体的价格仍然较昂贵，而且受 CPU 寻址能力的限制，内存的容量也有限。因此，当多个程序共享有限的内存资源时，要解决的问题是：如何为它们分配内存空间，同时，使用户存放在内存中的程序和数据彼此隔离、互不侵扰，又能保证在一定条件下共享，尤其是当内存不够用时，解决内存扩充问题（即将内存和外存结合起来管理），为用户提供一个容量比实际内存大得多的虚拟存储器。操作系统的这一部分功能与硬件存储器的组织结构密切相关。

3. 设备管理

设备管理是对计算机系统中所有的外部设备进行管理，使外部设备在操作系统的控制下协调工作，共同完成信息的输入、存储和输出任务。外部设备是指计算机系统中除了 CPU 和内存以外的所有输入、输出设备，除了完成实际 I/O 操作的设备外，还包括诸如控制器、通道等支持设备。

外部设备的种类繁多，功能差异很大。设备管理的任务，一方面是让每一个设备尽可能发挥自己的特长，实现与 CPU 和内存的数据交换，提高外部设备的利用率；另一方面是为这些设备提供驱动程序或控制程序，隐蔽设备操作的具体细节，以使用户不必详细了解设备及接口的技术细节，就可方便地对这些设备进行操作，为用户提供一个统一、友好的设备使用界面。例如，激光打印机和针式打印机的实现方法不同，但在操作系统的管理下，用户可以不必了解它们是什么类型的打印机，单击图标就可以直接打印文件和数据。

4. 文件管理

文件管理也称为文件系统，计算机系统中的软件资源是以文件的形式存放在外存储器（例如，磁盘、光盘、磁带）上，需要时再把它们装入内存。文件包括的范围很广，例如，源程序、目标程序、初始数据、结果数据、各类系统和应用软件，甚至操作系统也是文件。操作系统一般都提供很强的文件系统。

文件系统的主要任务就是有效地支持文件的存储、检索和修改等操作，解决文件的共享、保密和保护问题，以使用户方便、安全地访问文件。

文件是存放在外存储器上的、具有名字的一组相关信息的有序序列。这个名字就是我们通常说的文件名，它是在创建文件时确定，并在以后访问文件时使用。计算机中存储着大量的文件，为了对这些文件实施有效的管理（如移动、复制、改名、新建、修改、删除、归类等），计算机操作系统提供了这些文件的管理功能。从用户的角度看，文件系统实现了文件的"按名存取"。

在操作系统中增设了文件管理部分后，会为用户带来如下好处：

① 使用的方便性。由于文件系统实现了按名存取，用户不再需要为他的文件考虑存储空间的分配，因而无需关心他的文件所存放的物理位置。特别是，假如由于某种原因，文件的位置发生了改变，甚至连文件的存储装置也换了，在具有按名存取能力的系统中，对用户不会产生任何影响，因而也用不着修改他们的程序。

② 数据的安全性。文件系统可以提供各种保护措施，防止无意或有意地破坏文件。例如，有的文件规定为"只读文件"，如果某一用户企图对其修改，那么，文件系统在存取控制验证后拒绝执行，这个文件就不会遭到破坏。另外，用户可以规定他的文件除本人使用外，只允许核准的几个用户共同使用。若发现事先未核准的用户要使用该文件，则文件系统将认为非法并予以拒绝。

③ 信息的共享性。对于重要的信息或系统文件，在文件系统的管理下可以避免重复占用存储空间。尤其是在多用户环境下，文件系统提供的文件并发控制能力，使多个用户可同时访问同一个文件。

5．作业管理

除了上述 4 项功能之外，操作系统还应该向用户提供使用它自己的手段，这就是操作系统的作业管理功能，作业管理是操作系统提供给用户的最直接的服务。按照用户观点，操作系统是用户与计算机系统之间的接口，因此，作业管理的任务是为用户提供一个使用系统的良好环境，使用户能有效的组织自己的工作流程，并使整个系统能高效地运行。

操作系统的各功能之间并非是完全独立的，它们之间存在着相互依赖的关系。

衡量一个操作系统的性能时，常看它是支持单用户还是支持多用户，是支持单任务还是支持多任务。所谓多任务，是指在一台计算机上能同时运行多个应用程序的能力。

4.2.3　操作系统的分类

经过了许多年的发展，操作系统种类繁多，功能也相差很大，已经能够适应各种应用和各种硬件配置。根据不同的目的和着眼点，操作系统的分类也有多种不同的分法。

- 按照与用户对话的界面来分类，可分为命令行界面的操作系统（如 MS-DOS 等）和图形用户界面操作系统（如 Windows 等）。
- 按照支持的用户数来分类，可分为单用户操作系统（如 MS-DOS、Windows 等）和多用户操作系统（如 UNIX、Linux 等）。
- 按照运行的任务数来分类，可分为单任务操作系统（如 MS-DOS 等）和多任务操作系统（如 Windows、UNIX 等）。
- 按照系统的功能来分类，可分为批处理操作系统、分时操作系统、实时操作系统。

随着计算机软硬件技术的发展，一方面迎来了个人计算机时代，同时操作系统又向计算机网络、分布式处理和智能化方向发展，于是出现了个人计算机操作系统、网络操作系统和分布式操作系统等。

1．批处理操作系统

所谓批处理操作系统，就是用户将要机器做的工作有序地排在一起，成批地交给计算机系统，计算机系统就能自动地、顺序地完成这些作业，用户与作业之间没有交互作用，不能直接控制作业的运行。有时也称批处理为"脱机操作"。

在批处理系统中，又有单道批处理和多道批处理两种。在单道批处理的情况下，一次只调一个作业进入内存，CPU 只为一道作业服务。但是在这个作业运行期间，输入和输出操作是难免的，I/O 的速度要比 CPU 的处理速度慢得多，这样就造成了 CPU 大部分时间在空闲等待。为了解决这一问题，就产生了多道批处理系统。在多道批处理的情况下一次将几个作业放入内存，宏观上看，同时有多个作业在系统中运行，而实际上这些作业是分时串行地在一台计算机上运行。也就是说，CPU 先处理第一个作业，如果这个作业由于 I/O 或其他原因而不能继续进行，就从可运行的作业中挑选另一个作业去运行，从表面上看，好像两个作业同时运行。显然，这样做提高了 CPU 的利用率，改善了主机和 I/O 设备的使用情况。

多道批处理系统追求的目标是提高系统资源的利用率和大的作业吞吐量，以及作业流程的自动化。这类操作系统一般用于计算中心等较大的计算机系统中，要求系统对资源的分配及作业的调度策略有精心的设计，管理功能要求既全又强。

2．分时操作系统

多道批处理系统虽然能提高机器的资源利用率，但却存在一个很大的缺点。由于一次要处理一批作业，在作业的处理过程中，任何用户都不能和计算机进行交互。即使发现了某个作业有程序错误，也要等一批作业全部结束后脱机进行纠错。这对于软件开发人员来说，不能不说是严重的缺陷。正是这一矛盾，导致了分时操作系统应运而生。

分时操作系统允许多个用户同时联机与系统进行交互通信，一台分时计算机系统连有若干台终端，多个用户可以在各自的终端上向系统发出服务请求，等待计算机的处理结果并决定下一步的处理。操作系统接收每个用户的命令，采用时间片轮转的方式处理用户的服务请求，即按照某个轮转次序给每个用户分配一段 CPU 时间，进行各自的处理。这样，对每个用户而言，都仿佛"独占"了整个计算机系统。具有这种特点的计算机系统称为分时系统。

例如一个带 20 个终端的分时系统，若每个用户分配一个 1ms 的时间片，每隔 20ms（ = 1ms × 20）即可为所有用户服务一遍。如此周而复始，循环不已。因此，尽管各个终端上的作业是断续地运行，但由于操作系统每次都能对用户程序作出及时的响应（例如上述的 20ms），在用户的感觉上，似乎整个系统归他一人占有。分时系统的这一特性称为"独占性"。

由上所述，分时操作系统具有以下几个方面的特点。

① 多路性。允许在一台主机上同时连接多台联机终端，系统按分时原则为每个用户服务。微观上，是每个用户作业轮流运行一个时间片；宏观上，则是多个用户同时工作，共享系统资源。多路性亦称同时性，它提高了资源利用率。

② 独立性，又称独占性。每个用户各占一个终端，彼此独立操作，互不干扰。因此，用户会感觉到就像他一人独占主机。

③ 及时性。系统对用户的输入能及时地做出响应，此时间间隔是以人们所能接受的等待时间来确定。分时操作系统性能的主要指标之一是响应时间，即从终端发出命令到系统予以应答所需的时间。

④ 交互性。用户可通过终端与系统进行广泛的人机对话。

分时系统的主要目标是满足对用户响应的及时性，即不使用户等待每一条命令的处理时间过长。通常的计算机系统中往往同时采用批处理方式来为用户服务，即时间要求不强的作业放入"后台"（批处理）处理，需频繁交互的作业在"前台"（分时）处理。

多用户多任务的操作系统 UNIX、Linux 是当今著名的分时操作系统。

3. 实时操作系统

实时操作系统是随着计算机应用领域的日益广泛而出现的，具体含义是指系统能够及时响应随机发生的外部事件，并在严格的时间范围内完成对该事件的处理。

实时系统可分为两类。

（1）实时控制系统

实时控制系统实质上是过程控制系统，通过模-数转换装置，将描述物理设备状态的某些物理量转换成数字信号传送给计算机，计算机分析接收来的数据、记录结果，并通过数-模转换装置向物理设备发送控制信号，来调整物理设备的状态。例如把计算机用于飞机飞行、导弹发射等的自动控制时，要求计算机能尽快处理测量系统测得的数据，及时地对飞机或导弹进行控制，或将有关信息通过显示终端提供给决策人员。同理，把计算机用于轧钢、石化、机械加工等工业生产过程控制时，也要求计算机能及时处理由各类传感器送来的数据，然后控制相应的执行机制。

（2）实时信息处理系统

实时信息处理系统主要要求对信息进行及时地处理。例如利用计算机预订飞机票、火车票或轮船票，查询有关航班、航线、票价等事宜时，或把计算机用于银行系统、情报检索系统时，都要求计算机能对终端设备发来的服务请求及时予以正确的回答。这个过程中，实时的重要性在于防止数据的丢失。

实时操作系统的一个主要特点是及时响应，即每一个信息接收、分析处理和发送的过程必须在严格的时间限制内完成；另一个主要特点是要有高可靠性，因为实时系统控制、处理的对象往往是重要的军事、经济目标，任何故障都会导致巨大的损失，所以重要的实时系统往往采用双机系统以保证绝对可靠。

实时操作系统有别于批处理系统，因为它认为保证可靠操作远比让所有资源经常处于"忙碌"状态更重要；它也不同于分时操作系统，因为它要求的实时响应时间随系统而变化，例如定票和检索系统一般要求在数秒内响应，而导弹系统的响应时间可能短达微秒量级，不像分时操作系统的响应时间总是保持在一定的范围内（例如 1～2s）。正是由于这些特点，许多实时操作系统都属于专用操作系统，以便按照实际的需要来设计。

4. 个人计算机操作系统

个人计算机上的操作系统是一种联机交互的单用户操作系统，它提供的联机交互功能与通用分时系统所提供的功能很相似。由于是个人专用，因此一些功能将会简单得多。然而，由于个人计算机的应用普及，要求个人计算机操作系统提供更方便友好的用户接口和具有丰富功能的文件系统。

单用户单任务的操作系统 MS-DOS 和单用户多任务的操作系统 OS/2 及 Windows 等都是个人计算机上的操作系统。

5. 网络操作系统

网络操作系统是为计算机网络而配置的操作系统。计算机网络是把不同地点上分布的计算机通过通信机构连接起来，实现资源共享。网络操作系统就是网络用户与计算机网络之间的接口，它除了具有通常操作系统的各种功能外，还应具有网络管理的功能，例如，网络通信、网络服务等。

6. 分布式操作系统

分布式操作系统是为分布式计算机系统配置的，它将物理上分布的具有自治功能的数据处理系统或计算机系统互连起来，实现信息交换和资源共享，协作完成任务。分布式操作系统管理分布式系统中的所有资源，它负责全系统的资源分配和调度、任务划分、信息传输控制协调工作，并为用户提供一个统一的界面，用户通过这一界面实现所需要的操作并使用系统资源，至于操作定在哪一台计算机上执行或使用哪台计算机的资源则是操作系统完成的，用户不必知道。此外，由于分布式系统更强调分布式计算和处理，因此对于多机合作和系统重构，健壮性和容错能力有更高的要求。

4.2.4　常用的操作系统简介

在计算机的发展过程中，出现过许多不同的操作系统，其中最常用的有 DOS、Windows、UNIX、Linux 和 Mac OS 等，如表 4.1 所示。

表 4.1　　　　　　　　　　　　　　常用操作系统

操作系统	主 设 计 人	出现时间	最 新 版 本	系 统 特 点
DOS	Tim Paterson	1981 年	终极版是 DOS7.0（1995 年）目前已被 Windows 取代	命令行字符用户界面
Windows	Microsoft 公司	1985 年	Windows7，Windows8 即将发布	图形用户界面
UNIX	贝尔实验室	1969 年	版本众多	分时系统
Linux	Linux Torvalds	1991 年	版本众多	免费、源代码开放
Mac OS	苹果公司	1984 年	Mac OS X Lion	运行在 Macintosh 计算机上

1. DOS

DOS（Disk Operation System，磁盘操作系统）是用于个人计算机系统的单用户单任务操作系统。从 1981 年问世后，DOS 经历了 7 次大的版本升级，从 1.0 版到 7.0 版，不断地改进和完善，但是，DOS 系统的单用户、单任务、命令行字符用户界面的特点并没有变化。DOS 系统的特点是简单易学，硬件要求低，但存储能力有限。由于种种原因，DOS 目前已被 Windows 取代。

DOS 是 1985～1995 年的个人电脑上使用的一种主要的操作系统。早期的 DOS 系统是由 Microsoft 公司为 IBM 的个人电脑开发的，称为 MS-DOS，后来其他公司生产的与 MS-DOS 兼容的操作系统，也沿用了这个称呼，如 IBM 公司的 PC-DOS、Novell 公司的 DR-DOS 等。

图 4.5 是 DOS 操作系统的界面。

图 4.5　DOS 操作系统的界面

2. Windows

Windows 是 Microsoft 公司开发的"视窗"操作系统。第一版 Windows 于 1985 年 11 月发布，它是第一代窗口式多任务系统，它使 PC 开始进入了所谓的图形用户界面时代。在图形用户界面中，每一种应用软件都用一个图标（Icon）表示，用户只需把鼠标移到某图标上，连续两次按下鼠标左键即可进入该软件，这种界面方式为用户提供了很大的方便，把计算机的使用提高到了一个新的阶段。

Windows 是单用户、多任务、基于图形用户界面的操作系统。因其生动、形象的用户界面，十分简便的操作方法，吸引着成千上万的用户，也使它成为装机普及率最高的一种操作系统。Windows 从诞生到现在，已经推出多种版本，成为当前最为流行的操作系统之一，也是世界上用户群最多的操作系统。

3. UNIX

UNIX 是一个应用十分广泛的多用户、多任务的分时操作系统，它是 1969 年由美国贝尔实验室的 Ken Thompson 在 DEC 的 PDP-7 机上开发的。早期的 UNIX 是用汇编语言编写的，1972 年其第三版本用 C 语言重新设计。从 1969 年至今，它不断发展，演变，并广泛地应用于小型机、大型机甚至超大型机上，自 20 世纪 80 年代以来在微型机上也日益流行起来。最早移植到 80286 微机上的 UNIX 系统，称为 Xenix。Xenix 系统的特点是短小精炼，系统开销小，运行速度快。UNIX 有很多种，许多公司都有自己的版本，如 AT&T、Sun、HP 等。

UNIX 操作系统是计算机操作系统标准的经典。主要特点如下。

① 良好的可移植性：可移植性是指将其操作系统从一个平台转移到另一个平台它仍然能按其

自身的方式运行。

②　多用户、多任务：UNIX 系统是一个真正的多用户、多任务的分时操作系统，多用户是指系统资源可以被不同用户各自拥有使用，即每个用户对自己的资源（例如文件、设备）有特定的权限，互不影响；多任务是指计算机同时执行多个程序，而且各个程序的运行互相独立。

③　内核短小精悍：UNIX 在结构上分为内核和外壳。内核包括进程管理、存储管理、设备管理和文件管理等。内核仅占用很小的存储空间，且常驻内存。外壳部分利用内核的支持，向用户提供多种服务，包括命令解释程序和程序设计环境，便于使用、维护和系统扩充。

④　采用树形结构的文件系统：UNIX 的一个文件系统只有一个根目录，根目录下可以有若干文件和子目录，每个目录都拥有若干文件和子目录。这样的文件结构方便对文件的按名存取，而且容易实现文件的保护与共享。

⑤　把设备如同文件一样对待：UNIX 把系统中的每一种设备，包括磁盘、磁带、终端、打印机等都看做一种特殊文件。这样，系统中的文件分为普通文件、目录文件和设备文件。用户可使用普通文件操作手段对设备进行 I/O 操作。例如，用户把磁盘中的文件用复制命令复制到打印机这个设备上，简化了系统设计又便于用户使用。

⑥　安全机制完善：UNIX 系统拥有一套完善的安全机制，能够有效地保护系统软件和用户数据不被破坏。

⑦　提供了丰富的网络功能：UNIX 系统提供了丰富的网络功能，对标准的网络体系，如 TCP/IP、Token Ring 和 TXP/SPX 等，UNIX 都提供了强大的支持。

4. Linux

Linux 是源代码公开、可免费获得的自由软件。Linux 最早是由芬兰赫尔辛基大学计算机系学生 Linux Torvalds 于 1991 年首先开发，其目的是设计一个比较有效的 UNIX PC 版本，免费给全世界的学生使用。Torvalds 在互联网上公布了该系统的源代码，供大家下载研究。该系统引起了全世界操作系统爱好者的兴趣，不断地对 Linux 进行修改和补充，不断地增加功能，用户可以下载更新的版本，并在各种系统配合下进行测试，这使得 Linux 日趋完善和成熟。所以，Linux 是在 Internet 上形成和不断完善的操作系统。如今，Linux 已经成长为一个功能强大的计算机操作系统，其性能可与商业的 UNIX 操作系统相媲美。

Linux 是一个多用户多任务操作系统，与 UNIX 操作系统兼容，能够运行大多数 UNIX 工具软件、应用程序和网络协议。尽管 Linux 是从 UNIX 发展起来的，但它并不是 UNIX 操作系统的变种，而是独立开发的操作系统，Linux 包含了 UNIX 全部功能和特性。在 Linux 开发过程中，借鉴了 UNIX 的成功经验。UNIX 的可靠性、稳定性以及强大的网络功能都在 Linux 上得到体现。

Linux 版本众多，各厂商利用 Linux 的核心程序，再加上外挂程序，就形成了现在的各种 Linux 版本。现在流行的版本有：Red Hat Linux、Turbo Linux 等。我国自己开发的有红旗 Linux、蓝点 Linux 等。Linux 可以与 Windows 等其他操作系统共存于同一台电脑上。

5. Mac OS

Mac OS 是运行在 Apple 公司的 Macintosh 系列计算机上的操作系统。Mac OS 是首个在商用领域获得成功的图形用户界面。

Mac OS 具有较强的图像处理能力，广泛用于桌面出版和多媒体应用等领域。Mac OS 的缺点是与 Windows 缺乏较好的兼容性，影响了它的普及。

4.3 程序设计语言与语言处理程序

4.3.1 程序设计语言

自然语言是人们交流的工具，不同语言（如汉语、英语等）的表达形式各不相同。人与计算机打交道要解决一个"语言"的沟通问题，而程序设计语言就是人与计算机交流的工具，是用来编写计算机程序的工具。可以有不同的语言来描述计算机程序，只有用机器语言编写的程序才能被计算机直接执行，用其他语言编写的程序都需要通过中间的翻译过程。程序设计语言有数百种，最常用的不过十多种，按照程序设计语言的发展过程，大概分为以下几类。

1. 机器语言

计算机并不能理解和执行人们使用的自然语言，而只能接受和执行二进制的指令。计算机能够直接识别和执行的这种指令，称为机器指令。每一种类型的计算机都规定了可以执行的若干种指令，这种指令的集合就是机器语言指令系统，简称为机器语言。

例 4.1 计算 A = 10 + 12 的机器语言程序如下：

10110000 00001010　　　　　;把 10 放入累加器 A 中

00101100 00001100　　　　　;12 与累加器 A 中的值相加，结果仍放入 A 中

11110100　　　　　　　　　;结束，停机

用机器语言编写程序，程序设计人员必须熟悉机器指令的二进制代码。这些由"0"和"1"组成的指令难学、难记、难懂、难修改，给使用者带来很大的不便。由于机器语言直接依赖机器，所以对于不同型号的计算机，其机器语言是不同的，即在一种类型计算机上编写的机器语言程序，不能在另一种不同的机器上运行，要想在另一种机器上运行，必须重新学习该机器的机器语言，并编写相关程序。显然这是很不方便的，这就给计算机的推广使用造成很大的障碍。

2. 汇编语言

汇编语言是从机器语言发展演变而来的。用一些"助记忆符号"来代替机器语言中那些难懂难记的二进制指令，便是汇编语言，也称为符号语言。通常用英文词的缩写代替机器语言中的二进制指令，如"传送"指令用助记符 MOV（move 的缩写），"加法"指令用助记符 ADD（Addition 的缩写）表示。这样，每条指令就有明显的标识，从而易于理解和记忆，因此，汇编语言程序有较直观易理解等优点。

例 4.2 上例计算 A = 10 + 12 的汇编语言程序如下：

MOV　A，10　　　　　　;把 10 放入累加器 A 中

ADD　A，12　　　　　　;12 与累加器 A 中的值相加，结果仍放入 A 中

HLT　　　　　　　　　;结束，停机

汇编语言克服了机器语言难读难改的缺点，同时保持了其编程质量高、占用存储空间少、执行速度快的优点。故在程序设计中，对实时性要求较高的场合，如过程控制和实时处理等，仍经常采用汇编语言。

汇编语言和机器语言一样，都是针对特定的计算机系统，由于不同的计算机系统其指令长度、寻址方式、寄存器个数、指令表示等都不一样，因此，不同类型的计算机所用的汇编语言也是不同的，这使得汇编语言通用性较差。所以我们称机器语言和汇编语言为"面向机器的语言"，它们

也被称为"低级语言"。如果要用汇编语言编写程序，必须了解计算机的内部结构，在存取数据时要具体写出存储单元的地址，对程序编写人员的要求比较高。

尽管汇编语言比机器语言更接近于用户，表达容易了许多，可是其指令系统仍依赖于机器语言的指令系统，即汇编语言指令仍与机器语言的指令一一对应，这与人们熟悉的自然语言或数学表达方式有一些差距，于是就产生了更方便于人们使用的计算机高级语言。

3. 高级语言

高级语言是一种接近于自然语言和数学公式的程序设计语言。高级语言是一类人工设计的语言，力求使语言脱离具体机器，达到程序可移植的目的，在 20 世纪 50 年代推出了高级语言。高级语言之所以"高级"，就是因为它使程序员可以不用与计算机的硬件打交道，可以不必了解机器的指令系统，这样，程序员就可以集中来解决问题本身而不必受机器制约，从而极大地提高了编程的效率。

高级语言又称为算法语言，它只需根据所求解问题的算法，写出处理的过程即可，而不必涉及计算机内部的结构。比如在存取数据时，不必具体指出各存储单元的具体地址，可以用一个符号（即变量名）代表地址。高级语言是一类面向问题的程序设计语言，且独立于计算机的硬件，其表达方式接近于被描述的问题，易于理解和掌握。用高级语言编写程序，可简化程序编制和测试，其通用性和可移植性好。

目前，计算机高级语言虽然很多，据统计已经有好几百种，但广泛应用的却仅有十几种，它们有各自的特点和使用范围。如 BASIC 语言，是一类普及性的会话语言；FORTRAN 语言，多用于科学及工程计算；COBOL 语言，多用于商业事务处理和金融业；PASCAL 语言，有利于结构化程序设计；C 语言，常用于软件的开发；PROLOG 语言，多用于人工智能；当前流行的还有面向对象的程序设计语言 C++ 和面向对象的用于网络环境的程序设计语言 Java 等。

例 4.3　上例计算 A = 10 + 12 的高级语言程序如下：

```
A = 10 + 12          '10 与 12 相加的结果放入 A 中
PRINT   A            '输出 A
END                  '结束程序
```

需要说明的是，C 语言是高级语言的一种，但它具备像汇编语言那样实现对硬件的编程，如对位、字节和地址等进行操作，又具有高级语言的基本结构和语句，因此 C 语言集高级语言和低级语言的功能于一体，因此有时称 C 语言为中级语言。C 语言既适合高级语言应用的领域，如在数据库、网络、图形、图像等方面；又适合低级语言应用的领域，如工业控制、自动检测等方面，故得到了广泛的应用。

高级语言的出现使成千上万非计算机专业的工作者能十分方便地使用计算机，学习使用高级语言要比学习使用机器语言和汇编语言容易得多。它为计算机的推广普及扫除了一个大障碍，即使对计算机内部结构毫无所知的人，也能学会使用高级语言编写程序去解决他们需要计算机处理的问题。

4.3.2　语言处理程序

在所有的程序设计语言中，除了用机器语言编写的程序能够被计算机直接理解和执行外，其他程序设计语言编写的程序计算机都不能直接执行，这种程序称为源程序。源程序必须经过一个翻译过程才能转换为计算机所能识别的机器语言程序，经过转换后得到的可以由计算机直接执行的机器语言程序称为目标程序。实现这个翻译过程的工具就是语言处理程序。针对不同的程序设计语言编写出的程序，语言处理程序也不尽相同。

1. 汇编程序

汇编程序是将汇编语言编写的程序（汇编语言源程序）翻译成机器语言程序（目标程序）的工具。使用汇编语言书写的源程序不能被计算机直接识别，必须用事先存放在计算机存储器中的汇编程序把它翻译成目标程序，计算机指令系统才能识别和执行。图 4.6 表示了计算机系统执行汇编语言源程序的过程。

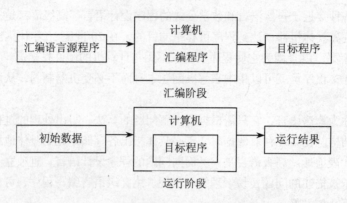

图 4.6　计算机系统执行汇编源程序的过程

2. 高级语言翻译程序

高级语言翻译程序是将用高级语言编写的源程序翻译成机器语言程序的工具。高级语言翻译程序有两种工作方式：解释方式和编译方式，相应的翻译工具也分别称为解释程序和编译程序。

- 编译方式

编译方式的翻译工作由编译程序来完成。编译程序是把高级语言编写的整个源程序一次性地做编译处理，产生一个与源程序等价的目标程序，但目标程序还不能立即装入机器执行，因为还没有连接成一个整体，在目标程序中还可能要调用一些其他语言编写的程序和标准程序库中的标准子程序，所有这些程序通过连接程序将目标程序和有关的程序库组合成一个完整的可执行程序，然后再执行这个可执行程序得到运行结果。

编译程序的优点是产生的可执行程序可以脱离编译程序和源程序独立存在并反复使用。编译方式执行速度快，但每次修改源程序，必须重新编译生成目标程序。一般高级语言（C/C++、Pascal、FORTRAN、COBOL 等）多数都是采用编译方式。编译方式的大致工作过程如图 4.7 所示。

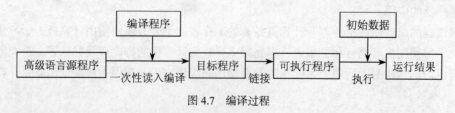

图 4.7　编译过程

- 解释方式

解释方式的翻译工作由解释程序来完成。解释程序是把高级语言编写的源程序在专门的解释程序中逐条语句读入分析，若没有错误，则将该语句翻译成一个或多个机器语言指令，然后立即执行这些指令；若在解释时发现错误，它会立即停止，报错并提醒用户更正代码。

解释方式的特点是每次执行程序都离不开解释环境，不生成目标程序，每次运行时都要逐句检查分析，译出一句，执行一句，这种边解释边执行的方式特别适合于人机对话，并对初学者有利，便于查找错误的语句和修改。解释方式的执行过程如图 4.8 所示。

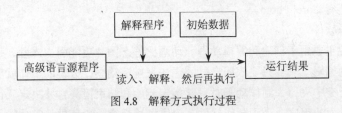

图 4.8　解释方式执行过程

解释方式和编译方式相比较，其执行速度慢，原因有 3 个：其一是每次运行都必须要重新解释，而编译方式编译一次，可重复执行多次；其二，若程序较大，且错误发生在程序的后面，则前面运行的结果是无效的；其三，解释程序只看到一条语句，无法对整个程序进行优化。BASIC、LISP 等语言采用解释方式。

4.4　几个通用的应用软件

利用计算机的软硬件资源为某一专门的应用目的而开发的软件称为应用软件。随着微型计算机的性能提高、Internet 网络的迅速发展，应用软件丰富多彩。下面简单介绍一些常用的应用软件。

1. 办公软件

在各种应用软件中，最常用的是办公软件——Office 组合软件。办公软件是为了办公自动化服务的，现代办公涉及对文字、数字、图表、图形、图像、语音等多种媒体信息的处理，就需要用到不同类型的办公软件。办公软件一般包含字处理、桌面排版、演示文稿、电子表格等。为了方便用户维护大量的数据，为了与网络时代同步，现在推出的办公软件包还提供了小型的数据库管理系统、网页制作软件、电子邮件软件等。

目前常用的办公软件包有 Microsoft 公司的 Microsoft Office 和我国金山公司的 WPS Office。详细介绍见第 6 章到第 8 章。

2. 图形和图像处理软件

随着硬件设备的迅速发展，计算机已广泛应用于图形和图像处理方面，相继也产生了各种绘图软件和图像处理软件。

（1）绘图软件

绘图软件主要用于创建和编辑矢量图文件。在矢量图文件中，图形由对象的集合组成，这些对象包括线、圆、椭圆、矩形等，还包括创建图形所必需的形状、颜色以及起始点和终止点。绘图软件主要用于创作杂志、书籍等出版物上的艺术线图以及用于工程和 3D 模型。

常用的绘图软件有 Adobe Illustrator、AutoCAD、CorelDRAW、Macromedia FreeHand 等。由美国 Autodesk 公司开发的 AutoCAD 是一个通用的交互式绘图软件包，应用广泛，常用于绘制土建图、机械图等。

（2）图像处理软件

图像处理软件主要用于创建和编辑位图图像文件。在位图文件中，图像由成千上万个像素点组成，就像计算机屏幕显示的图像一样。位图文件是非常通用的图像表示方式，它适合表示像照片那样的真实图片。

Windows 自带的"画图"是一个简单的图像处理软件。Adobe 公司开发的 Photoshop 是目前最流行的图像处理软件，广泛应用于美术设计、彩色印刷、排版、摄影和创建 Web 图片等。其他常用的图像软件还有 Corel Photo 等。

（3）动画制作软件

动画制作软件主要用于创建和编辑动画。动画比静态图片更能引人入胜，一般动画制作软件都会提供各种动画编辑工具，只要依照自己的想法来排演动画，分镜的工作就交给软件处理。例如，一只小鸟在天空中飞行，制作动画时只要指定起始和结束镜头，并决定飞行时间，软件就会自动产生每一格画面的程序。动画制作软件还提供场景变换、角色更替等功能。目前，动画制作软件广泛用于游戏软件开发、电影制作、产品设计、建筑效果图设计等。常见的动画制作软件有3DS MAX、Flash 等。

3. 数据库系统

数据库技术是 20 世纪 60 年代末产生并发展起来的，主要面向解决数据处理的非数值计算问题，广泛用于档案管理、财务管理、图书管理、成绩管理等各类数据管理系统。数据库系统有数据库（存放数据）、数据库管理系统（管理数据）、数据库应用系统（应用数据）、数据库管理员（管理数据库系统）和硬件等组成。

（1）数据库管理系统

数据库管理系统是数据库系统的重要组成部分，主要功能有：建立数据库；编辑（增、删、改）数据库内容等对数据的维护功能；对数据的检索、排序、统计等使用数据库的功能；提供数据的独立性、完整性、安全性的保障等。

目前常用的数据库管理系统有：Access、SQL Server、Oracle、DB2、Sybase 等。

（2）数据库应用系统

数据库应用系统是利用数据库管理系统的功能，自行设计开发符合需求的数据库应用软件，是目前计算机应用最为广泛且发展最快的领域之一，如学校一卡通管理系统、学生成绩管理系统、通用考试系统等。

4. Internet 服务软件

近年来，Internet 在全世界迅速发展，人们的生活、工作、学习已离不开 Internet。Internet 服务软件主要包括：浏览器、电子邮件软件、文件传输软件等，详细介绍见第 9 章。

本章小结

本章主要介绍了计算机软件的相关基本知识，从操作系统（OS）的作用与地位、功能、分类等方面较为详实地叙述了 OS 的概念，以及简要讨论了程序设计语言和语言处理程序。

软件是支持计算机工作、提高计算机使用效率和扩大计算机功能的各类程序、数据和有关文档的总称。程序是为了解决某一问题而设计的一系列指令或语句的有序集合；数据是程序处理的对象和处理的结果；文档是描述开发程序、使用程序和维护程序所需要的有关资料。

软件分为系统软件和应用软件两大类。系统软件是指管理、控制和维护计算机的各种资源，以及扩大计算机功能和方便用户使用计算机的各种程序集合。应用软件是为了解决各种实际问题而设计的计算机程序，通常由计算机用户或专门的软件公司开发。

OS 是计算机中最为重要的系统软件，它是由一些程序模块组成，用以控制和管理计算机系统内的软硬件资源，合理地组织计算机工作流程，并为用户提供一个功能强、使用方便的工作环境。OS 有两个重要的作用：管理计算机系统中的各种资源；为用户提供良好的界面。OS 的 5 大基本功能有：处理器管理、存储管理、设备管理、文件管理及作业管理。常用的 OS 有 DOS、Windows、UNIX、Linux 和 Mac OS 等。

程序设计语言是人与计算机交流的工具，是用来编写计算机程序的工具。计算机能够直接识别和处理的语言是机器语言，其难学、难记、难懂、难修改。汇编语言是用一些"助记符"来代替机器语言中那些难懂难记的二进制指令，也称为符号语言。高级语言是一种接近于自然语言和数学公式的程序设计语言。汇编语言和高级语言要在机器中运行，必须使用翻译程序把汇编语言源程序或高级语言源程序翻译成机器语言程序，其翻译程序分别称为汇编程序、编译程序和解释程序。

思 考 题

1. 什么是软件？
2. 简述系统软件和应用软件的区别。
3. 简述操作系统的作用与地位。
4. 简述操作系统的主要功能。
5. 什么是进程？进程和程序有什么区别？
6. 简述进程的三种状态。
7. 什么是程序设计语言？常用的程序设计语言有哪些？
8. 简述机器语言、汇编语言、高级语言各自的特点。
9. 为什么高级语言必须有翻译程序？翻译程序的实现途径有哪两种？
10. 简述解释和编译的区别。
11. 简述将高级语言编译成可执行程序的过程。

第 2 篇
现代办公平台篇

　　办公自动化（Office Automation，OA）是信息社会的重要标志，是管理信息化的基础和重要组成部分。以计算机等现代化的办公设备为基础，利用现代化办公手段，辅助办公人员日常工作，可以大幅度地提高办公效率和办公质量。

　　本篇介绍具有图形用户界面的 Windows XP 操作系统平台，以及 Microsoft Office 2007 办公套件中的字处理软件 Word 2007、电子表格处理软件 Excel 2007 和演示文稿创作软件 PowerPoint 2007。通过对这些办公软件的学习，读者可以掌握现代办公的基本技能。

第5章
Windows XP 操作系统

5.1 Microsoft Windows 的发展简史

Microsoft 开发的 Windows 是目前世界上用户最多、并且兼容性最强的操作系统。其原意是"视窗"的意思，Windows 系统出现之前，电脑上看到的只是枯燥的字母数字，而"视窗"系统使我们对电脑的应用变得更直接，更亲密，更易用。

Microsoft 公司从 1983 年开始研制 Windows 系统，最初的研制目标是在 MS-DOS 的基础上提供一个多任务的图形用户界面。Windows 1.0 于 1985 年问世，1987 年 Microsoft 公司又推出了 Windows 2.0 版，其最明显的变化是采用了相互叠盖的多窗口界面形式。但是，由于当时硬件和 DOS 操作系统的限制，这两个版本并没有取得很大的成功。此后，Microsoft 公司对 Windows 的内存管理、图形界面做了重大改进，使图形界面更加美观并支持虚拟内存。在 1990 年 5 月份推出的 Windows 3.0 一炮而红，不到 6 周，Microsoft 公司就销售出了 50 万份 Windows 3.0 拷贝，打破了任何软件产品的 6 周销售记录，从而一举奠定了 Microsoft 在操作系统上的垄断地位。1992 年发布的 Windows 3.1 及以前版本均为 16 位系统，它们只能在 MS-DOS 上运行，必须与 MS-DOS 共同管理系统资源，所以还不是独立的、完整的操作系统。

图 5.1 Windows 3.0 启动界面

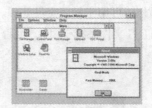

图 5.2 Windows 3.0 工作界面

1995 年 Microsoft 推出了 Windows95，该操作系统已摆脱 MS-DOS 的控制，它在提供强大功能和简化用户操作两方面都取得了突出成绩，因而一上市就震撼全球。Windows 95 提供了全新的桌面形式，使用户对系统各种资源的浏览及操作变得更合理更容易，同时，该操作系统也提供硬件"即插即用"功能并允许使用长文件名，从而大大提高了系统的易用性。此外，Windows 95 是一个完整的集成化的 32 位操作系统，它采用抢占多任务的设计技术，对 MS-DOS 的应用程序和 Windows 应用程序提供了良好的兼容性。在此基础上，Microsoft 在 1998 年推出的 Windows 98 则更全面地增强了 Windows 的功能，它提高了系统的稳定性，增强了管理能力和网络功能，并具有了高效的多媒体数据处理技术。

图 5.3　Windows 95 启动界面

图 5.4　Windows 95　工作界面

Windows NT 是 Microsoft 公司于 1993 年推出的全新设计的操作系统，对硬件环境有较高要求。它采用客户/服务器与层次式相结合的结构，可以在多处理器的网络服务器等系列机器上运行。它支持多进程并发工作，所包含的 Win32、Win16、MS-DOS、OS/2 以及 POSIX 子系统提供了优越的应用程序兼容性，这是此前任何其他操作系统都无法相比的。

在 1999 年 11 月发行的 Windows ME 是一个 32 位图形操作系统，其最重要的修改是去除了 DOS，并由系统恢复所代替。在概念上，这是一个大的改进：即用户不再需要精通 DOS 行命令就可以维护和修复系统。

Windows 2000 发行于 2000 年 12 月。Windows 2000 有 4 个版本：Professional、Server、Advanced Server 和 Datacenter Server。其中 Professional 也有 4 个版本：SP1、SP2、SP3、SP4。Professional 专业版的前一个版本是 Windows NT 4.0 Works Tation 版本，它适合移动家庭用户使用，以 NT4 的技术为核心，采用标准化的安全技术，稳定性高，最大的优点是不会再像 Windows 9X 那样频繁的出现非法程序的提示而死机。Windows 2000 Server 是服务器版本，它的前一个版本是 Windows NT 4.0 server 版，即可面向一些中小型企业的企业内部网络服务器，但它同样可以应付企业、公司等大型网络中的各种应用程序的需要。Advanced Server 是 Server 的企业版，它的前一个版本是 Windows NT 4.0 企业版，与 Server 版不同的是，它对 SMP（对称多处理器）的支持要比 Server 更好，支持的数目可以达到 4 路。Datacenter Server 是目前为止最强大的服务器系统，可以支持 32 路 SMP 系统和 64GB 的物理内存。该系统可用于大型数据库、经济分析、科学计算以及工程模拟等方面，另外还可用于联机交易处理。所有版本的 Windows 2000 都有一些共同的新特征：NTFS5，新的 NTFS 文件系统；EFS，允许对磁盘上的所有文件进行加密；WDM，增强对硬件的支持。

图 5.5　Windows 2000 Server 启动界面

图 5.6　Windows NT 4.0 启动界面

Windows XP 发行于 2002 年 9，原名是 Whistler，现有名称中字母 XP 表示英文单词的"体验（experience）"。微软最初发行了 2 个版本，家庭版（Home）和专业版（Professional）。家庭版的消费对象是家庭用户，专业版则在家庭版的基础上添加了新的为面向商业设计的网络认证、双处理器等特性。家庭版只支持 1 个处理器，专业版则支持 2 个。2003 年 3 月 Microsoft 发布了 64 位的 Windows XP，又称为 Windows XP 64-bit Edition，其实就是 64 位版本的 Windows XP Professional。根据不同的微处理器架构，它分为 2 个不同版本：针对英特尔（Intel）的 IA-64 架构的安腾 2（Itanium2）纯 64 位微处理器的 Windows XP 64-Bit Edition Version 2003 for Itanium-based Systems；针对超微（AMD）的 x86-64 架构的 Opteron 与 Athlon 64 所属的 64 位扩展微处理器的 Windows XP 64-Bit Edition for 64-Bit Extended Systems。

Windows 2003（全称 Windows Server 2003）是微软朝.NET 战略进发而迈出的真正的第一步。Windows 2003 起初的名称是 Windows NET Server 2003，2003 年 1 月 12 日正式改名为 Windows Server 2003，并于 2003 年 5 月进入大陆市场，包括 Standard Edition（标准版）、Enterprise Edition（企业版）、Datacenter Edition（数据中心版）、Web Edition（网络版）4 个版本，每个版本均有 32 位和 64 位两种编码。它大量继承了 Windows XP 的友好操作性和 Windows 2000 sever 的网络特性，是一个同时适合个人用户和服务器使用的操作系统。Windows 2003 完全延续了 Windows XP 安装时方便、快捷、高效的特点，几乎不需要多少人工参与就可以自动完成硬件的检测、安装、配置等工作。

Microsoft 公司在 2006 年 12 月发布了 Windows Vista 操作系统，该版本的 Windows 系统中有 Home（家庭版）和 Business（商业版）两大类，共 9 个版本。

Microsoft Windows Server 2008 代表了下一代 Windows Server，它通过加强操作系统和保护网络环境提高了安全性，加快了 IT 系统的部署与维护，使服务器和应用程序的合并及虚拟化更加简单，提供直观管理工具，提高了 IT 专业人员工作的灵活性。

按照很久以前 Microsoft-watch.com 的报道，Windows Vista 之后的下一代操作系统代号为"Fiji"（斐济），不过后来改称"Vienna"（维也纳）。然而，微软放弃了使用年号或者特殊名词为 Windows 操作系统命名的方法，回归传统，直接采用 Windows 内核版本号。Vista 的核心版本号是 6.0，下一代顺其自然地被称为 Windows 7。2011 年 6 月 2 日微软首次向外界展示了 Windows 8 系统。通过 Windows 8，微软将对已经面市 25 年的 Windows 系统进行重大调整。Windows 8 的基本目标是在平板和桌面电脑上创造同样好的用户体验。业务总裁史蒂芬·辛诺夫斯基（Steven Sinofsky）表示："我们不会有折中方案，这对我们很重要。"Windows 8 用户界面的核心是新的开始页面，这一基于卡片（Tile）的界面类似于 Windows Phone 7。用户所有的程序都以卡片的形式被展示出来，并可以通过触摸单击而启动。Windows 8 支持两类应用：一类是传统的 Windows 应用，这类应用在桌面上运行，与 Windows 7 系统中类似；另一类应用以 HTML5 和 Javascript 开发，更类似于移动应用，在运行时全屏。作为 Windows 8 的一部分，IE10 已经被配置成这种模式，其他一些用于查看股票行情和天气的应用也被配置成这种模式。

5.2　Windows XP 的基本操作

5.2.1　Windows XP 的桌面及其设置

如图 5.7 所示，Windows XP 的桌面主要由可以更换的桌面背景图片，便于快速访问的桌面图标，监督任务运行状况的任务栏，用于下达命令的"开始"按钮，以及用于输入文字的语言栏等组成。

1. "开始"菜单

在 Windows XP 操作系统中，所有的应用程序都在"开始"菜单中显示。单击【开始】按钮，即可打开"开始"菜单，如图 5.8 所示。

图 5.7　Windows XP 桌面

图 5.8　"开始"菜单

（1）Windows XP "开始"菜单的构成

① 用户名：用户名位于"开始"菜单的最上部，用来显示用户的名称、图标等信息。

② 程序列表：包括固定程序列表、高频使用程序列表和所有程序列表 3 部分。固定程序列表是永久保留在列表中的程序，可以随时单击启动该程序，包括浏览器和电子邮件两部分。高频使用程序列表用于显示用户最近打开次数较多的程序，系统根据用户所用程序的次数自动进行排列显示。所有程序列表用于显示所有的应用程序，在打开的所有程序列表中，可选择所需的应用程序。

③ "注销、关闭计算机"栏：位于"开始"菜单的底部，选择相应的命令，即可打开"注销"或"关闭计算机"对话框。其中注销是指关闭当前的用户，以另一用户名身份重新登录。

④ "系统文件夹"区：是显示"我的文档"、"我最近的文档"、"图片收藏"、"我的电脑"、"我的音乐"和"网上邻居"6 个系统文件夹的区域。选择其中的文件夹命令，即可打开相应的窗口。当选择"我最近的文档"命令时，可显示最近打开过的文档。

⑤ 系统设置区：有"控制面板"、"设定程序访问和默认值"和"打印机和传真"等选项，选择相应的命令，即可打开相应的对话框，在该对话框中可进行系统设置。

⑥ 帮助、搜索和运行栏：选择【帮助和支持】命令，即可打开"帮助和支持中心"窗口，以帮助用户使用计算机和提高操作水平；选择【搜索】命令，即可打开"搜索结果"窗口；选择【运行】命令，可弹出"运行"对话框，如图 5.9 所示。

图 5.9　运行对话框

（2）"开始"菜单的设置

① 将鼠标移到任务栏中的空白处，右击，在弹出的快捷菜单中选择【属性】命令，弹出"任务栏和「开始」菜单属性"对话框，如图 5.10 所示；

② 单击【「开始」菜单】或【经典「开始」菜单】前的圆钮，圆钮中出现黑点，即选择了相关选项。此处的圆钮表示单选按钮，每次只能选其中一项；

③ 单击【确定】按钮，即可完成设置。单击【自定义】按钮可进行个性化设置。

2. 图标的操作

图标是程序、文件夹、文件和快捷方式等各种对象的小图像。双击不同的图标即可打开相应的任务。左下角带有箭头的图标，称为快捷方式图标。快捷方式是一种特殊的 Windows 文件（扩展名为 .LNK），它不表示程序或文档本身，而是指向对象的指针。对快捷方式的改名、移动、复制或删除只影响快捷方式文件，而快捷方式所对应的应用程序、文档或文件夹不会改变。

对于新安装的 Windows XP 操作系统，其桌面上只有一个"回收站"图标，用户在需要时可通过"开始"菜单打开其他任务。在系统使用的过程中，用户可以根据需要在桌面上添加相应的图标。

① 添加新图标：可以从别的窗口通过鼠标拖动的方法创建一个新图标，也可以通过右击桌面空白处创建新图标。用户如果想在桌面上建立"我的电脑"和"我的文档"等快捷方式图标，只需从"开始"菜单中将相应图标拖曳到桌面即可。

② 删除图标：右击某图标，从快捷菜单中选择【删除】命令即可。或直接拖动对象到回收站。

③ 排列图标：右击桌面空白处，从弹出的快捷菜单中选择【排列图标】，然后在级联菜单中分别选择按名称、大小、类型和修改时间命令排列图标。若取消【自动排列】，可把图标拖到桌面上的任何地方。

④ 回收站："回收站"是系统在硬盘中开辟的专门存放从硬盘上被删除的文件和文件夹的区域。如图 5.11 所示。

图 5.10　"任务栏和「开始」菜单属性"对话框

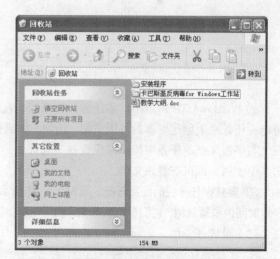

图 5.11　"回收站"窗口

回收站的使用：双击【回收站】图标，打开"回收站"窗口。还原：选定对象，单击【文件】→【还原】菜单命令还原对象；删除：选定对象，使用【文件】→【删除】菜单命令，或按"Delete"

键彻底删除对象；清空回收站：使用【文件】→【清空回收站】菜单命令删除全部对象，也可直接右击【回收站】图标，在快捷菜单中选择【清空回收站】命令。在"回收站"中一旦删除或清空回收站，则删除的对象就不能再恢复了。

3. 任务栏

任务栏位于 Windows 桌面最下部，如图 5.12 所示，其左边是【开始】按钮，之后是【快速启动】按钮，右边是公告区，显示计算机的系统时间和输入法按钮等，中部显示出正在使用的各应用程序图标，或个别可以运行的应用程序按钮。

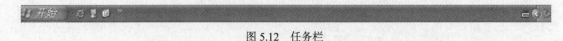

图 5.12　任务栏

（1）任务栏的主要使用功能

① 单击【开始】按钮，弹出"开始"菜单。

② 单击某个【快速启动】按钮，启动相应任务。

③ 单击某个应用程序图标，切换任务。当前活动的任务为深色显示。

④ 单击安全删除硬件图标" "，删除 USB 接口的即插即用硬件。

⑤ 单击时间图标，弹出时间和日期属性对话框，如图 5.13 所示，查看和设置系统时间和日期。

图 5.13　时间和日期属性对话框

⑥ Windows XP 是单用户多任务操作系统。在打开很多文档和程序窗口时，任务栏组合功能可以在任务栏上创建更多的可用空间。例如，如果打开了 10 个窗口，其中 3 个是写字板文档，则三个写字板文档的任务栏按钮将组合在一起成为一个名为"写字板"的按钮。单击该按钮然后单击某个文档，即可查看该文档。

⑦ 要减少任务栏的混乱程度，可设置隐藏不活动的图标。如果通知区域（时钟旁边）的图标在一段时间内未被使用，它们会隐藏起来。如果图标被隐藏，单击向左的箭头，可临时显示隐藏的图标。

（2）设置任务栏

① 将鼠标移到任务栏中的空白处，右击，在弹出的快捷菜单中进行相关设置。如选择【属性】命令，则弹出"任务栏和【开始】菜单属性"对话框；

② 选择（单击矩形框出现对号）或取消（单击矩形框取消对号）相关复选框选项；

③ 单击【确定】按钮，即可完成属性设置。个性化设置可单击【自定义】按钮。

5.2.2　鼠标和键盘的基本操作

1．鼠标操作

（1）鼠标的基本操作

鼠标的基本操作有指向、单击、双击、右击和拖曳或拖动。

指向：移动鼠标，使鼠标指针指示到所要操作的对象上。

单击：按下鼠标左键并立即释放。单击用于选择一个对象或执行一个命令。

双击：连续快速两次单击鼠标左键。双击用于启动一个程序或打开一个文件。

右击：按下鼠标右键并立即释放。右击会弹出快捷菜单，方便完成对所选对象的操作。当鼠标指针指示到不同的操作对象上时，会弹出不同的快捷菜单。

拖曳或拖动：将鼠标指针指示到要操作的对象上，按下鼠标左键不放，移动鼠标使鼠标指针指示到目标位置后释放鼠标左键。拖曳或拖动用于移动对象、复制对象或者拖动滚动条与标尺的标杆。

（2）鼠标指针形状

鼠标指针形状一般是一个小箭头，但在一些特殊场合和状态下，鼠标指针形状会发生变化。鼠标指针形状所代表的不同含义，如图 5.14 所示。

	正常选择	＋	精确定位	↕	垂直调整	✛	移动
	帮助选择	Ｉ	选定文本	↔	水平调整	↑	候选
	后台运行	＼	手写	↖↘	延对角线调整 1		链接选择
	忙	⃠	不可用	↗↙	延对角线调整 2		

图 5.14　鼠标指针形状及含义

2．键盘操作

键盘是计算机的标准输入设备，利用键盘可完成中文 Windows XP 提供的所有操作功能，但在 Windows 环境下利用鼠标很方便。有时使用键盘操作完成某个操作更快捷，故有快捷键的说法，常用的快捷键如表 5.1 和表 5.2 所示。组合键的操作方法是先按住前面的一个键或两个键，再单击后面的一个键。

表 5.1　　　　　　　　　　　　　　　　通用键盘快捷键

命　　令	作　　用
Ctrl+Alt+Delete	出现死机时，采用热启动打开"任务管理器"来结束当前任务
Esc	取消当前任务
Alt+F4	关闭活动项或者退出活动程序
Alt+Tab	切换窗口
Ctrl+空格	中英文输入法之间切换
Ctrl+Shift	各种输入法之间切换
Shift+空格	中文输入法状态下全角/半角切换
Ctrl+>	中文输入法状态下中文/西文标点切换
Print Screen	复制当前屏幕图像到剪贴板
Alt+Print Screen	复制当前窗口、对话框或其他对象（如任务栏）到剪贴板

表 5.2　　　　　　　　　　　　　对话框操作快捷键

命　令	作　用
Ctrl+Tab	向前切换各张选项卡
Ctrl+Shift+Tab	向后切换各张选项卡
Tab	向前切换各选项
Shift+Tab	向后切换各选项
Alt+带下划线的字母	执行对应的命令或选择对应的选项
Enter	执行活动选项或按钮的命令
F1 键	显示帮助

5.2.3　窗口的基本操作

窗口是 Windows XP 操作系统重要的组成部分。Windows XP 的窗口分为应用程序窗口和文档窗口。Windows XP 允许同时打开多个窗口，但在所有打开的窗口中只有一个是正在操作、处理的窗口，称为当前活动窗口。活动窗口的标题栏以深蓝色显示，非活动窗口的标题栏一般呈灰色。

1．窗口的组成

在中文版 Windows XP 中有许多种窗口，其中大部分都包括了相同的组件，如图 5.15 所示是一个标准的窗口，它由标题栏、菜单栏、工具栏等几部分组成。

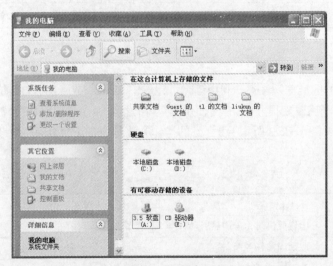

图 5.15　示例窗口

①　标题栏：位于窗口的最上部，它标明了当前窗口的名称，左侧有控制菜单按钮，右侧有最小、最大化或还原以及关闭按钮。

②　菜单栏：在标题栏的下面，它提供了用户在操作过程中要用到的各种访问途径。

③　工具栏：在其中包括了一些常用的功能按钮，用户在使用时可以直接从上面选择各种工具。

④　状态栏：它在窗口的最下方，标明了当前有关操作对象的一些基本情况。

⑤　工作区域：它在窗口中所占比例最大，显示了应用程序界面或文件中的全部内容。

⑥　滚动条：当工作区域的内容太多而不能全部显示时，窗口将自动出现滚动条，用户可以通

过拖动水平或者垂直的滚动条来查看所有的内容。

在中文版 Windows XP 系统中，有的窗口左侧新增加了链接区域，这是以往版本的 Windows 所不具有的，它以超链接的形式为用户提供了各种操作的便利途径。一般情况下，链接区域包括"系统任务"选项、"其他位置"选项和"详细信息"选项，用户可以通过单击选项名称的方式来隐藏或显示其具体内容。

2. 窗口的操作

窗口操作在 Windows 系统中是很重要的，不但可以通过鼠标使用窗口上的各种命令来操作，而且可以通过键盘来使用快捷键操作。基本的操作包括打开、缩放、移动等。

（1）打开窗口

当需要打开一个窗口时，可以通过下面两种方式来实现：

① 选中要打开的窗口图标，然后双击打开。

② 在选中的图标上右击，在其快捷菜单中选择【打开】命令，如图 5.16 所示。

（2）移动窗口

用户在打开一个窗口后，不但可以通过鼠标来移动窗口，而且可以通过鼠标和键盘的配合来完成。移动窗口时用户只需要在标题栏上按下鼠标左键拖动，移动到合适的位置后再松开，即可完成移动的操作。用户如果需要精确地移动窗口，可以在标题栏上右击，在打开的快捷菜单中选择【移动】命令，当屏幕上出现"✛"标志时，再通过按键盘上的方向键来移动，到合适的位置后用鼠标单击或者按回车键确认，如图 5.17 所示。

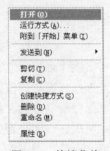

图 5.16　快捷菜单

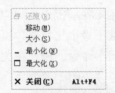

图 5.17　快捷菜单

（3）缩放窗口

窗口不但可以移动到桌面上的任何位置，而且还可以随意改变大小将其调整到合适的尺寸。

① 当用户只需要改变窗口的宽度时，可把鼠标放在窗口的垂直边框上，当鼠标指针变成双向的箭头时，可以任意拖动。如果只需要改变窗口的高度时，可以把鼠标放在水平边框上，当指针变成双向箭头时进行拖动。当需要对窗口进行等比缩放时，可以把鼠标放在边框的任意角上进行拖动。

② 用户也可以用鼠标和键盘的配合来完成，在标题栏上右击，在打开的快捷菜单中选择【大小】命令，屏幕上出现"✛"标志时，通过键盘上的方向键来调整窗口的高度和宽度，调整至合适位置时，用鼠标单击或者按回车键结束。

（4）最大化、最小化窗口

当用户在对窗口进行操作的过程中，可以根据自己的需要，把窗口最小化、最大化等。单击窗口右上角的最小化按钮 ，可对暂时不使用的窗口最小化以节省桌面空间；单击最大化按钮 可使窗口最大化（铺满整个桌面）；单击还原按钮 可把最大化窗口恢复到原来的大小。

在弹出如图 5.17 的快捷菜单后，通过选择菜单项也可完成"最大化"、"最小化"等操作；也可以通过快捷键来完成以上的操作，比如最小化输入字母"N"。

（5）切换窗口

当用户打开多个窗口时，需要在各个窗口之间进行切换，下面是几种切换的方式。

① 当窗口处于最小化状态时，用户在任务栏上选择所要操作窗口的按钮，然后单击即可完成切换。当窗口处于非最小化状态时，可以在所选窗口的任意位置单击，当标题栏的颜色变深时，表明完成对窗口的切换。

② 用 Alt+Tab 组合键来完成切换，用户可以在键盘上同时按下"Alt"和"Tab"两个键，屏幕上会出现切换任务栏，在其中列出了当前正在运行的窗口，用户这时可以按住"Alt"键，然后在键盘上按"Tab"键从"切换任务栏"中选择所要打开的窗口，选中后再松开两个键，选择的窗口即可成为当前窗口，如图 5.18 所示。

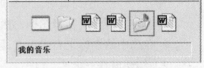

图 5.18　切换任务栏

③ 用户也可以使用 Alt+Esc 组合键，先按下"Alt"键，然后再通过按"Esc"键来选择所需要打开的窗口，但是它只能改变激活窗口的顺序，而不能使最小化窗口放大，所以，多用于切换已打开的多个窗口。

（6）关闭窗口

用户完成对窗口的操作后，在关闭窗口时有下面几种方式。

① 直接在标题栏上单击"关闭"按钮⊠。

② 双击控制菜单按钮。

③ 单击控制菜单按钮，在弹出的控制菜单中选择【关闭】命令。

④ 使用 Alt+F4 组合键。

如果用户打开的窗口是应用程序，可以在文件菜单中选择【退出】命令，同样也能关闭窗口。如果所要关闭的窗口处于最小化状态，可以在任务栏上选择该窗口的按钮，然后在右击弹出的快捷菜单中选择【关闭】命令。用户在关闭窗口之前要保存所创建的文档或者所做的修改，如果忘记保存，当执行了"关闭"命令后，会弹出一个对话框，询问是否要保存所做的修改，选择"是"后保存关闭，选择"否"后不保存关闭，选择"取消"则不能关闭窗口，可以继续使用该窗口。

3．窗口的排列

当用户在对窗口进行操作时打开了多个窗口，这就涉及到排列的问题，在中文版 Windows XP 中为用户提供了 3 种排列的方案可供选择。

在任务栏上的非按钮区右击，弹出一个快捷菜单，如图 5.19 所示。

① 层叠窗口：把窗口按先后的顺序依次排列在桌面上，其中每个窗口的标题栏和左侧边缘是可见的，用户可以任意切换各窗口之间的顺序，如图 5.20 所示。

② 横向平铺窗口：各窗口并排显示，在保证每个窗口大小相当的情况下，使得窗口尽可能往水平方向伸展。

③ 纵向平铺窗口：在排列的过程中，使窗口在保证每个窗口都显示的情况下，尽可能往垂直方向伸展。

在选择了某项排列方式后，在任务栏快捷菜单中会出现相应的撤消该选项的命令，例如，用户执行了"层叠窗口"命令后，任务栏的快捷菜单会增加一项"撤消层叠"命令，当用户执行此命令后，窗口恢复原状。

图 5.20　层叠窗口

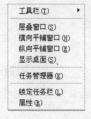

图 5.19　任务栏快捷菜单

5.2.4　菜单的操作

菜单是一些命令的列表。除"开始"菜单外，Windows XP 还提供了应用程序菜单、控制菜单和快捷菜单。不同程序窗口的菜单是不同的。程序菜单通常出现在窗口的菜单栏上。快捷菜单是当鼠标指向某一对象时，右击后弹出的菜单。Windows XP 中的"控制菜单"和"菜单栏"中的各程序菜单都是下拉式菜单，各下拉菜单中列出了可供选择的若干命令，一个命令对应一种操作。快捷菜单是弹出式菜单。

1. 菜单中各命令项的说明

① 灰化的命令表示当前不能选用。

② 如果命令名后有符号"…"，则表示选择该命令时会弹出对话框，需要用户提供进一步的信息。

③ 如果命令名后有一个指向右方的黑三角符号，则表示还会有级联菜单。

④ 如果命令名前面有标记"√"，则表示该命令正处于有效状态。如果再次选择该命令，将删去该命令前的"√"，且该命令不再有效。

⑤ 如果命令名的右边还有一个键符或组合键符，则该键符表示快捷键。使用快捷键可以直接执行相应的命令。

2. 对菜单的操作

（1）在菜单中选择某命令有以下 3 种方法

① 用鼠标单击该命令选项。

② 用键盘上的 4 个方向键将高亮条移至该命令选项，然后按回车键。

③ 若命令选项后的括号中有带下划线的字母，则直接按该字母键。

（2）撤销菜单

打开菜单后，如果不想选取菜单项，则可在菜单框外的任何位置上单击，即撤消该菜单。

3. 控制菜单

窗口的还原、移动、改变大小、最小化、最大化、关闭等操作，可以利用控制菜单来实现。用鼠标单击控制菜单图标，出现一个控制菜单，如图 5.21 所示。

控制菜单中各命令的意义如下：

① "还原"：将窗口还原成最大化或最小化前的状态。

② "移动"：使用键盘上的上、下、左、右移动键将窗口移动到另一位置。

图 5.21　控制菜单

③ "大小"：使用键盘改变窗口的大小。

④ "最小化"：将窗口缩小成图标。

⑤ "最大化"：将窗口放大到最大。

⑥ "关闭"：关闭窗口。

4. 快捷菜单

快捷菜单是系统提供给用户的一种即时菜单，它为用户的操作提供了更为简单、方便、快捷、灵活的工作方式。将鼠标指向操作对象，右击即可出现快捷菜单。快捷菜单中的命令是根据当前的操作状态而定的，具有动态性质，随着操作对象和环境状态的不同，快捷菜单也有所不同。

5.2.5　工具栏的操作

在任务栏中使用不同的工具栏，可以方便而快捷地完成一般的任务，系统默认显示"语言栏"，用户可以根据需要添加或者新建工具栏。

当用户在任务栏的非按钮区域右击，在弹出的快捷菜单中指向"工具栏"，可以看到在其子菜单中列出的常用工具栏，如图 5.22 所示。当选择其中的一项时，任务栏上会出现相应的工具栏。

如选择【快速启动】工具栏，则在任务栏左侧出现快速启动栏，快速启动栏中显示一组快速启动按钮。在这些图标上单击，可以快速启动对应的操作；在这些图标上右击，在弹出的快捷菜单中可以进行复制、删除等多种操作。快速启动按钮的位置是可以互换的。用户也可以通过直接从桌面上拖动图标到此工具栏的方式来创建一个快速启动按钮。

如果需要经常用到某些程序或者文件，可以在任务栏上创建工具栏，它的作用相当于在桌面上创建快捷方式。可以参照下面的步骤来创建一个新的工具栏。

① 在任务栏的非按钮区域右击，执行【工具栏】→【新建工具栏】命令，打开"新建工具栏"对话框，用户可以在此选择自己所要创建的程序或文件的名称，然后单击【确定】按钮，如图 5.23 所示。

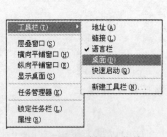

图 5.22　工具栏快捷菜单

图 5.23　"新建工具栏"对话框

② 此时已完成创建，在任务栏上出现新建的工具栏，在快捷菜单中"工具栏"下也增加了"我的音乐"这个选项。

③ 当用户不再使用此工具栏时，可在右击所弹出的快捷菜单中选择【工具栏】→【我的音乐】命令，即可删除所创建的工具栏。

5.2.6　对话框的使用

对话框在中文版 Windows XP 中占有重要的地位，是用户与计算机系统之间进行信息交流的窗口，在对话框中用户通过对选项的选择，对系统进行对象属性的修改或者设置。

1．对话框的组成

对话框的组成和窗口有相似之处，例如都有标题栏，但对话框要比窗口更简洁、更直观、更侧重于与用户的交流，它一般包含有标题栏、选项卡与标签、文本框、列表框、命令按钮、单选按钮和复选框等几部分。

① 标题栏：位于对话框的最上方，系统默认的是深蓝色，上面左侧标明了该对话框的名称，右侧有关闭按钮，有的对话框还有帮助按钮。

② 选项卡和标签：在系统中有很多对话框都是由多个选项卡构成的，选项卡上写明了标签，以便于进行区分。用户可以通过各个选项卡之间的切换来查看不同的内容，在选项卡中通常有不同的选项组。例如在"显示 属性"对话框中包含了"主题"、"桌面"等 5 个选项卡，在"屏幕保护程序"选项卡中又包含了"屏幕保护程序"、"监视器的电源" 2 个选项组，如图 5.24 所示。

③ 文本框：在有的对话框中需要用户手动输入某项内容，还可以对各种输入内容进行修改和删除操作。一般在其右侧会带有向下的箭头，可以单击箭头，在展开的下拉列表中查看最近曾经输入过的内容。比如在桌面上单击【开始】按钮，选择【运行】命令，可以打开"运行"对话框，这时系统要求用户输入要运行的程序或者文件名称，如图 5.25 所示。

④ 列表框：有的对话框在选项组下已经列出了众多的选项，用户可以从中选取，但是通常不能更改。比如前面我

图 5.24　"显示属性"对话框

们所说讲到的"显示属性"对话框中的桌面选项卡，系统自带了多张图片，用户是不可以进行修改的。

⑤ 命令按钮：它是指在对话框中圆角矩形并且带有文字的按钮，常用的有"确定"、"取消"、"应用"等。

⑥ 单选按钮：它通常是一个小圆形，其后面有相关的文字说明，当选中后，在圆形中间会出现小圆点，在对话框中通常是一个选项组中包含多个单选按钮，当选中其中一个后，别的选项是不可以选的。

⑦ 复选框：它通常是一个小正方形，在其后面也有相关的文字说明，当用户选择后，在正方形中间会出现"√"标志，它是可以任意选择的。

另外，在有的对话框中还有调节数字的按钮，它由向上和向下两个箭头组成，用户在使用时分别单击箭头即可增加或减少数字，如图 5.26 所示。

2．对话框的操作

对话框的操作包括对话框的移动、关闭、对话框中的切换及使用对话框中的帮助信息等。下面我们就来介绍关于对话框的有关操作。

图 5.25 "运行"对话框

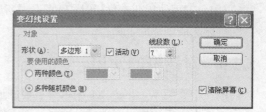

图 5.26 "变幻线设置"对话框

（1）对话框的移动和关闭

用户要移动对话框时，可以在对话框的标题上按下鼠标左键拖动到目标位置再松开，也可以在标题栏上右击，选择【移动】命令，然后在键盘上按方向键来改变对话框的位置，到目标位置时，用鼠标单击或者按回车键确认，即可完成移动操作。

关闭对话框的方法有下面几种：单击【确定】按钮或者【应用】按钮，可在关闭对话框的同时保存用户在对话框中所做的修改；如果用户要取消所做的改动，可以单击【取消】按钮，或者直接在标题栏上单击关闭按钮，也可以在键盘上按 Esc 键退出对话框。

（2）在对话框中的切换

由于有的对话框中包含多个选项卡，在每个选项卡中又有不同的选项组，在操作对话框时，可以利用鼠标来切换，也可以使用键盘来实现。

在不同的选项卡之间的切换：

① 用户可以直接用鼠标来进行切换，也可以先选择一个选项卡，即该选项卡出现一个虚线框时，然后按键盘上的方向键来移动虚线框，这样就能在各选项卡之间进行切换。

② 用户还可以利用 Ctrl+Tab 组合键从左到右切换各个选项卡，而 Ctrl+Tab+Shift 组合键为反向顺序切换。

在相同的选项卡中的切换：

① 在不同的选项组之间切换，可以按 Tab 键以从左到右或者从上到下的顺序进行切换，而 Shift+Tab 键则按相反的顺序切换。

② 在相同的选项组之间的切换，可以使用键盘上的方向键来完成。

（3）使用对话框中的帮助

对话框不能像窗口那样任意改变大小，在标题栏上也没有最小化、最大化按钮，取而代之的是帮助按钮 。当用户在操作对话框时，如果不清楚某选项组或者按钮的含义，可以在标题栏上单击帮助按钮，这时在鼠标旁边会出现一个问号，然后用户在自己不明白的对象上单击，就会出现一个对该对象进行详细说明的文本框，在对话框内任意位置或者在文本框内单击，说明文本框消失。

用户也可以直接在选项上右击，这时会弹出一个文本框，再次单击这个文本框，会出现和使用帮助按钮一样的效果，如图 5.27 所示。

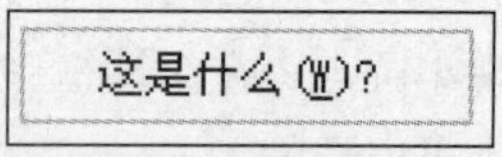

这是什么(W)?

图 5.27 "帮助"文本框

5.3　Windows 的文件管理

Windows XP 软件提供了两套管理计算机资源的系统，它们是"Windows 资源管理器"和"我的电脑"。利用它们可以方便地组织和管理文件、文件夹等资源。

5.3.1　文件的概念

文件是具有某种相关信息的数据集合。例如一个程序、一篇文档、一张照片都是文件。在 Windows XP 中，所有的程序和数据都是以文件的形式存放在外存储器上。文件夹（目录）是系统组织和管理文件的一种形式。文件夹可以包含多种不同类型的文件，例如文档、音乐、图片、视频和程序。可以将其他位置上的文件（例如，其他文件夹、计算机或者 Internet 上的文件）复制或移动到某个文件夹中，在文件夹中可以再创建文件夹。

1. 文件及文件夹的基本概念

（1）文件名及文件夹名

每个文件必须要有一个文件名，文件名由主文件名和扩展名两部分组成，其间用"."分隔开。主文件名不能省略，组成主文件名的字符数不能超过 255 个字符。文件扩展名一般用来说明文件的类型，可以由用户自己定义，但是通常有一些约定，如：.EXE 表示可执行文件，.TXT 表示文本文件，.BAK 表示备份文件等。每个文件夹也必须要有一个名字，其名字要大概表示其所包含文件的一个分类。文件夹名字通常省略掉扩展名。

（2）文件及文件夹的命名规则

在 Windows XP 中，文件和文件夹的命名有如下规则：

① 文件名可以包含字母、汉字、数字和部分符号，但不能包含\、/、:、*、?、"、<、>、| 等非法字符。

② 文件名不区分字母的大小写，即同一字母的大小写等同。

（3）通配符的使用

在 Windows XP 中，同样可以使用"*"和"?"作为通配符查找文件。用"*"代表任意多个字符，用"?"代表任意某一个单个字符。当进行文件或文件夹搜索时可以使用通配符来代替一些未知的字符。

例 1：用户要查找磁盘上所有的 mp3 文件，可表示为*.mp3。

例 2：用户要找磁盘上第二个符是 a，文件名由 3 个字符组成，扩展名为任意的文件，可表示为? a? .*。

（4）文件类型

根据文件所包含的不同信息，可将文件分成不同的类型。而文件的扩展名就是区别文件类型的标志。常见的文件扩展名有以下几种。

① 程序文件：由命令组成并按一定的逻辑顺序编制而成的文件被称为程序文件。有 4 种形式的扩展名，即 com、exe、bat、pif。其中 com 为系统命令文件，exe 为可执行程序，bat 为批命令处理程序，pif 为非 Windows 应用程序的程序信息文件。

② 系统支持文件：系统支持文件是支持系统或各子系统运行的文件。系统支持文件的扩展名为 ovl、sys、drv、dll。ovl 为系统覆盖模块，sys 为系统配置文件，drv 为硬件驱动程序，dll 为 Windows 动态链接库文件。系统支持文件由系统或应用程序调用。

③ 文档文件：文档文件是由应用程序生成的文件档案，例如书信、文章、报告等，除了输入的内容外，文档文件还包含文档字型、字体、段落、排版等有关格式信息。常见的文档文件有：txt 为纯文本文档，doc、rtf 为 WORD 文本格式文档，rif、wrl 为书写器格式文档，inf 为有关信息文档，ini 为初始化信息文档。

④ 图像文件：图像文件是专用于存储图像的文件。常见的扩展名为 bmp、gif、jpg。

⑤ 声音文件：声音文件是以数字形式存储的音频文件。常见的扩展名为 wav、mid、mp3。

⑥ 影视文件：影视文件是包含影视或动画等动态信息的文件。一般扩展名为 avi、rm、meg。

⑦ 数据文件：数据文件常作为数据处理程序的一部分，所以有多种格式。常见的扩展名为 dbf、xls、mdb。

（5）文件属性

文件属性定义了文件的使用范围、显示方式以及受保护的权限。文件有 3 种属性：只读、存档和隐藏。只读属性设定文件在打开时不能被更改和删除；存档属性表示程序依次对文件或文件夹进行备份；隐藏属性将隐藏指定的文件夹名或文件名。

（6）路径

路径是指文件和文件夹在计算机系统中的具体存放位置。完整路径包括：驱动器符，后接冒号（:）；文件夹和子文件夹的名称，每个文件夹名称前要带反斜杠（\）；如在路径中要具体指定目标文件夹或文件，应在最后指明该文件夹或文件名，并用反斜杠与路径分隔。如 C:\Windows\system32\Notepad.exe。

2. 文件及文件夹的基本操作

（1）文件夹的建立

在"我的电脑"或"Windows 资源管理器"中，打开要在其中创建新文件夹的文件夹，在"文件（F）"菜单中指向"新建（N）"，单击"文件夹（F）"。系统即在当前文件夹的右窗格内提供一个暂时命名为"新建文件夹"的文件夹图标，该图标的文件夹名框显示蓝色并带有闪烁光标。此时，可直接输入自定义的文件夹名，最后按回车键确认。

（2）选择文件或文件夹

在 Windows XP 中无论打开文档，运行程序，删除旧文件还是将文件复制到磁盘中，用户都需先选定文件或文件夹，再进行相应的操作。

① 选择单个文件或文件夹：在"我的电脑"或"Windows 资源管理器"中，用鼠标左键单击要选定的文件或文件夹。

② 在文件夹窗口中选择文件或文件夹：按住鼠标左键拖动鼠标，出现一个虚线框，释放鼠标按钮，将选定虚线框内的有关文件或文件夹。

③ 选择多个相邻的文件或文件夹：选定第一个文件或文件夹，再按"Shift"+单击最后一个文件或文件夹，或连续按"Shift+光标移动键"，向某个方向扩大或缩小文件或文件夹的选择。

④ 选择不连续的文件或文件夹：如要选择多个不连续的文件或文件夹，可用"Ctrl"+单击各不连续的文件或文件夹。

⑤ 选择全部文件或文件夹：执行"编辑"菜单中的【全部选择】命令，就可选定当前文件夹下的全部文件和文件夹。

⑥ 反向选择：先选择不要的文件或文件夹。在"编辑"菜单中选择【反向选择】命令。

⑦ 取消选择的文件和文件夹：取消单个已选定的文件或文件夹，只需按住"Ctrl"键，并单击要取消的文件名即可。取消全部选定的文件和文件夹，只需在文件以外的空白处单击鼠标即可。

（3）复制和移动文件或文件夹

要进行文件或文件夹的复制和移动，应先选中对象。对象可以是单一的文件夹或文件，也可以是一组文件夹或文件。复制和移动文件夹或文件的操作可用鼠标拖动的方法完成，也可以通过菜单命令完成。

① 用鼠标左键拖动复制和移动文件夹或文件：用鼠标左键拖动文件夹或文件，在同盘和异盘

上操作所得到的结果是不同的。例如，将文件从 C 盘的一个文件夹拖到 C 盘的另一个文件夹处，被称为同盘操作。若将文件从 C 盘拖到 D 盘，被称为异盘操作。

同盘操作情况下：单纯拖动所选对象到预定的位置，即可完成文件夹或文件的移动。"Ctrl+拖动所选对象"，则完成文件夹或文件的复制。

异盘操作情况下：直接拖动被选对象就可以完成文件夹或文件复制。如果想将被选对象从 C 盘移动到 D 盘，应按住"Shift"键不放，再将对象从源盘拖动到目标盘，才可完成异盘文件夹或文件的移动。

② 用鼠标右键拖动复制和移动文件夹或文件：在目录窗口选中操作对象后，若用鼠标右键将被选对象拖动到一个预定文件夹地址后，出现一个快捷菜单，如图 5.28 所示。这时可以选择操作的具体要求：复制、移动或创建对象的快捷方式。如果要取消操作，可选择【取消】命令。

③ 使用"编辑"菜单命令复制和移动文件或文件夹。

首先，在"我的电脑"或"Windows 资源管理器"窗口中，选中文件夹或文件。若作移动操作，就选用"编辑"菜单下的【剪切】命令，选中的文件夹或文件图标变为暗淡色，完成了所选对象到剪贴板的移动。

若作复制操作，就单击"编辑"菜单下的【复制】命令，选中的文件夹或文件仍然保留在原来的位置中不变，完成所选文件到剪贴板的复制。

用鼠标选择复制或移动的目标地点，或者说打开要存放所选文件夹或文件的文件夹，单击"编辑"菜单上的【粘贴】命令，即可完成复制或移动操作。如果是移动操作，原位置上的文件夹或文件将会消失。

④ 使用"文件"的"发送到"命令完成复制操作。

在资源管理器窗口的"文件"菜单下有一个"发送到"子菜单，如图 5.29 所示，子菜单列出了若干当前系统可供发送（复制）的文件夹或文件的目标位置。通过选择发送的目标位置，可将所选对象复制到"3.5 英寸软盘（A：）"、"我的文档"、"邮件接收者"以及"桌面快捷方式"。

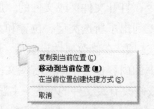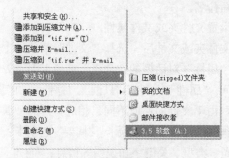

图 5.28　右键拖动后的快捷菜单　　　　图 5.29　"发送到"命令

选择所要复制的对象后，在"文件"菜单下的"发送到"子菜单内选择相应目标驱动器，如"3.5 英寸软盘（A：）"（如果电脑上插入 U 盘，该子菜单中会列出），系统将把选定对象发送到指定软盘，便完成所选对象到软盘的复制。

（4）删除与恢复文件或文件夹

在 Windows XP 中删除文件夹或文件分逻辑删除和物理删除两种，逻辑删除是指将文件夹或文件移送入"回收站"，并未从硬盘中真正消失。在需要时被逻辑删除的对象可以从"回收站"中取出置于原来的位置。也就是说，逻辑删除的对象是可以恢复的。而物理删除是真正地把对象从硬盘中清除，以后再也无法恢复。

① 删除文件夹或文件到"回收站"：首先选择想要删除的文件夹或文件，然后执行【文件】|【删除】命令，或者直接按下"Delete"键，也可以将文件夹或文件图标拖动到桌面的"回收站"图标中。此时，系统会出现"确认文件删除"对话框，询问用户是否要将所选对象送入回收站，让用户作进一步回答。如果选择"是"，所选对象将从原来位置上消失，转移到回收站中。如果选择"否"，则取消本次删除操作。

② 从"回收站"恢复文件夹或文件：有些文件夹或文件可能是属于误删的，但只要还存在于"回收站"，就可以将其取出送回原处。当想要恢复某些被删对象时，先打开"回收站"窗口，寻找并且选中想恢复的对象，然后单击"文件"菜单上的【还原】命令，所选对象就从"回收站"窗口消失，回到原文件夹处。也可采用移动或复制操作，将"回收站"内的文件夹或文件，移动或复制到新的目标文件夹内供使用。

③ 永久地删除文件夹或文件：如果要把文件夹或文件永久地从硬盘中删掉，有两种方法：

【方法1】先进行逻辑删除，再进行物理删除。

先将文件夹或文件送入"回收站"，以后确定这些文件确实不需要了，再从"回收站"中删除。"回收站"窗口的"文件"菜单中有"清空回收站"和"删除"两个命令，"清空回收站"是针对该窗口内所有对象的，而"删除"则可进行选择性的删除。

【方法2】直接进行物理删除。

将选定的文件夹或文件图标按"Shift"+拖动到"回收站"，或者选定对象后按"Shift"+"Delete"键，屏幕会出现"确认删除"对话框。当确认删除后，被删除对象将从计算机的存储器中删除而不保存在"回收站"中。

（5）文件或文件夹的重命名

任何一个文件夹或文件都可改换名称。在任何文件夹浏览窗口，选定想要改名的文件夹或文件后，选择"文件"菜单中的【重命名】命令，文件夹或文件名即被激活，并出现闪烁的插入点光标。在插入点光标处可键入新名称，然后按回车键或者鼠标单击窗口的任何位置，文件夹或文件名便重新命名。

（6）设置文件夹或文件属性

选定文件夹或文件后，选择"文件"菜单的【属性】命令，打开文件夹或文件的"属性"对话框。在"属性"对话框的"常规"选项卡上，Windows XP 列出了所选类型、位置和大小，以及创建时间。"属性"栏列有"只读"、"存档"、"隐藏"属性复选项。在修改属性设置后，选择【确定】退出。由于文件的性质不同，相应打开的"属性"对话框的内容也会不同。有些文件的"属性"对话框内包含有多张选项卡。"摘要"选项卡：它可输入或修改有关文件的标题、主题、作者、上司、公司、类型、关键字和说明等信息；"自定义"选项卡：它可自定义属性的名称，如可定义名称为安排、办公室、编辑、部门和参考等；指定自定义属性的类型，如文本、日期和号码等，注意类型必须与指定的内容相匹配；输入自定义属性的数值，值的格式必须与类型中选择的内容一致，如果类型中指定为日期，那么值的输入内容必须为日期格式。

（7）搜索文件或文件夹

打开"开始"菜单的"搜索"子菜单（或者"资源管理器"的"常用"工具栏上的"搜索"按钮），选择【所有文件或文件夹】命令会打开如图 5.30 所示的"搜索结果"对话框。

① 基本搜索条件的设置："全部或部分文件名"文本框，在这里输入要搜索的文件名，名中允许使用通配符（？，＊）。"文件中的一个字或词组"文本框：根据文件正文中所包含的特定内容进行搜索。"在这里寻找"下拉框：这个下拉框中指定搜索的范围。

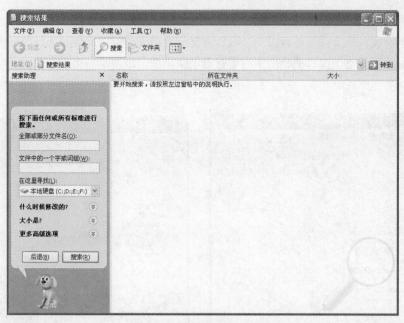

图 5.30　"搜索结果"对话框

② "什么时候修改的？"搜索条件的设置：在该选项卡中可指定日期搜索条件。

③ "大小是？"搜索条件的设置：可以根据文件的大小设置搜索条件。

④ "更多高级选项"搜索条件的设置：这里可设置更详细的搜索条件。

5.3.2　通过"资源管理器"进行管理

1.　打开资源管理器窗口

① 在 Windows XP 中，资源管理器是一个管理文件的工具。其功能和"我的电脑"相似，只是窗口分为左、右两部分。在【开始】按钮上单击鼠标右键，在弹出的快捷菜单中选择【资源管理器】命令，即可打开"资源管理器"窗口，如图 5.31 所示。

② 在"我的电脑"等图标上单击鼠标右键，在弹出的快捷菜单中选【资源管理器】命令，也可打开"资源管理器"窗口。

2.　查看文件夹的分层结构

（1）查看当前文件夹中的内容

在"资源管理器"左窗口（即文件夹树窗口）中单击某个文件夹名或图标，则该文件夹被选中，成为当前文件夹，此时右窗口（即文件夹内容窗口）中显示该文件夹中下一层的所有子文件夹与文件。

（2）展开文件夹树

在"资源管理器"的文件夹树窗口中，可看到在某些文件夹图标的左侧含有"+"或"-"的标记。如果文件夹图标左侧有"+"标记，则表示该文件夹下还含有子文件夹，只要单击"+"标记，就可以进一步展开该文件夹分支，从而可以从文件夹树中看到该文件夹中下一层子文件夹。如果文件夹图标左侧有"-"标记，则表示该文件夹已经被展开，此时若单击"-"标记，则将该文件夹下的子文件夹折叠隐藏起来，标记变为"+"。如果文件夹图标左侧既没有"+"标记，也没有"-"标记，则表示该文件夹下没有子文件夹，不可进行展开或折叠隐藏操作。

3. 设置文件排列形式

为了便于对文件或文件夹进行操作，可以将文件夹内容窗口中文件与文件的显示形式进行调整。单击"资源管理器"窗口菜单栏中的【查看】菜单项，即显示一个"查看"菜单，如图 5.32 所示。

图 5.31 "资源管理器"窗口   图 5.32 "查看"菜单

在"查看"菜单中，有 5 个调整文件夹内容窗口显示方式的命令：缩略图、平铺、图标、列表、详细信息；还有一个用于调整文件夹内容窗口中文件与文件夹排列顺序的"排列图标"命令。当选择【排列图标】命令后，将显示级联菜单。在这个菜单中，共有 7 个命令，分为 2 组，其意义如下。

① 名称：按文件或文件夹名的顺序进行排列。

② 类型：按文件夹与文件类型进行排列。

③ 大小：按文件所占的字节数进行排列。

④ 修改时间：按文件最后修改的日期进行排列。

⑤ 自动排列：按系统默认的方式进行排列。即按名称升序，先文件夹，后文件；先符号、后数字、再字母、最后汉字拼音。

为了调整文件与文件夹的排列顺序，除了利用"查看"菜单外，还可以利用快捷菜单。在"资源管理器"窗口中单击鼠标右键，即显示快捷菜单，在该菜单中再选择【排列图标】命令，则显示一个包含上述调整文件与文件夹排列顺序的菜单命令。

5.3.3 通过"我的电脑"管理文件

"我的电脑"是 Windows XP 的一个系统文件夹。Windows XP 通过"我的电脑"提供一种快速访问计算机资源的途径。用户可以像在网络上浏览 Web 一样实现对本地资源的管理。如图具体操作步骤如下。

① 在桌面上双击"我的电脑"图标，即可打开"我的电脑"窗口，如图 5.33 所示。在窗口中包含计算机上所有磁盘驱动器的图标。若用户安装了打印机，还会出现打印机的图标。

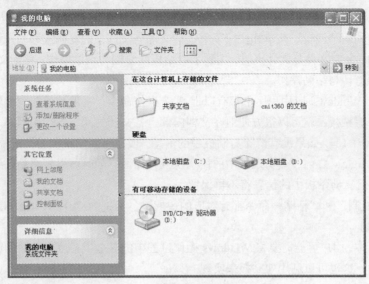

图 5.33　我的电脑

② 双击任何一个磁盘驱动器的图标，就可以打开这个磁盘的窗口，显示其中包含的文件和文件夹。

③ 如果在菜单栏中依次选择【工具栏】→【文件夹】命令，将显示两个窗格，左窗格显示树形文件夹，右窗格显示所选文件夹的内容。

④ 如果要单击硬盘图标，则会显示硬盘的大小、已用的存储空间和可用的存储空间。

⑤ 如果单击某个文档，则会显示该文档的类型、修改时间、属性和作者。

⑥ 如果单击媒体文件，对于图形图像文件，则可以看到其内容；对于声音或视频文件，则可以直接在预览位置播放；对于 html 文件，则可以看到缩略图。非常方便。

在"我的电脑"的收藏菜单中选择相应的项目，就可以直接启动 Internet Explorer 访问该项目相关的站点。

5.4　Windows 的程序管理

5.4.1　剪贴板的使用

在 Windows 中，剪贴板主要用于在程序和文件之间传递信息。所谓剪贴板，实际上是 Windows 在计算机内存中开辟的一个临时存储区。

1. 剪贴板的基本操作

对剪贴板的操作主要有以下 3 种。

① 剪切：将选定的信息移动到剪贴板中。

② 复制：将选定的信息复制到剪贴板中。

必须注意，剪切与复制操作虽然都可以将选定的信息放到剪贴板中，但它们还是有区别的。其中剪切操作是将选定的信息放到剪贴板中后，原来位置上的这些信息将被删除，而复制操作则不删除原来位置上被选定的信息，同时还将这些信息存放到剪贴板中。

③ 粘贴：将剪贴板中的信息插入到指定的位置。

前面介绍的利用"编辑"菜单和快捷菜单进行文件与文件夹的复制或移动操作，实际上是通过剪贴板进行的。复制文件与文件夹时，用到了剪贴板的复制与粘贴操作；移动文件与文件夹时，用到了剪贴板的剪切与粘贴操作。

在大部分的 Windows 应用程序中都有以上 3 个操作命令，一般被放在"编辑"菜单中或快捷菜单中。利用剪贴板，就可以很方便地在文档内部、各文档之间、各应用程序之间复制或移动信息。特别要指出的是，如果没有清除剪贴板中的信息，或没有新信息被剪切或复制到剪贴板中，则在没有退出 Window 之前，其剪贴板中的信息将一直保留，随时可以将它粘贴到指定的位置。退出 Window 之后，剪贴板中的信息将不再保留。

"剪切"、"复制"和"粘贴"命令都有对应的快捷键，分别为 Ctrl+X、Ctrl+C 和 Ctrl+V。

2. 屏幕复制

在实际应用中，用户可能需要将 Windows 操作过程中的整个屏幕或当前活动窗口中的信息编辑到某个文件中，这也可以利用剪贴板来实现。

（1）在进行 Windows 操作过程中，任何时候按下 Print Screen 键，就将当前整个屏幕信息复制到了剪贴板中。

（2）在进行 Windows 操作过程中，任何时候同时按下 Alt + Print Screen 键，就将当前活动窗口中的信息复制到了剪贴板中。

一旦屏幕或某窗口信息复制到剪贴板后，就可以将剪贴板中的这些信息粘贴到其他有关文件中。

5.4.2 应用程序的操作

1. 程序文件

程序是计算机为完成某一任务所必须执行的一系列指令的集合。程序通常是以文件的形式存储在外存储器上。在 Windows XP 中，绝大多数程序文件的扩展名是.exe，少数部分具有命令行提示符界面的程序文件的扩展名是.com。表 5.3 列出了部分常用的程序文件名。

表 5.3 部分常用的程序文件名

常用应用程序	文 件 名
Windows 资源管理器	Explorer.exe
记事本	Notepad.exe
命令提示符	Cmd.exe
Internet Explorer	Iexplore.exe
Microsoft Word	Winword.exe

2. 程序的运行

在 Windows XP 中，启动应用程序有多种方法，下面介绍几种最常用的方法。

（1）通过【开始】菜单启动应用程序

如图 5.34 所示，其操作步骤如下：

① 单击【开始】按钮，然后指向"程序"图标；

② 如果想要运行的程序不在"程序"子菜单中，则指向包含该程序的文件夹；

③ 单击应用程序名。

（2）通过浏览驱动器和文件夹启动应用程序

并不是所有的应用程序都位于"程序"菜单中或放置在桌面上，要运行这些程序的一个有效方法是使用"我的电脑"或"Windows 资源管理器"浏览驱动器和文件夹，找到应用程序文件，然后双击它。下面以启动 Microsoft Word 2007 为例说明这种方法的启动过程。假定 Microsoft Word 2007 安装在 C：\Program Files \ Microsoft Office \ Office 文件夹中，程序文件名为 Winword.exe。

① 双击桌面上的【我的电脑】图标；

② 双击 C 盘目标；

③ 双击【Program Files】图标；

④ 双击【Microsoft Office】图标；

⑤ 双击【Office】图标，弹出如图 5.35 所示的 Office 窗口；

⑥ 找到【Winword】目标并双击它，便启动了 Microsoft Word 2007。

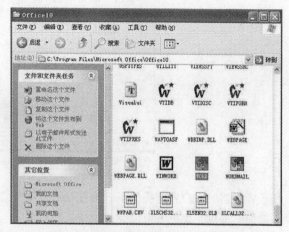

图 5.34　通过"开始"菜单启动应用程序　　　　图 5.35　通过"我的电脑"启动应用程序

（3）使用"开始"菜单中的"运行"命令启动应用程序

其操作步骤如下：

① 单击【开始】按钮；

② 单击【运行】命令，弹出如图 5.36 所示的对话框；

③ 在"打开"下拉列表框中输入含有路径的应用程序文件名，或者单击【测览】按钮寻找应用程序。用"运行"命令执行过的应用程序将来会出现在下拉列表框中，如果需要再次执行，则打开该下拉列表框，从其中选择应用程序；

图 5.36　使用"开始"菜单中的"运行"
命令启动应用程序

④ 单击【确定】按钮，就开始运行应用程序。

3. 程序的退出

程序的退出有以下几种方式：

① 在应用程序的"文件"菜单上选择【关闭】命令；

② 双击应用程序窗口上的控制菜单框；或单击应用程序窗口上的控制菜单框，在弹出的控制菜单上选择【关闭】命令；

③ 单击应用程序窗口右上角的【关闭】按钮；

④ 当某个应用程序不再响应用户的操作时，可通过 "Windows 任务管理器" 来强制关闭程序。

5.4.3 任务管理器

单击 Ctrl+Alt+Delete 或是 Ctrl+Shift+Esc 组合键后单击【任务管理器】，会打开如图 5.37 所示的任务管理器。也可以用鼠标右键单击任务栏选择【任务管理器】，或在开始→运行里输入 taskmgr.exe，再单击回车键来打开任务管理器。

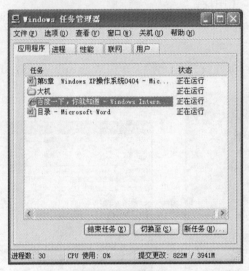

图 5.37 任务管理器

任务管理器的用户界面提供了 "文件"、"选项"、"查看"、"窗口"、"关机"、"帮助" 六大菜单项，例如 "关机" 菜单下可以完成 "待机"、"休眠"、"关闭"、"重新启动"、"注销"、"切换" 等操作。其下还有应用 "程序"、"进程"、"性能"、"联网"、"用户" 5 个选项卡。窗口底部则是状态栏，从这里可以查看到当前系统的进程数、CPU 使用比率、更改的内存容量等数据，默认设置下系统每隔两秒钟对数据进行 1 次自动更新，可单击【查看】→【更新速度】菜单重新设置刷新速度。

1. 应用程序

在任务管理器的 "应用程序" 选项卡中，可以看到所有当前正在运行的应用程序，不过它只会显示当前已打开窗口的应用程序，而 QQ、MSN Messenger 等最小化至系统托盘区的应用程序则并不会显示出来。

在这里单击【结束任务】按钮会直接关闭某个应用程序，如果需要同时结束多个任务，可以按住 Ctrl 键复选。单击【新任务】按钮，可以直接打开相应的程序、文件夹、文档或 Internet 资源，如果不知道程序的名称，可以单击【浏览】按钮进行搜索，这个 "新任务" 的功能类似于开始菜单中的运行命令。

2. 进程

进程，简单地说，就是一个正在执行的程序。或者说，进程是一个程序与其数据一道在计算机上顺序执行时发生的活动。一个程序被加载到内存，系统就创建了一个进程，程序执行结束后，该进程也就消亡了。当一个程序被同时执行多次时，系统就创建了多个进程，尽管是一个程序。

一个程序可以被多个进程执行，一个进程也可以同时执行多个程序。

在任务管理器的"进程"选项卡中，用户可以看到当前正在执行的进程。

另外在任务管理器中，"性能"选项卡中可以看到计算机性能的动态情况（如 CPU 和各种内存的使用情况）；"联网"选项卡可以看到本地计算机所连接的网络通信量的指示等；"用户"选项卡可以看到当前已登录和连接到本机的用户数、标识（标识该计算机上的会话的数字 ID）、活动状态（正在运行、已断开）、客户端名等。

3. 任务管理器的使用

除了查看系统的当前信息之外，任务管理器还有以下用途。

（1）终止未响应的应用程序

当系统出现"死机"状态时，往往是因为存在未响应的应用程序。此时，可以通过任务管理器终止这些未响应的应用程序，系统就恢复正常了。

（2）终止进程的运行

当 CPU 的使用率长时间达到或接近 100%，或系统提供的内存长时间处于几乎耗尽的状态时，通常是系统感染了病毒的缘故。利用任务管理器，找到 CPU 使用率高或内存占用率高的进程，然后终止它。需要注意的是，系统进程无法终止。

5.5　Windows 的系统管理

控制面板是 Windows XP 系统中系统管理与设置的界面。在"开始"菜单中选择【我的电脑】，或双击桌面上的【我的电脑】图标，打开"我的电脑"窗口，在属性栏中的"其他位置"中单击【控制面板】超链接，打开"控制面板"窗口，如图 5.38 所示。单击【切换到经典视图】超链接，打开"控制面板"的经典视图，如图 5.39 所示。

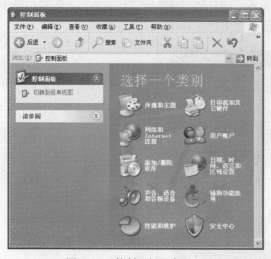

图 5.38　"控制面板"窗口　　　　　　　图 5.39　"控制面板"经典视图

在控制面板的显示区中选择要设置的图标，双击该图标，可弹出相应的对话框或打开相应的窗口。以下对常用的几项设置进行介绍。

1. 系统设置

双击控制面板中的【系统】图标，弹出"系统属性"对话框，如图 5.40 所示。其中有"常规"、"计算机名"、"硬件"、"高级"、"系统还原"、"自动更新"和"远程"等选项卡。例如，打开"计算机名"选项卡，用户可对计算机的名称进行设定；打开"硬件"选项卡，如图 5.41 所示，单击【设备管理器】按钮，打开"设备管理器"窗口，在"设备管理器"窗口中可对计算机设备进行管理等。

图 5.40 "系统属性"对话框

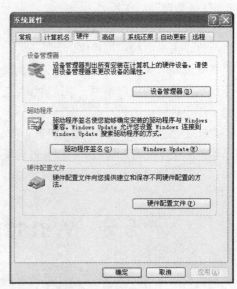

图 5.41 "硬件"选项卡

2. 显示设置

双击控制面板中的【显示】图标（或者，在桌面上单击鼠标右键，在弹出的快捷菜单中选择【属性】），弹出"显示属性"对话框，如图 5.42 所示，这是进行桌面设置的对话框。该对话框包括 5 个选项卡，分别用来选择主题、修改桌面、设置屏幕保护程序、设置外观和显示设置。

图 5.42 "显示属性"对话框

（1）主题

主题决定了桌面的整体外观，一旦选择了一个新的主题，其他几个选项卡中的设置也随之改变。一般来说，用户如果要根据自己的喜好设置显示属性，首先应该选择主题，然后再在其余几个选项卡中进行修改。

Windows XP 提供的主题有 Windows XP 和 Windows 经典。修改后的主题可以保存，扩展名为.Theme。

（2）桌面

在"桌面"选项卡中，用户可以选择自己喜欢的桌面背景，设置桌面颜色，自定义桌面。除了 Windows XP 提供的背景之外，用户还可以使用自己的 BMP、GIF、JPG、HTML 文档作为背景。作为背景的图片或 HTML 文档在桌面上有 3 种排列方式：居中、平铺和拉伸。

（3）屏幕保护程序

屏幕保护程序是当操作者在较长时间内没有任何键盘和鼠标操作情况下，用于保护显示屏幕的实用程序。在"屏幕保护程序"选项卡中，可以选择屏保程序，设置等待时间，还可以设置密码保护。当计算机的闲置时间达到指定的值时，屏幕保护程序将自动启动；要清除屏幕保护画面，只需移动鼠标或按任意键，若设置有密码保护，会提示输入密码。

（4）外观

窗口的外观是指窗口的样式、颜色与字体的大小。在"外观"选项卡中，上面方框内显示了系统预设的所有窗口的色彩方案。只要单击要更改的窗口位置（图中为活动窗口标题栏），下方就显示了它的窗口和按钮样式（指 Windows 经典样式或 Windows XP 样式）、色彩方案和字体的大小等信息。如果对当前的设置不满意，则可以在各下拉列表框中进行选择来修改这些参数，直到满意为止。

（5）设置

在"设置"选项卡中，用户可以对显示器进行设置。显示器的颜色质量和屏幕分辨率的设置依显示适配器类型的不同有所不同。

① 颜色有 4 种选择：16 色、256 色、增强型（16 位）和真彩色（24 位）。

② 分辨率通常有 3 种选择：640×480、800×600、1 024×768。如果具有高品质的适配器和显示器，还会有 1 152×864、1 280×960、1 280×1 024、1 600×1 024、1 600×1 200 像素等选项。

3. 用户账号设置

在控制面板中双击【用户账户】图标，打开"用户账户"窗口，如图 5.43 所示。在窗口中单击【更改账户】超链接，可打开"更改用户账户"窗口；单击【创建一个新账户】超链接，可打开"创建用户账户"窗口；单击【更改用户登录或注销的方式】超链接，可打开"选择登录和注销选项"窗口；单击已有的用户名，可打开相应的用户名更改窗口。在各窗口中对需要修改和编辑的项目可根据提示进行设置。

4. 打印机的设置与安装

为了设置与安装打印机，首先要打开"打印机和传真"窗口。即在"控制面板"窗口中双击【打印机和传真】图标，进入"打印机和传真"窗口，如图 5.44 所示。如果系统已经安装有打印机，则在"打印机"窗口中还有已经安装的打印机的图标。

（1）添加打印机

在"打印机和传真"窗口的属性栏中单击【添加打印机】超级链，系统即显示"添加打印机向导"对话框，此后只须按照向导中所要求的步骤一步一步操作即可。

图 5.43 "用户账户"窗口

（2）设置打印机属性

在"打印机与传真"窗口中单击要设置属性的打印机图标，然后在属性栏中单击【设置打印机属性】超链接，系统即显示"属性"对话框，输入位置等信息，再单击【确定】按钮即可。

5. 添加和删除程序

添加和删除程序是用户通过计算机系统对应用程序的管理，可以给计算机添加必要的应用软件和删除无用的应用软件。双击控制面板中的【添加或删除程序】图标，打开"添加或删除程序"窗口，如图 5.45 所示。

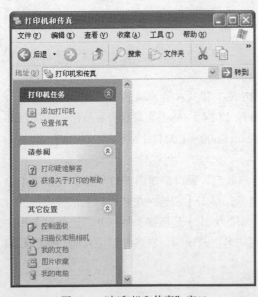

图 5.44 "打印机和传真"窗口

图 5.45 "添加或删除程序"窗口

（1）删除程序

选中要删除的程序，单击【删除】按钮，弹出"添加或删除程序"提示框，单击【是】按钮，弹出提示框，稍等片刻，即可删除程序。

（2）添加新程序

在"添加或删除程序"窗口中，单击【添加新程序】按钮，打开"添加或删除程序"窗口，根据对话框中的提示进行操作，即可完成新程序的添加。

本章小结

　　操作系统是现代计算机必不可少的最重要的系统软件，是计算机正常运行的指挥中心。操作系统实际上是配置的一组程序，用于统一管理计算机系统中的各种软件资源和硬件资源，合理地组织计算机的工作流程，协调计算机系统的各部分工作，为用户提供操作界面。目前 Microsoft 公司开发的 Windows 系列操作系统是应用最为广泛的操作系统。Windows XP 是 Microsoft 公司推出的基于 Windows NT 内核的纯 32 位桌面操作系统，它集 Windows 98、Windows Me 的简单易用，Windows 2000 的优秀特征和安全技术于一身，并开发出了许多新的功能。本章介绍了 Windows 操作系统的发展简史，以及 Windows XP 操作系统的基本组件和主要操作，例如桌面、窗口、菜单等主要组件的概念和相关操作，同时也对 Windows XP 的文件管理、程序管理和系统管理等主要功能进行了介绍。

思 考 题

1．简述题
（1）Windows XP 回收站的功能与作用是什么？
（2）Windows 窗口由哪些部分组成？
（3）什么是快捷方式？可以为哪些对象创建快捷方式？方法是什么？
（4）对文件夹的操作方法有哪些？
（5）简述任务栏的作用。

2．操作题
（1）打开"我的电脑"窗口后依次作如下操作：移动该窗口，单击该窗口右上角的【最大化】（恢复）按钮，再次单击该窗口上的【最大化】（恢复）按钮，单击该窗口右上角的【最小化】按钮，设法重新显示"我的电脑"窗口，最后单击该窗口右上角的【关闭】按钮。
（2）打开一个有多个文件夹和文件的窗口，在"查看"菜单分别选择不同的显示方式，比较其不同之处。分别选择不同的排列图标方式，比较其不同之处。
（3）在 Windows 系统下依次进行下列操作：
① 首先在 D 盘上建立一个名为"练习"的文件夹，然后在该文件夹下建立 2 个新的文件夹 LX1 与 LX2；
② 在 LX1 下建立名为 ABC.TXT 与 XYZ.DOC 的 2 个文件；
③ 将 LX1 下名为 ABC.TXT 与 XYZ.DOC 的 2 个文件复制到 LX2 下；
④ 将 LX2 下的 ABC.TXT 重命名为课堂练习.TXT；
⑤ 将课堂练习.TXT 设置为只读和隐藏属性；
⑥ 关闭文件夹窗口，重新打开 LX2 文件夹窗口，注意观察；
⑦ 将课堂练习.TXT 的只读和隐藏属性取消；
⑧ 将 LX1 下的 XYZ.DOC 放入"回收站"内；

⑨ 将"回收站"内的文件 XYZ.DOC 恢复；

⑩ 将 D 盘上名为练习的文件夹复制到 C 盘上。

（4）将 Windows XP"开始"菜单分别设置为 Windows XP 方式和经典方式，仔细比较不同。

（5）打开"显示属性"对话框，尝试练习相关设置。

（6）练习使用 Windows 的帮助功能。

第6章
文字处理软件 Word 2007

文字处理软件是办公软件的一种，文字处理的电子化是信息社会发展的标志之一。现有的中文文字处理软件主要有 Microsoft 公司的 WORD、金山公司的 WPS、开源办公软件 openoffice 和永中 office 等。

Microsoft Word 在当前文字处理软件市场中占主导地位，这使得 Word 专用的档案格式 Word 文件（.doc）成为事实上最通用的标准，其他与 Word 竞争的办公软件都支持通用的 Word 专用档案格式。

本章介绍 Microsoft Word 2007 的使用。

6.1　Microsoft Word 2007 概述

1. Word 2007 的基本功能

Word 2007 是一种在 Windows 环境下使用的字处理软件，它主要用于日常的文字处理工作，如书写编辑信函、公文、简报、报告、文稿和论文、个人简历、商业合同、Web 页等。它具有以下基本功能。

① 创建、编辑和格式化文档：对输入的文字进行复制、移动、删除、剪切、查找和替换等操作，可以对输入的文字段落进行格式化设置。

② 表格处理：提供了丰富的表格功能，如建立、编辑、格式化表格，和对表格中的数据进行计算，还可将表格转换为图表。

③ 图形处理：在文档中可以插入各种精美的图片，还可以方便地制作、编辑图形，实现图文混排。

④ 版式设计和打印：编辑好文档后，还要对其进行页面设置、页眉页脚的设置及打印文档。

2. Word 2007 的特点

（1）全新的界面

在 Office 2007 出现之前，几乎所有的 Windows 应用程序都采用了菜单和工具栏的方式调用软件提供的各种功能，而在 Office 2007 中，几乎彻底取消了下拉菜单和工具栏，取而代之的是全新的功能区（Ribbon），功能区横跨 Word 顶部的区域，如图 6.1 所示。功能区中包含选项卡，每个选项卡包含若干组，每个组中包含若干命令项（按钮）。

（2）浮动工具栏

字体、字号等工具是 Word 中最常用的工具。为了加强人机交互，Word 2007 为用户提供了更加实用的浮动工具栏。用户只要选定文本，在屏幕上就会出现浮动工具栏，可以让用户以最快的速度、最短的鼠标移动距离来设置字体字号。

图 6.1　Word 2007 功能区

（3）全新的文件格式

在 Word 2007 中，使用了全新的 Office XML 格式来保存文档。XML 这种通用数据格式能够通过应用程序、平台或 Internet 浏览器来直接读取。新的文件格式改善了文件和数据管理、数据恢复及行业系统的互操作性，任何支持 XML 的应用程序都可以访问和处理采用新文件格式的数据。此外，存储为 XML 的信息实质上是纯文本，这样，数据可以无障碍地通过企业防火墙，安全性问题大大减少。但同时出现的问题是安装 Microsoft Office 97~2003 的计算机无法打开格式为".docx"的文档，解决方法是到微软官方网站上下载兼容性插件，安装到装有 Microsoft Office 97~2003 的计算机上，这样就可以打开".docx"文档了。

（4）新版本输入法

如果你是 XP 用户，在 Office 2007 安装完毕后单击【输入法】按钮，我们会发现原有 Windows XP 自带的"微软拼音输入法 2003"自动更新为"微软拼音输入法 2007"，与以前的输入法版本相比，"微软拼音输入法 2007"字词库得到了更新，而且更加智能。

（5）全新的 SmartArt 图形系统

借助全新的 SmartArt 图形和图表功能，用户可以在短时间内创建具有很强视觉冲击效果的文档。Word 2007 为用户提供了 7 类 100 多种预置效果的 SmartArt 图形，用户既可以直接使用这些图形创建专业水准的插图，也可以对其进行修改，达到自己的需要。

（6）全新的公式编辑器

在 Word 2007 中，提供了全新的公式编辑器，其优点如下。

① 使用更加简单：新版本的公式编辑器作为功能区中的一个按钮形式出现，用户如需要编辑公式时，只需单击一下公式按钮即可。公式编辑变得方便快捷。

② 提供公式模板给用户使用：对于常用公式，用户可以直接在公式编辑器提供的内置公式中选择。对于用户经常使用而公式编辑器中没有提供的公式，用户只需制作一次，然后保存在系统库中作为内置公式供用户随时调用。

③ 公式样式变化多样：根据需要，公式可以显示为专业样式，也可以显示线性样式，为用户提供了更多的选择。

6.2　文档的基本操作

6.2.1　文档的建立、打开与保存

1. Word 2007 功能区介绍

与 Word 2003 相比，Word 2007 最明显的变化就是取消了传统的菜单操作方式，而代之为功

能区。在 Word 2007 窗口上方看起来像菜单的名称其实是功能区的多个选项卡，当单击这些名称时并不会打开菜单，而是切换到与之相对应的选项卡面板。每个选项卡根据功能的不同又分为若干组，每个功能区所拥有的功能如下所述。

（1）"开始"选项卡

"开始"选项卡中包括"剪贴板"、"字体"、"段落"、"样式"和"编辑"5 个组，对应 Word 2003 的"编辑"和"段落"菜单部分命令。该功能区主要用于帮助用户对 Word 2007 文档进行文字编辑和格式设置，是用户最常用的选项卡。

（2）"插入"选项卡

"插入"选项卡包括"页"、"表格"、"插图"、"链接"、"页眉和页脚"、"文本"、"符号"和"特殊符号"几个组，对应 Word 2003 中"插入"菜单的部分命令，主要用于在 Word 2007 文档中插入各种元素。

（3）"页面布局"选项卡

"页面布局"选项卡包括"主题"、"页面设置"、"稿纸"、"页面背景"、"段落"、"排列"几个组，对应 Word 2003 的"页面设置"菜单命令和"段落"菜单中的部分命令，用于帮助用户设置 Word 2007 文档页面样式。

（4）"引用"选项卡

"引用"选项卡包括"目录"、"脚注"、"引文与书目"、"题注"、"索引"和"引文目录"几个组，用于实现在 Word 2007 文档中插入目录等比较高级的功能。

（5）"邮件"选项卡

"邮件"选项卡包括"创建"、"开始邮件合并"、"编写和插入域"、"预览结果"和"完成"几个组，该功能区的作用比较专一，专门用于在 Word 2007 文档中进行邮件合并方面的操作。

（6）"审阅"选项卡

"审阅"选项卡包括"校对"、"中文简繁转换"、"批注"、"修订"、"更改"、"比较"和"保护"几个组，主要用于对 Word 2007 文档进行校对和修订等操作，适用于多人协作处理 Word 2007 长文档。

（7）"视图"选项卡

"视图"选项卡包括"文档视图"、"显示/隐藏"、"显示比例"、"窗口"和"宏"几个组，主要用于帮助用户设置 Word 2007 操作窗口的视图类型，以方便操作。

（8）"加载项"选项卡

"加载项"选项卡包括"菜单命令"和"工具栏命令"2 个组，加载项是可以为 Word 2007 安装的附加属性，如自定义的工具栏或其他命令扩展。"加载项"功能区则可以在 Word 2007 中添加或删除加载项。

此外，在 Word 2007 窗口的左上角，还有【Office】按钮和"快速访问"工具栏。

【Office】按钮用于对文档的新建、打开、保存、打印等操作，对应 Word 2003 中"文件"菜单的部分命令。

"快速访问"工具栏存放常用工具按钮，默认情况下只有"保存"、"撤销"、"恢复"3 个按钮。用户可以根据自己的使用习惯自定义"快速访问"工具栏。

2. Word 2007 的启动与退出

（1）Word 2007 的启动

方法 1：在 Windows 窗口中，单击【开始】→【所有程序】→【Microsoft Office 2007】→【Microsoft

Office Word 2007】。

方法 2：双击桌面上 Word 2007 的快捷方式图标。

方法 3：在"我的电脑"或"资源管理器"中直接打开 Microsoft Word 2007 应用程序。

方法 4：单击【开始】→【运行】，在弹出的"运行"对话框中输入"WinWord"命令，按 Enter 键或单击【确定】按钮即可。

方法 5：双击打开某一个 Word 文档，也可以启动 Word 2007 并显示文档内容在其窗口。

（2）Word 2007 的退出

退出 Word 2007 通常有如下方法：

方法 1：单击 Word 2007 窗口右上角的关闭按钮 。

方法 2：单击 Office 按钮，在下拉菜单中选择【退出 Word】命令。如果在该下拉菜单中选择【关闭】命令，则只是关闭当前文档窗口，而非退出 Word 2007 应用程序。

方法 3：按下快捷键 Alt+F4。

方法 4：双击"Office"按钮。

3．新建 Word 文档

（1）新建空白文档

方法 1：启动 Word 2007 后，系统会自动创建一个名为"文档 1"的空白文档。再次启动 Word 2007，将以"文档 2"、"文档 3"……这样的顺序命名新文档。

方法 2：如果用户已经启动 Word 2007 或已经在编辑文档，这时要创建新的空白文档，可以单击【Office】按钮后从弹出的下拉菜单中选择【新建】→【空白文档和最近使用的文档】→【空白文档】→【创建】命令或在图 6.2 所示"新建文档"对话框双击【空白文档】选项，这时就会在 Word 窗口中创建一个新的空白文档。

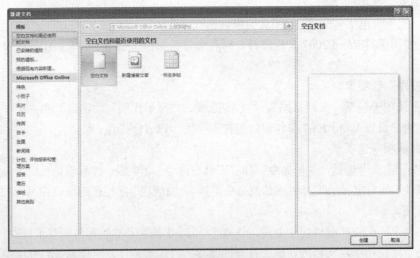

图 6.2 "新建文档"对话框

方法 3：用户也可以使用快捷命令 Ctrl+N 来新建一个空白文档。除此之外，也可以依次按下键盘上的 Alt、F、N 和 Enter 键创建新的空白文档。

方法 4：通过"我的电脑"或"资源管理器"打开目标文件夹，然后在空白处右击，在右键快捷菜单中选择【新建】→【Microsoft Office Word 文档】，即可直接在目标文件夹中创建一个新的空白文档。

（2）新建带有格式和内容的新文档

根据 Word 2007 提供的模板来新建。

Word 2007 把模板分成两大类，一类是"已安装的模板"，即随 Word 2007 套件程序安装到本地机器硬盘的模板；另一类是"Microsoft Office Online"模板，即在线模板，需要先到 Office 官方网站下载后才能使用（运行正版 Office 的用户才能使用）。

4．打开文档

（1）快速打开近期使用过的文档

（2）启动 Word 2007 并打开 Word 文档

（3）通过"打开"对话框打开文档

方法 1：单击【Office】按钮，然后选择【打开】命令；

方法 2：按键盘上的 Ctrl+O 键或者 Ctrl+F12 快捷键；

方法 3：在键盘上依次按下 Alt、F、O 键。

5．保存文档

（1）新建文档的保存

有 3 种保存新建文档的方法：

方法 1：单击"快速访问"工具栏中的【保存】按钮。

方法 2：单击【Office 按钮】后在弹出的菜单中选择【保存】命令。

方法 3：按 Ctrl+S 或 Shift+F12 键。

不论是采用上述哪种方法来保存一个新建文档，都将打开图 6.3 所示"另存为"对话框。在这个对话框中需要指定文档的保存三要素，即文档保存位置、文档名和文档类型。默认情况下，系统以".docx"作为文档的扩展名。

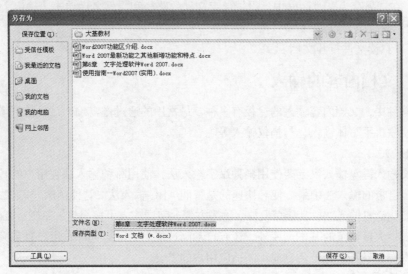

图 6.3 "另存为"对话框

（2）保存已存在的文档

如果用户根据上面的方法保存已存在的文档，Word 2007 只会在后台对文档进行覆盖保存，即覆盖原来的文档内容，没有对话框提示，但会在状态栏中出现"Word 正在保存……"的提示。一旦保存完成该提示就会消失。

但有时用户希望保留一份文档修改前的副本，此时，用户可以单击【Office】按钮后在弹出的下拉菜单中选择【另存为】命令，在"另存为"对话框里进行文档的保存，要注意的是，如果不希望覆盖修改前的文档，必须修改文档名或保存位置。

（3）自动保存文档

为了避免意外断电或死机这类情况的发生而减少不必要的损失，Word 2007 提供了在指定时间间隔自动保存文档的功能。

（4）保存为其他格式文档

● 保存为 Word 97～2003 兼容格式：在"另存为"对话框的"保存类型"下拉列表框中选择【Word 97-2003 文档（*.doc）】即可。

● 保存为 PDF 或者 XPS 格式：需要从微软公司的网站上下载一个名为"SaveAsPDFandXPS.exe"的插件，安装之后才能使用。

（5）将文档加密保存

① 设置打开权限密码。

对文档设置了"打开权限密码"后，用户如想打开该文档，必须拥有正确的密码来验证用户的合法身份，否则将被视为非法用户，该文档将被拒绝打开。

设置打开权限密码的操作步骤如下。

步骤 1：打开"另存为"对话框。

步骤 2：单击该对话框左下角的【工具】按钮。

步骤 3：在弹出菜单中选择【常规选项】命令，打开"常规选项"对话框。

步骤 4：在"常规选项"对话框中设置"打开文件时的密码"。

步骤 5：单击【确定】按钮后，根据提示再输入一遍密码。

步骤 6：在"另存为"对话框中，设置保存文件的路径和文件名后单击【确定】按钮。

② 设置修改权限密码。

③ 建议以只读文件打开文档。

6.2.2　文档内容的输入

字处理软件中，文档内容输入的途径有多种，最常用的通过键盘输入。目前新增的输入方法有语音输入、联机手写体输入、扫描仪输入等。

1．键盘输入

利用西文输入键盘输入汉字要使用某种汉字输入法，使用哪种输入法视用户的基础和习惯而定。Windows 自带的输入法中最方便和快速的是智能 ABC 输入法。智能 ABC 输入法是一种以拼音为主的智能化键盘输入法。其接口友好，输入方便，字词输入可按全拼、简拼、混拼形式输入。此外，除了提供大量词组的基本词库外，还有自动筛选能力的动态词库，用户自定义词汇，设置词频调整等操作，具有智能特色，能不断适应用户的需要。

对于各种符号的输入。

① 常用的标点符号，只要切换到中文输入法时，直接按键盘的标点符号。

② 数学符号、序号、希腊字母等，单击汉字输入法状态栏中的【功能菜单】按钮，选择弹出菜单中的【软键盘】，打开"软键盘"菜单，如图 6.4 所示，直接选择有关类和所需的字符。

③ 各类符号，可通过【插入】→【符号】命令，打开图 6.5 所示的"插入符号"对话框，选择需要的符号。

图 6.4 "软键盘"菜单　　　　图 6.5 "插入符号"对话框

2. 语音输入

语音输入就是用语音代替键盘输入文字或发出控制命令，也就是要让计算机具有"听懂"语音的能力，这就是语音识别技术。随着计算机技术的发展，语音输入已进入实用阶段，它将彻底改变人们与计算机的沟通方式，可以预见，人类与计算机交谈的那一日为时不远了。

3. 联机手写输入

手写输入分为联机手写输入和脱机手写输入。对汉字识别系统联机手写汉字识别比脱机手写汉字识别相对容易些。联机手写输入汉字利用输入设备（如输入板或鼠标）模仿成一支笔进行书写，输入板或屏幕中内置的高精密的电子信号采集系统将笔画变为一维电信号，输入计算机的是以坐标点序列表示的笔尖移动轨迹，因而被处理的是一维的线条（笔画）串，这些线条串含有笔画数目、笔画走向、笔顺和书写速度等信息。脱机手写汉字指利用扫描仪等设备输入，识别系统处理的是二维的汉字点阵图像，是汉字识别领域中一个难题。

利用联机手写可以输入"只知其形，不知其音"的生僻字。"微软拼音输入法 2007"的输入板提供字典查询和手写识别功能。用鼠标在如图 6.6 所示的输入板左侧框中书写，中间框中就会显示相似文字以供选择。

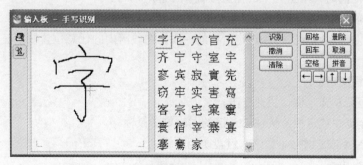

图 6.6 输入板

4. 扫描输入

文字的扫描输入是利用扫描仪将纸介质上的字符图形数字化后输入到计算机，再经过光学字符识别（Optical Character Recognition，OCR）软件对输入的字符图形进行判断，转换成文字并以.txt 格式文件保存。扫描输入既为大量的文字输入带来了极大的方便，又减少了重要数据键盘输入时的人为键入错误。

输入的文字内容形式有两种：印刷字和脱机手写体。对印刷字而言，扫描仪自带的光学字符识别软件的识别率很高；而对脱机手写体，一般要开发专用的识别软件对有限字符进行识别。

Word 2007 具有"即点即输"的功能，即在空白页面的任意位置双击就可以输入文本。此功能只有在 Web 版式和页面视图下才能使用。

在输入文档时要注意的是每当文本输入到右侧边界时，文字处理软件会自动插入一个"软回车"使光标到下一行的左边界处，用户不必按回车键；当要产生一个新段落时，利用回车键加入"硬回车"符来完成。

Word 2007 提供了两种录入状态："插入"和"改写"状态。"插入"状态是指键入的文本将插入到当前光标所在的位置，光标后面的文字将按顺序后移；"改写"状态是指键入的文本将光标后的文字按顺序覆盖掉。"插入"和"改写"状态的切换可以通过以下方法来实现。

方法 1：按键盘上的"Insert"键，可以在两种方式间进行切换。

方法 2：双击状态栏上的【改写】标记，可以在两种方式间进行切换。

6.3 文档的编辑与排版

6.3.1 文档的编辑

1. 选定文本

（1）选定连续文本块

按住鼠标左键从起始位置拖动到终止位置；或者先用鼠标在起始位置单击一下，然后按住 Shift 键的同时，单击终止位置，起始位置与终止位置之间的文本就被选中。

（2）选定一行

鼠标移至页左选定栏，鼠标指针变成向右的箭头，单击可以选定所在的一行。

（3）选定一句

按住 Ctrl 键的同时，单击句中的任意位置，可选定一句。

（4）选定一段

鼠标移至页左选定栏双击可以选定所在的一段，在段落内的任意位置快速三击也可以选定所在的段落。

（5）选定整篇文档

① 鼠标移至页左选定栏，快速三击；

② 鼠标移至页左选定栏，按住 Ctrl 键的同时单击鼠标；

③ 使用 Ctrl+A 或 Ctrl+5（数字小键盘）组合键。

（6）选定矩形块

按住 Alt 键的同时，按住鼠标向下拖动可以纵向选定矩形文本块。

（7）用键盘选定

Shift+→（或←）：向左或右或上或下扩选一个字符；

Shift+→↑（或↓）：由插入点处向上（下）扩选；

Ctrl+Shift+Home：从当前位置扩展选定到文档开头；

Ctrl+Shift+End：从当前位置扩展选定到文档结尾。

2．删除文本

对于少量字符，可用 Backspace 键删除插入点前面的字符，用 Delete 键删除插入点后面的字符。如果要删除大量文本，先选定要删除的文本，然后按 Delete 键或 Backspace 键即可。

3．移动和复制文本

方法 1：使用鼠标

选定文本，按住鼠标左键，拖动文本到新位置，放开鼠标，则完成文本移动；如果按住 Ctrl 键再拖动，则是复制。

方法 2：使用剪贴板

【剪切】→【粘贴】（Ctrl+X→Ctrl+V）

【复制】→【粘贴】（Ctrl+C→Ctrl+V）

4．选择性粘贴

只需要数据，而并不需要格式，此时可以使用选择性粘贴（Ctrl+Alt+V）。

5．查找与替换

"查找"是用来在一个较大的文档中查找用户所需要的字符串，"替换"则用来将查找到的字符串自动用一个新的字符串代替，大大提高了编辑效率。

（1）查找

选择"开始"选项卡【编辑】组里的【查找】，或使用快捷键 Ctrl+F，打开"查找和替换"对话框。在查找对话框中可以选"搜索范围（向上、向下和全部）"、"查找段落标识符"、"分页符"、"区分大小写"、"是否使用通配符"，"区分全角和半角"等条件。

（2）替换

选择"开始"选项卡【编辑】组里的【替换】，或使用快捷键 Ctrl+H，打开"查找和替换"对话框。

查找和替换不但可以作用于具体的文字，也可以作用于格式、特殊字符、通配符等。例如，要将文档中全部英文字母颜色改为红色，并加着重号。打开图 6.7 所示"查找和替换"对话框，单击【查找内容】框定位光标，单击【特殊字符】按钮后选择【任意字母】项，在"查找内容"框会出现"^$"标记。然后将光标定位到"替换为"框中，单击【格式】按钮后选择【字体】项，在图 6.8 所示"替换字体"对话框中设置格式，单击【确定】后再单击【全部替换】完成操作。

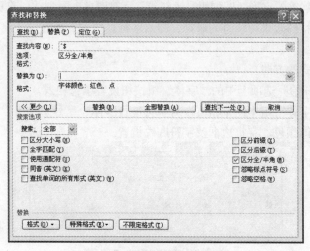

图 6.7　"查找和替换"对话框

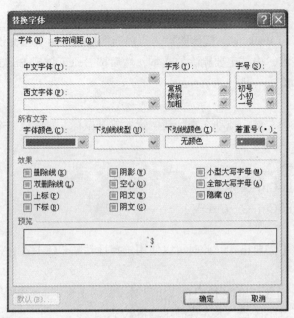

图 6.8 "替换字体"对话框

6. 输入文本时自动进行拼写检查和语法检查

通常 Word 对照内置的主词典进行拼写检查。当文档中无意输入了错误的或者不可识别的单词时，Word 2007 会在该单词下用红色波浪线进行标记，如果出现了语法错误，则在出现错误的部分用绿色波浪线标记。

6.3.2 文档的排版

对已编辑好的文档进行修饰后，以易读、美观的形式打印出来，这种修饰操作称为排版。排版包括：字符格式设置、段落格式设置、页面格式设置等。

1. 字符格式设置

（1）字符格式设置的含义

字符是汉字、字母、数字和各种符号的总称。字符格式是指字符的外观显示方式，主要包括：字符的字体和字号；字符的字形，即加粗、倾斜等；字符颜色、下划线、着重号等；字符的阴影、空心、上标或下标等特殊效果；字符的修饰，即给字符加边框、加底纹、字符缩放、字符间距及字符位置等。

（2）设置字符格式的方法

方法 1：使用"开始"选项卡中的"字体"组按钮设置字符格式。

图 6.9 所示的"字体"组中的按钮可以对字符进行字体、字号、加粗、倾斜、下划线、删除线、上标、下标、字体颜色、字符边框及字符底纹设置。

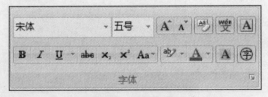

图 6.9 "字体"组

"字体"框：字体就是指字符的形体。Word 2007 提供了宋体、隶书、黑体等中文字体，也提供了 Calibri、Times New Roman 等英文字体。"字体"框中显示的字体名是用户正在使用的字体，如果选定文本包含 2 种以上字体，该框将呈现空白。单击【字体】下拉列表按钮，会弹出字体列表，从中可以选择需要的字体，其中主题字体和最近使用的字体会排列在列表的上方。

如果文档中既有中文又有英文，一般需独立设置中、英文字体。由于设置的中文字体对中英文都起作用，因此要先设置中文字体，然后再设置英文字体。如果想让中文字体只对中文字符起作用，而不对英文字符起作用，需要进行如下设置：在 "Office" 按钮中的 "Word 选项" 对话框窗口左侧单击【高级】，然后在右侧 "编辑选项" 下方取消 "中文字体也应用于西文" 复选框。

"字号"框：用于设置字号。字号是指字符的大小。在 Word 中，字号有 2 种表示方法：一种是中文数字表示，称为 "几" 号字，如四号字、五号字，此时数字越小，实际的字符越大；另一种是用阿拉伯数字来表示，称为 "磅" 或 "点"，如 12 点、16 磅等，此时数字越小，字符也就越小。

B 和 I 按钮：用于设置字形。其中 B 按钮表示加粗，其快捷键为 Ctrl+B；I 按钮表示倾斜，其快捷键为 Ctrl+I。它们都是开关按钮，单击一次用于设置，再次单击则取消设置。

U 按钮：用于设置下划线，其快捷键为 Ctrl+U。单击该按钮右边的下拉箭头按钮，可以打开下拉列表选择下划线类型及下划线颜色。

abc 按钮：用于设置删除线。

x₂ 和 x² 按钮：分别用于设置下标和上标，其中 x₂ 按钮快捷键是 Ctrl+=；x² 按钮快捷键是 Ctrl+Shift+=。除了将选定的字符直接设置为上下标外，用户还可以用提升字符位置的方法自定义上下标。

A 按钮：用于设置字体颜色。单击该按钮，可将选定字符颜色设置为该按钮 A 下面显示的颜色；如果设置为其他颜色，可单击该按钮右侧的下拉箭头按钮，打开颜色列表，从中选择合适的颜色。

A 按钮：用于设置字符边框。

A 按钮：用于设置字符底纹。

说明："字体"组中的 按钮用于设置突出显示字符。突出显示并不改变字符的颜色，而只是改变选定字符的背景颜色，使文字看上去像用荧光笔作了标记一样，以区别普通文本。A 按钮用于增大字号，其快捷键是 Ctrl+>键。A 按钮用于减小字号，其快捷键是 Ctrl+<键。

方法 2：通过浮动工具栏设置字符格式。

在 Word 2007 中，用鼠标选中文本后，会弹出一个半透明的浮动工具栏，把鼠标移动到它上面，就可以显示出完整的屏幕提示。通过浮动工具栏可以对字符进行字体、字号、加粗、倾斜、字体颜色、突出显示等设置。该工具栏按钮功能参见 "字体" 组按钮功能说明。

方法 3：通过 "字体" 对话框设置字体格式。

在如图 6.10 所示的 "字体" 对话框中可以进行更细致、更复杂的字符格式设置。

在 Word 2007 中，打开该对话框的方法有 3 种：

① 在功能区选择 "开始" 选项卡，单击 "字体" 组右下角的【对话框启动器】按钮；

② 在 Word 的编辑窗口右击，在弹出的快捷菜单中选择【字体】命令；

③ 按 Ctrl+D 快捷键。

"字体" 对话框中的 "字体" 选项卡可以对字符进行字体、字号、字形、字体颜色、下划线样式及其颜色、着重号、特殊效果（包括删除线、双删除线、上标、下标、阴影、空心、阳文、阴文、小型大写字母、全部大写字母、隐藏等）的设置；"字符间距"选项卡可以设置字符缩放比例、字符之间的距离和字符的位置等。

图 6.10　　"字体"对话框

（3）复制字符格式

使用格式刷功能可以选定文本的字符格式复制给其他文本，从而快速对字符格式化。其具体操作方法是：选定要取其格式的文本或将插入点置于该文本的任意位置，在"开始"选项卡"剪贴板"组中单击【格式刷】按钮，此时指针呈刷子形状，用鼠标拖过要应用格式的文本即可快速应用已设置好的格式；双击【格式刷】按钮则可以一直应用格式刷功能，直到按 Esc 键或再次单击【格式刷】按钮取消。

（4）清除字符格式

在"开始"选项卡"字体"组中单击【清除格式】按钮可以将选定文本的所有格式清除，只留下纯文本内容。

2. 段落格式设置

（1）段落及段落格式设置的含义

在 Word 2007 中，段落由段落标记标识。键入和编辑文本时，每按一次 Enter 键就插入一个段落标记。段落标记中保存着当前段落的全部格式化信息，如段落对齐、缩进、行距、段落间距等。

删除一个段落标记后，该段落的内容即成为其后段落的组成部分，并按其后段落的方式进行格式化。被删除的段落标记可用"撤销"命令恢复，从而也恢复了相应的段落格式。

将段落标记显示在屏幕上，有助于防止误删段落标记而导致段落格式化信息的丢失。

段落的格式设置主要包括段落的缩进、行间距、段间距、对齐方式以及对段落的修饰等。为设置一个段落的格式，先选择该段落，或将插入点置于该段落中任何位置。如果需设置多个段落的格式，则必须先选择这些段落。

（2）设置段落缩进

段落缩进是指将段落中的首行或其他行向两端缩进一段距离，使文档看上去更加清晰美观。在 Word 中，可以设置左缩进、右缩进、首行缩进和悬挂缩进。

- 左缩进：段落的所有行左侧均向右缩进一定的距离。
- 右缩进：段落的所有行右侧均向左缩进一定的距离。
- 首行缩进：段落的第一行向右缩进一定的距离。中文文档一般都采用首行缩进 2 个汉字。
- 悬挂缩进：除段落的第一行外，其余行均向右缩进一定的距离。这种缩进格式一般用于参考条目、词汇表项目等。

① 更改度量单位。

度量单位是段落排版的设置单位。Word 提供了许多度量单位，如厘米、毫米、英寸、磅、字符等。Word 默认设置的度量单位是厘米，用户也可根据需要选择其他的度量单位。标尺上的刻度和对话框中的排版度量单位随用户选择的度量单位而改变。

改变度量单位的操作方法如下：单击【Office】按钮，在弹出的下拉菜单中选择【Word 选项】命令，打开"Word 选项"对话框。在对话框左侧选择【高级】选项，在对话框右侧"显示"栏下面的"度量单位"项进行设置。如果要以字符为度量单位，则选中【以字符宽度为度量单位】复选框。

② 设置段落缩进的方法。

方法 1：通过"开始"选项卡的"段落"对话框，如图 6.11 所示。在"缩进"栏分别设置左、右缩进。

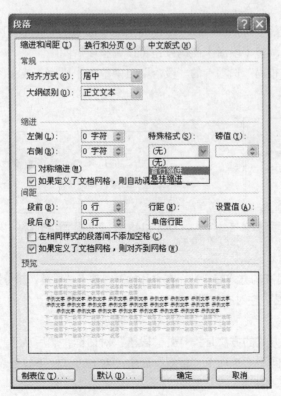

图 6.11　"段落"对话框

方法 2：特殊缩进设置，如图 6.11 所示。

方法 3：用水平标尺设置缩进。在"视图"选项卡"显示/隐藏"组中选中"标尺"项前的复选框，工作区上方就会显示如图 6.12 所示的水平标尺。用鼠标分别拖动四个缩进按钮，可实现相应的设置。

图 6.12　水平标尺

方法 4：在"页面布局"选项卡的"段落"组中单击【左】或【右】微调按钮来调整左右缩进。

（3）设置行间距和段间距

① 行间距。

行间距是指一个段落内行与行之间的距离。默认情况下，Word 自动设置段落内的行间距为 1 个行高的距离（即"单倍行距"）。当行中出现有图形，或字体发生变化，Word 即自动调节行高。

在"开始"选项卡"段落"组中单击"行距"按钮，会打开一个如图 6.13 所示下拉菜单，从中可以快速设置段落的行距。行间距有以下几种类型：单倍行距、1.5 倍行距、2 倍行距。行间距为该行最大字体高度的 1 倍、1.5 倍或 2 倍，另外加上一点额外的间距。

② 段间距。

段落间距是指相邻两个段落之间的距离。段落间距包括段前间距和段后间距两部分。设置段间距有两种方法。

方法 1：打开"段落"对话框，在"缩进和间距"选项卡"间距"区中调整【段前】微调按钮可以调整段前间距，调整【段后】微调按钮可以调整段后间距。

方法 2：在"页面布局"选项卡的"段落"组中单击【段前】或【段后】微调按钮来调整段落间距，如图 6.14 所示。

图 6.13　行距下拉菜单

图 6.14　"页面布局"选项卡的"段落"组

（4）设置对齐方式

在 Word 中，文本对齐的方式有 5 种，在"开始"选项卡"段落"组分别用 5 个按钮来标明它们的功能，由左到右分别是：左对齐、居中对齐、右对齐、两端对齐、分散对齐，如图 6.15 所示。

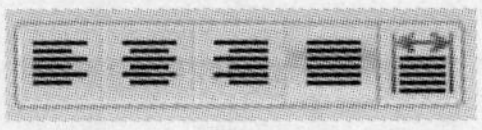

图 6.15　对齐的方式按钮

另外一种设置对齐方式的方法是：打开"段落"对话框，然后从该对话框中的"缩进和间距"选项卡"常规"区中"对齐方式"下拉列表中选择来完成。

（5）使用项目符号和编号

使用项目符号和编号，可以使文档有条理、层次清晰、可读性强。项目符号使用的是符号，而编号使用的是一组连续的数字或字母，出现在段落前。

使用了项目符号或编号后，在该段落结束回车时，系统会自动在新的段落前插入同样的项目符号或编号。

① 添加项目符号或编号。

方法 1：自动添加。

在新起一个段落后并且在输入文本前，先输入 * + 空格键或 Tab 键，然后输入文字，Word 自动将 "*" 变成黑色圆点 "●" 作为段落的项目符号。同理，要想在输入文本时自动添加项目编号，应在输入文本前，首先输入 "1."、"A)"、"（一）" 等表示序号的数字符号，再按空格或 Tab 键，然后输入文字，Word 自动为段落添加编号。输入文字按下 Enter 键后，下一段继续保持项目符号或编号。如果最后不再需要使用项目符号或编号，可以在项目符号或编号后不输入任何文字而是按下 Enter 键或 Backspace 键或 Ctrl+Z 键，可以删除项目符号或编号。

方法 2：手动添加。

在新起一个段落时，或已经输入文本，则选中这些段落，然后在 "开始" 选项卡 "段落" 组中单击【项目符号】按钮，可以为指定的段落添加项目符号；单击【编号】按钮，可以为指定的段落添加编号。单击 "项目符号" 或 "编号" 按钮右侧的三角箭头，可以打开更多的项目符号或编号让用户进行选择，如图 6.16 所示。

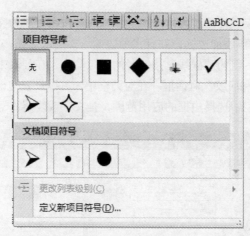

图 6.16　项目符号库

② 自定义项目符号或编号。

在上图所示下拉列表中选择【定义新项目符号】命令，打开 "定义新项目符号" 对话框；在 "编辑" 下拉列表中选择【定义新编号格式】命令，打开 "定义新编号格式" 对话框，如图 6.17 所示，在其中可以自定义项目符号或编号。

③ 设置多级编号。

对于类似于图书章节目录中的 "1.1"、"1.1.1" 等逐段缩进形式的段落编号，可单击 "开始" 选项卡 "段落" 组中的【多级列表】按钮 来设置。其操作方法与设置单级项目符号和编号的方法基本一致，只是在输入段落内容时，需要按照相应的缩进格式进行输入。

（6）边框和底纹

添加边框有 3 种方法。

方法 1：为文字添加边框，可以在选中文字后，直接单击 "字体" 组的【字符边框】按钮。

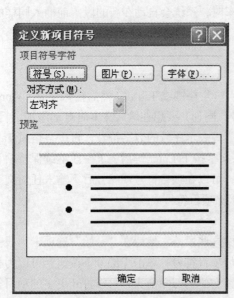
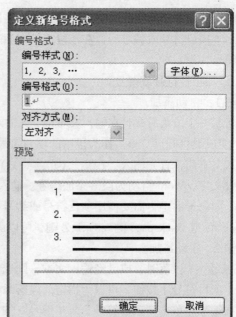

图 6.17　定义新项目符号和编号

方法 2：如果选中文字，使用"段落"组的"框线"按钮可以为文字添加边框。如果选中段落，"框线"按钮可以为段落添加边框，并有多种边框形式可供选择。

方法 3：单击"段落"组的"框线"按钮旁的下拉箭头，在列表中选择【边框和底纹】项，打开如图 6.18 所示"边框和底纹"对话框。在对话框中，可以设置边框的样式、颜色、宽度和效果。注意要在"应用于"栏中选择边框的应用范围，是文字或段落。

图 6.18　"边框和底纹"对话框

添加底纹有 2 种方法。

方法 1：为文字添加底纹，可以在选中文字后，直接单击"字体"组的【字符底纹】按钮或"段落"组的【底纹】按钮。

方法 2：使用"边框和底纹"对话框的"底纹"选项卡。同样要在"应用于"栏中选择底纹的应用范围，是文字或段落。

下例显示分别对文字和段落添加边框和底纹的效果。

用户不仅可以在 Word 2007 文档中为段落设置纯色底纹，还可以为段落设置图案底纹，使设置底纹的段落更美观。在 Word 2007 中为段落设置图案底纹的步骤如下所述。

在打开的 Word 2007 "边框和底纹"对话框中切换到"底纹"选项卡，在"图案"区域分别选择图案样式和图案颜色，并单击【确定】按钮。

（7）首字下沉

首字下沉是指段落的第一个字母或第一个汉字变为大号字，这样可以突出段落，更能引起读者的注意。在报纸和书刊上经常看到采用这种格式。

设置首字下沉的操作步骤如下。

步骤 1：把插入点定位于需要设置首字下沉的段落中。如果是段落前几个字符都需要设置首字下沉效果，则需要把这几个字符选中。

步骤 2：单击"插入"选项卡"文本"组中的【首字下沉】按钮，打开一个下拉菜单，如图 6.19 所示。

步骤 3：首字下沉有 2 种格式，一种是直接下沉，另一种是悬挂下沉，在下拉菜单中根据需要选择其中一种适当的格式。

如果要设置更多的样式，可以在"首字下沉"下拉菜单中单击【首字下沉选项】命令，打开"首字下沉"对话框，如图 6.20 所示。在"位置"区中选择一种下沉方式，在"字体"下拉列表设置下沉首字的字体，单击【下沉行数】微调框，设置下沉的行数（行数越大则字号越大），单击【距正文】微调框设置下沉的文字与正文之间的距离，最后单击【确定】按钮，即可得到自己想要的格式。如果要取消首字下沉，可以在"首字下沉"对话框"位置"区中选择【无】即可。

图 6.19　首字下沉下拉菜单

图 6.20　"首字下沉"对话框

3. 页面格式设置

（1）页面设置

使用"页面布局"选项卡"页面设置"组可以设置纸张大小、方向和来源，设置页边距，设置文档网格和页面字数，如图 6.21 所示。

图 6.21 "页面设置"组

文档的行与字符叫做"网格",所以设置页面的行数以及每行的字数实际上就是设置文档网格。设置文档网格的方法是:打开"页面设置"对话框,单击【文档网格】选项卡,切换到文档网格设置相应选项。

(2)页眉和页脚

① 创建页眉和页脚。

在"插入"选项卡"页眉和页脚"组中单击【页眉】按钮,弹出如图 6.22 所示的下拉菜单,用户在 Word 提供的"空白"、"空白(三栏)"、"边线型"、"传统型"等 24 种样式中根据自己的需要选择一种页眉即可。插入页脚的操作类似。

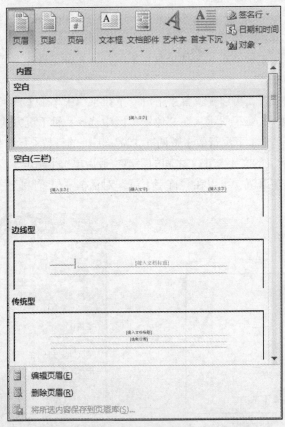

图 6.22 页眉下拉菜单

② 编辑页眉和页脚。

在插入页眉和页脚之后,Word 会自动进入页眉和页脚编辑状态,此时功能区会增加"页眉和页脚工具/设计"选项卡,如图 6.23 所示。通过选项卡中的按钮,用户可以制作出完美的页眉和页脚。

图 6.23　"页眉和页脚工具/设计"选项卡

对于已有的页眉和页脚，如果要再次进行编辑，可以在如图 6.22 所示的下拉菜单中选择【编辑页眉】或【编辑页脚】命令，或者直接双击页眉或页脚，都可以使 Word 处于页眉和页脚编辑状态。

③ 在页眉、页脚中插入内容

以插入页码为例。

方法 1：按 Alt+I+U 组合键，打开"页码"对话框。

方法 2：如果是在页眉和页脚编辑状态，单击"页眉和页脚"组中的【页码】按钮；如果是在正文编辑状态，单击【插入】选项卡，然后单击"页眉和页脚"组中的【页码】按钮，都将弹出下拉菜单。更多格式的页码设置即可在此下拉菜单中完成。

④ 页眉分隔线

将整个段落选中，包括标记段落的回车符，在"开始"选项卡"段落"组中单击【框线】按钮，并选择【无框线】命令。当然，在"边框和底纹"对话框中使用"无框线"命令也可删除页眉线，其效果是一样的。既然能用无框线的方法消除页眉线，在需要的时候也可以设置框线及底纹。

（3）分栏排版

分栏排版是报纸、杂志中常用的排版格式。在"普通"视图方式下，只能显示单栏文本，如果要查看多栏文本，只能在"页面"视图或"打印预览"方式下。

把插入点放在要进行分栏的段落中，或者选定要进行分栏的文本，如果是文档最后一个段落，注意不要选中段落标记。然后按下面方法进行分栏操作。

① 使用"分栏"按钮简单分栏

② 使用"分栏"对话框精确分栏

（4）将文档分节

"节"指的是文档中具有相同格式的若干段。通过分节，可以把文档变成几个部分，然后针对每个不同的节设置不同的格式，如页面设置、页码的格式和位置、页眉和页脚等。例如一本书的电子版，包含扉页、内容简介、前言、目录以及各章节的不同格式的若干节。

节用分节符标识。分节符就是在节的结尾处插入一个标记，表示文档的前面与后面是不同的节。Word 将节的所有格式化信息都储存于分节符中。

插入分节符：在"页面布局"选项卡"页面设置"组中单击【分隔符】按钮，选择一种分节符。

分节符共有 4 种类型，具体功能为：

"下一页"：插入一个分节符并分页，新节从下一页开始；

"连续"：插入一个分节符，但不分页，新节从同一页开始；

"奇数页"：插入一个分节符并分页，新节从下一个奇数页开始；

"偶数页"：插入一个分节符并分页，新节从下一个偶数页开始。

（5）分隔符

① 插入分页符。

方法 1：按快捷键 Ctrl+Enter。

方法 2：在"页面布局"选项卡"页面设置"组中单击【分隔符】按钮，在弹出的下拉菜单中选择【分页符】。

方法 3：在"插入"选项卡"页"组中单击【分页】按钮 。

还可以利用"段落"对话框中的"换行和分页"选项卡控制段落对分页的影响。

② 插入换行符：默认情况下，当输入文本满一行时，Word 自动换行到下一行继续。换行符能够结束当前行的输入。

快捷方式：Shift+Enter

③ 插入分栏符：如果分栏后各栏长短不一致，可以在适当的地方插入分栏符，强制让各栏的长短不一致，单击【分隔符】按钮，在下拉菜单中选择【分栏符】即可。

4. 视图方式

在 Word 应用程序窗口的右下角有 5 个控制按钮，单击这 5 个按钮可以快速实现视图之间的切换。

① 普通视图：是适合文本录入和编辑的视图方式，占用计算机内存少、处理速度快。页与页之间用一条虚线（分页符）分隔，节与节之间用双行虚线分隔，虚线中间注明分节符的类型，在这种视图方式下不显示页眉和页脚、背景等信息。

② 页面视图：文档的显示效果与打印机打印输出的结果完全一样。页面视图可显示页眉和页脚、背景、分栏、批注等各种信息，是 Word 默认的视图方式，也是使用最多的视图方式。

③ Web 版式视图：可以创建能显示在屏幕上的 Web 页或文档，可看到背景，且图形位置与在 Web 浏览器中的位置一致，即模拟该文档在 Web 浏览器上浏览的效果。

④ 大纲视图：在大纲视图下，编辑长文档就变得轻松简单了。大纲视图中增加了"大纲"工具栏，可以利用工具按钮方便地编辑和查看文档的大纲，也可以通过拖动标题来移动、复制和重新组织大纲。大纲视图中不显示页眉和页脚、分页和背景等文档信息。

⑤ 阅读版式视图：阅读版式视图将文档以每屏 2 页的书籍形式显示，优化了阅读体验，隐藏了除"阅读版式"和"审阅"工具栏以外的所有工具栏，使文档窗口变得简洁明朗，特别适合阅读。

6.4 高 级 操 作

6.4.1 表格制作

1. 创建表格与编辑表格

（1）新建表格

① 新建空白表格。

方法 1：通过功能区快速新建表格。在"插入"选项卡，单击"表格"组中【表格】按钮，弹出一个下拉菜单。该下拉菜单的上方是一个由 8 行 10 列方格组成的虚拟表格，用户只要将鼠标在虚拟表格中移动，虚拟表格会以不同的颜色显示，同时会在页面中模拟出此表格的样式，如图

6.24 所示。用户根据需要在虚拟表格中单击就可以选定表格的行列值，即在页面中创建了一个空白表格。

方法 2：通过"插入表格"对话框新建表格。在"插入"功能区"表格"组中单击【表格】按钮，在弹出的下拉菜单中单击【插入表格】命令，打开"插入表格"对话框，如图 6.25 所示。在"列数"和"行数"框设置或输入表格的列和行的数目。最大行数为 32767，最大列数为 63。单击【确定】按钮即可创建出一张指定行和列的空白表格。

图 6.24　"表格"下拉菜单　　　　图 6.25　"插入表格"对话框

方法 3：手绘表格。在"插入"选项卡"表格"组中单击【表格】按钮，在弹出的下拉菜单中单击【绘制表格】命令，鼠标会变成笔的形状，在页面上表格的起始位置按住鼠标左键并拖动，会在页面用笔划出一个虚线框，松开鼠标即可得到一个表格的外框。绘制外框后，在中间可以根据需要绘制出横纵的表线。

方法 4：使用快速表格功能，即使用内置表格。在"插入"选项卡"表格"组中单击【表格】按钮，在弹出的下拉菜单中用鼠标指向"快速表格"，弹出二级下拉菜单，从中选择需要的表格类型。

② 将文字转换成表格。

在 Word 中，可将用段落标记、逗号、制表符、空格或其他特定字符作分隔符的文本转化为表格。在将文字转换成表格时，Word 自动将分隔符转换成表格列边框线。

将文字转换成表格的方法是：选定要转换的文字，在"插入"选项卡"表格"组中单击【表格】按钮，在弹出的下拉菜单中选择【文本转换成表格】命令，打开"将文字转换成表格"对话框，在对话框指定文字的分隔符和列数即可。

表格建好后，窗口上方会新显示"表格工具"功能区，有"设计"和"布局"2 个选项卡，用于表格操作。

（2）往表格中输入内容

表格建好后，可向表格输入内容。单元格是一个小的文本编辑区，其中文本的键入和编辑操作与 Word 正文编辑区的操作基本相同。在单元格中单击鼠标，可将插入点定位在单元格中；按 Tab 键可使插入点移到右侧的单元格；按 Shift+Tab 可使插入点移到左侧单元格；也可以使用键盘的方向键移动插入点。

（3）编辑表格

① 选定表格操作对象。

菜单选择的方法：选择"表格工具/布局"选项卡，在"表"组中单击【选择】按钮，会弹出一个下拉菜单，从中可以根据需要选择插入点所在单元格或是行、列，甚至是整个表格。

鼠标选择的方法：

• 单元格的选定：将鼠标移到单元格内部的左侧，鼠标指针变成向右的黑色箭头，单击可以选定一个单元格。按住鼠标左键继续拖动可以选定多个单元格形成的矩形块。

• 表行的选定：鼠标移到页左选定栏，鼠标指针变成向右的箭头，单击可以选定一行，按住鼠标左键继续向上或向下拖动，可以选定多行。

• 表列的选定：将鼠标移至表格的顶端，鼠标指针变成向下的黑色箭头，在某列上单击可以选定一列，按住鼠标向左或向右拖动，可以选定多列。

• 整表选定：当鼠标指针移向表格内，在表格外的左上角会出现按钮，这个按钮就是全选按钮，单击它可以选定整个表格。

② 增删行、列和单元格。

增加行和列：选择"表格工具/布局"选项卡中"行和列"组。快速增加一行，可将插入点定位在行尾标记前，然后按 Enter 键即可；或者将插入点定位在最后一个单元格的段落标记前，按 Tab 键。

删除行、列和单元格：选择"表格工具/布局"选项卡"行和列"组中的【删除】按钮；

删除整个表格：选中整个表格，按 Backspace 键。

③ 拆分和合并表格、单元格。

拆分表格：将表格分成上下两个表格。选择"表格工具/布局"选项卡"合并"组中【拆分表格】按钮。快捷键 Ctrl+Shift+Enter。

合并表格：只要将表格之间的空行删除即可。

拆分单元格：选择"表格工具/布局"选项卡"合并"组中【拆分单元格】按钮。

合并单元格：选择"表格工具/布局"选项卡"合并"组中【合并单元格】按钮。另外，在"表格工具/设计"选项卡"绘图边框"组中单击"擦除"按钮，此时鼠标呈橡皮状态，单击需要合并的单元格之间的框线，即可擦除该框线，也即实现了单元格合并。

④ 绘制斜线表头

将插入点置于表格中，然后在"表格工具/布局"选项卡"表"组中单击【绘制斜线表头】按钮，弹出"插入斜线表头"对话框，如图 6.26 所示。在该对话框中，单击【表头样式】下拉列表，选择合适的样式。Word 2007 提供了 5 种斜线表头样式。然后在【字体大小】框中设置表头文字的大小。接下来在右面的标题文本框输入用于斜线表头的文字。

2. 格式化表格

（1）设置表格文字格式

① 设置表格中的文字方向：在"页面布局"选项卡"页面设置"组中单击【文字方向】按钮，也可在选定的单元格上右击，在弹出的快捷菜单上选择【文字方向】命令，打开"文字方向-表格单元格"对话框进行设置。

② 设置单元格中文字的对齐方式：在"表格工具/布局"选项卡"对齐方式"组进行设置；也可在右键快捷菜单中指向"单元格对齐方式"进行设置。

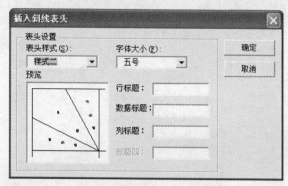

图 6.26　"插入斜线表头"对话框

（2）调整表格列宽和行高

方法 1：使用表格尺寸控点。

方法 2：使用鼠标拖动列标志改变列宽。同理，拖动行标志改变行高。同时按住鼠标左键和 alt 键，水平标尺上即显示列宽的数值。

方法 3：使用"自动调整"命令。

根据内容自动调整表格：在"表格工具/布局"选项卡"单元格大小"组中单击【自动调整】按钮，在菜单中选择【根据内容自动调整表格】。根据表格中文字的数量自动调整表格列宽。

根据窗口自动调整表格：在"表格工具/布局"选项卡"单元格大小"组中单击【自动调整】按钮，在菜单中选择【根据窗口自动调整表格】。

固定列宽：列宽固定，不管输入什么内容，都不会自动调节列宽，但文字太长无法在一行显示时，会自己调整行高。

方法 4：精确设置列宽和行高。

① 在"表格工具/布局"选项卡"单元格大小"组中单击【对话框起动器】按钮，或者在"表格工具/布局"选项卡"表"组中单击【属性】按钮，可在"表格属性"对话框中进行精确设置；或在"表格工具/布局"选项卡"单元格大小"组中进行精确设置。

行高有 2 种格式，一种是固定行高，不论行中内容能不能完整显示，都始终保持此高度；另一种是最小行高，如果该行中文字达不到指定的高度，也保持此高度，而一旦行中内容高度超过此设置，就会自动增加行高。

② 在"表格工具/布局"选项卡"单元格大小"组中通过表格"行高度"框和表格"列宽度"框进行设置。

（3）设置表格的边框和底纹

方法 1：自动套用格式。在"表格工具/设计"选项卡"表样式"组中选择一种内置样式。

方法 2：在"表格工具/设计"选项卡"表样式"组中使用"底纹"和"边框"按钮自行设置表格的边框和底纹。

（4）表格的对齐方式和环绕方式

表格的对齐方式是指表格相对于页面的位置，有三种对齐方式：左对齐、居中和右对齐。

方法 1：选定整个表格后，单击"开始"选项卡"段落"组中的【对齐方式】按钮。

方法 2：打开"表格属性"对话框"表格"选项卡，如图 6.27 所示。在其中的"对齐方式"区设置表格的对齐方式。

图 6.27　"表格属性"对话框

　　表格的环绕方式，是指表格与周围文字的关系，在"表格属性"对话框"表格"选项卡进行表格的环绕方式设置。单击【定位】按钮，打开"表格定位"对话框后可以精确设置表格与文字的环绕关系。

　　3. 表格的简单数据处理

　　（1）表格的计算

　　Word 计算公式中，用 A、B、C……代表表格的列；用 1、2、3……代表表格的行。例如 C5 表示第 3 列第 5 行的单元格。如果要表示表格中的区域，采用的形式为：

　　左上角单元格号：右下角单元格号

　　此外，也可以用 LEFT、RIGHT、ABOVE、BELOW 等表示相应范围。

　　假设已知表 6.1 中学生各门课程成绩，要求出平均成绩。将插入点移到准备显示计算结果的单元格中，在"表格工具/布局"选项卡"数据"组中单击【公式】按钮，打开"公式"对话框，在"粘贴函数"列表框中选择计算函数，在"编号格式"列表框中选择结果显示的格式，如图 6.28 所示。

表 6.1　　　　　　　　　　　　　　　学生成绩表

课程 姓名	高数	英语	计算机	体育	平均成绩
王大可	80	70	82	75	76.75
钱铃	75	88	76	85	81.00
黄石	71	80	90	70	77.75
丁力	60	72	80	90	75.50

注意　　　　　　将公式复制到其他单元格后，选中目标单元格后，应按"F9"键更新域。

（2）表格的排序

在 Word 中，可按数值、笔画、拼音、日期等方式对表格进行升序或降序排序。选中单元格或列后，在"表格工具/布局"选项卡"数据"组中单击【排序】按钮，打开"排序"对话框，如图 6.29 所示。设定排序所依据的关键字、数据类型等信息。表 6.2 为将表 6.1 按平均成绩降序排列后的结果。

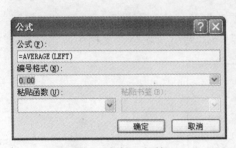

图 6.28　"公式"对话框

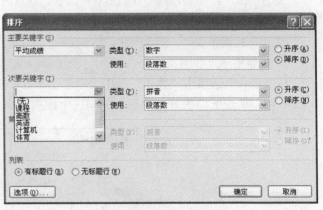

图 6.29　"排序"对话框

表 6.2　　　　　　　　　　　　　排序后的学生成绩表

姓名＼课程	高数	英语	计算机	体育	平均成绩
钱铃	75	88	76	85	81.00
黄石	71	80	90	70	77.75
王大可	80	70	82	75	76.75
丁力	60	72	80	90	75.50

6.4.2　图形处理

1. 插入图片和剪贴画

（1）插入图片

Word 中的图片是指已经存在的图形文件，支持.bmp、.jpg、.gif 等多种文件格式。在如图 6.30 所示"插入"选项卡"插图"组中，单击【图片】项，打开"插入图片"对话框，依据文件保存位置找到图片后，即可将其插入到当前光标位置。

（2）插入剪贴画

剪贴画是在 Office 剪辑库中预先存储的图片。在"插入"选项卡"插图"组中，单击【剪贴画】项，窗口右侧显示出"剪贴画"任务窗格。从中选择插入的剪贴画单击即可将其插入到当前光标位置。

图 6.30　"插入"选项卡"插图"组

2. 设置图片格式

插入图片或选定图片后，窗口上方显示出"图片工具"功能区"格式"选项卡，如图 6.31 所示。

图 6.31 "图片工具"功能区"格式"选项卡

其中"调整"组能够压缩图片、设置图片的亮度和对比度、调整图片着色风格。

"图片样式"组能够设置图片的形状、边框,以及阴影、三维、柔光等效果。

"排列"组能够设置图片的位置、叠放次序、环绕、对齐方式。

"大小"组能够裁剪、缩放图片。

3. 绘制图形

在"插入"选项卡"插图"组中,单击【形状】项,打开"绘制图形"下拉列表。如图 6.32 所示。单击所需图形,然后在工作区中拖拽鼠标到合适大小,就会在文档中画出图形。

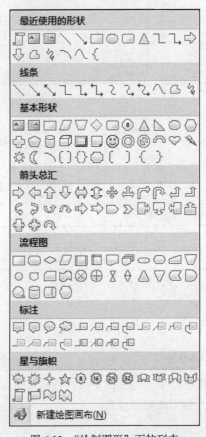

图 6.32 "绘制图形"下拉列表

绘制完图形或选中图形后,窗口上方显示出"绘图工具"功能区"格式"选项卡,如图 6.33 所示。使用"格式"选项卡可实现对图形的各种设置。

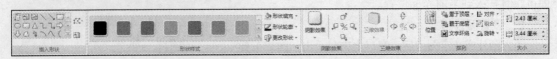

图 6.33 "绘图工具"功能区"格式"选项卡

在图形中添加文字有 2 种方法。

方法 1：右击图形，在快捷菜单中选择【添加文字】。

方法 2：在"绘图工具/格式"选项卡【插入形状】组中单击【编辑文本】项。

　　当操作多个图形时，可设置叠放次序，可组合图形、对齐图形。

4．实现图文混排

通过设置环绕方式，可以实现图片、剪贴画、图形与文本的混合排版，达到更加美观的效果。"文字环绕"下拉菜单如图 6.34 所示。

图 6.34　"文字环绕"下拉菜单

6.4.3　加入艺术字

使用艺术字能为文档添加特殊文字效果。

在"插入"选项卡上的"文本"组中，单击【艺术字】项，然后单击所需艺术字样式，打开"编辑艺术字文字"对话框，如图 6.35 所示。键入文字并选择字体、字号后就在文档中光标位置插入了艺术字。

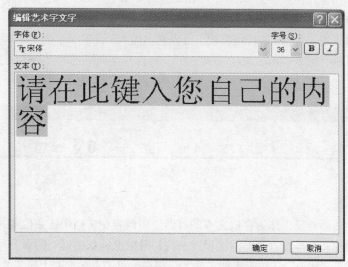

图 6.35　"编辑艺术字文字"对话框

此时窗口上方显示出"艺术字工具/格式"选项卡，如图 6.36 所示。可以设置艺术字的样式、填充、旋转、阴影、三维、环绕等效果。

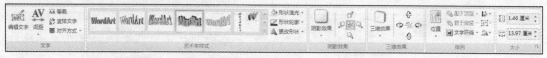

图 6.36　"艺术字工具/格式"选项卡

6.4.4　插入对象

1．公式编辑器

撰写学术论文或报告时，经常有大量的数学公式、数学符号要表示。利用公式编辑器可以方便地在文档中插入各种数学公式。

在"插入"选项卡上的"符号"组中，单击【公式】项，此时窗口上方显示出"公式工具/格式"选项卡，如图 6.37 所示。同时，文档中出现"公式编辑"文本框，使用"公式工具/格式"选项卡中的结构模板，可以输入复杂的公式，如图 6.38 所示。

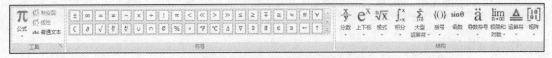

图 6.37　"公式工具/格式"选项卡

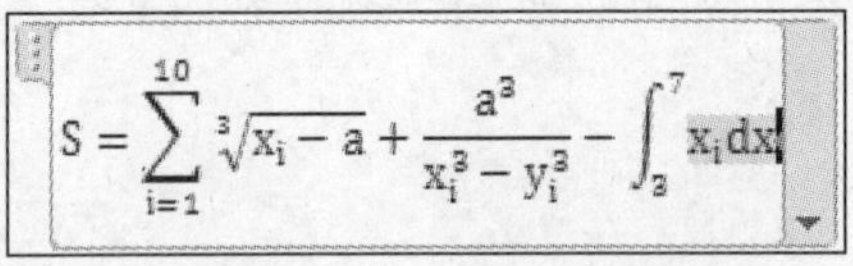

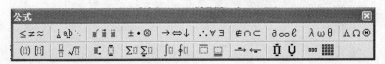

图 6.38　"公式编辑"文本框

公式输入完成后，在"公式编辑"文本框外任意位置单击鼠标，退出公式编辑状态。如果要对公式进行修改，在公式上单击鼠标，会再次进入公式编辑状态。

在"插入"选项卡上的"符号"组中，单击"公式"项下方的下拉箭头，可以直接插入 Office 的内置公式。用户也可以把自己输入的公式保存为常规公式，以方便下次使用。

如果用户习惯使用公式 3.0 的传统界面，可以在"插入"选项卡上的"文本"组中，单击【对象】项，从对象列表中选择"Microsoft 公式 3.0"，将打开经典形式的"公式"工具栏，如图 6.39 所示。

图 6.39　"公式"工具栏

2．文本框

文本框是一种图形对象，作为存放文本的容器，可放置在文档中任意位置并调整其大小。文本框提供了更灵活的文本排版方式，并能设置一些特殊效果，如边框、阴影、环绕等。

插入文本框：在"插入"选项卡上的"文本"组中，单击【文本框】项，可在 36 种内置文本框中选择一种插入。也可以单击【绘制文本框】项，由鼠标在屏幕上拖拽出一个文本框。此时功能区显示出"文本框工具/格式"选项卡，如图 6.40 所示。使用选项卡中的命令项，可以设置文本框的边框和填充效果、更改文字方向、添加阴影和三维效果、设定叠放次序和环绕方式等。

图 6.40　"文本框工具/格式"选项卡

3．SmartArt 图形的插入和编辑

SmartArt 图形用于在文档中演示流程、层次结构、循环和关系等。每个图形由多个形状组成。在"插入"选项卡"插图"组中单击【SmartArt】项，打开"选择 SmartArt 图形"对话框，

如图 6.41 所示。选择合适的 SmartArt 图形布局，单击【确定】插入图形。然后在图形的各个文本框中编辑输入文字，就完成了一个简单的 SmartArt 图形插入。

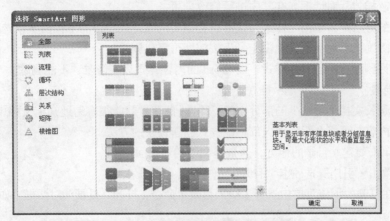

图 6.41　"选择 SmartArt 图形" 对话框

此时窗口上方显示出 "SmartArt 工具" 功能区，有 "设计" 和 "格式" 2 个选项卡。使用 "设计" 选项卡可以在图形中添加形状，改变图形布局、样式和颜色。使用 "格式" 选项卡可以设定图形对齐和环绕方式，改变形状样式，设置文本的艺术字效果等。

6.5　高 效 排 版

1. 样式

样式就是由多个排版命令组合而成的集合，是系统自带的或由用户自定义的一系列排版格式的总和，包括字体、段落、制表位和边距格式等。

（1）应用样式

新建一个文档，输入文本，默认应用 "正文" 样式。如需改变样式，选定要使用样式的文本，单击 "开始" 选项卡 "样式" 组中任意样式，即可对其进行应用。如果当前未显示所需样式，可单击 "样式" 组右下角的【对话框启动器】按钮，打开 "样式" 任务窗格，从中选择需要的样式。也可以单击 "样式" 列表栏右下角的【其他】按钮，选择样式。

（2）创建样式

Word 允许用户自己创建新的样式。包括字符样式和段落样式。

步骤 1：选定要将其格式保存为样式的文本。

步骤 2：单击 "样式" 组右下角的【对话框启动器】按钮，打开 "样式" 任务窗格，然后单击新建样式按钮。

步骤 3：键入简短的描述性名称。

步骤 4：单击【样式类型】下拉箭头，然后单击【段落】，在样式中包括所选文本的行距和页边距，或者单击【字符】，在样式中只包括格式，例如字体、字号和粗体。

步骤 5：单击【后续段落样式】下拉箭头，然后单击要在使用了该新样式的段落后将应用的样式名称。

步骤 6：单击【添至模板】复选框，将新样式保存到当前模板中。

（3）修改、删除样式

修改样式的方法是：单击"样式"任务窗格中要修改样式右边的下拉箭头，选择【修改】命令，打开"修改样式"对话框，在其中进行修改即可。

删除样式的方法是：单击"样式"任务窗格中要删除样式右边的下拉箭头，选择【删除】命令，打开"删除确认"对话框，单击【是】按钮即可完成删除。

系统只允许删除自己创建的样式，而 Word 的内置样式只能修改，不能删除。

2．生成目录

目录通常是长文档不可缺少的部分，有了目录，阅读者就能很容易地知道文档中有什么内容，如何查找这些内容。下面介绍使用内部标题样式创建目录的方法。

步骤 1：单击要建立目录的地方，通常是文档的最前面。

步骤 2：单击"引用"选项卡"目录"组中的【目录】项。

步骤 3：在打开的下拉菜单中选择【插入目录】命令，打开"目录"对话框，如图 6.42 所示。

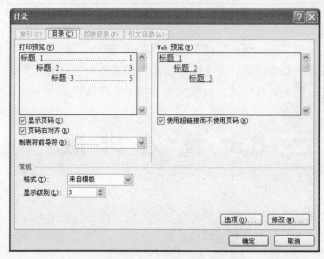

图 6.42　"目录"对话框

步骤 4：在"目录"选项卡中进行页码和显示级别的设置。

步骤 5：若要对其他选项进行设置，单击【选项】按钮进行。在选定了各选项后，单击"确定"按钮。

这样，Word 就会在指定的地方建立目录，目录中的页码是由 Word 自动确定的。编制好目录后，Word 将搜索带有指定样式的标题，按照标题级别排序，引用页码，并且在文档中显示目录，还可以利用它在联机文档中快速漫游。将鼠标指针移动到目录上，按下 Ctrl 键，会看到鼠标指针变成了手形，单击左键即可跳转到文档中相应的标题中。

本章小结

Word 是应用得最普遍的文字处理软件，熟悉其基础操作和应用技巧，将使我们的工作更加高效。本章的目的是通过对 Word 2007 的讨论和学习，使大家初步认识 Word，基本掌握使用 Word 2007 来编辑和格式化文档，并学习在文档中进行表格和图形处理的基本功能和应用方法。

思 考 题

1. 简述文字处理软件的主要功能和 Word 2007 的特点。
2. 简述 Word 2007 的 5 种视图方式及其特点。
3. 文档排版分几个方面？简述每方面包含的主要内容。
4. 四周型环绕和紧密型环绕的区别是什么？
5. 样式的优点是什么？
6. 在 Word 2007 中怎样生成目录？

第 7 章
电子表格处理软件 Excel 2007

Excel 是微软公司推出的功能强大的电子表格制作和数据处理软件，在各个领域都有广泛的应用。Excel 能够对数据进行计算、排序和筛选，同时其自身具有强大的扩展性，集合了多种复杂的数据分析工具。

本章主要以 Microsoft Excel 2007 为蓝本，介绍电子表格的基础知识、基本操作、数据管理和分析方法以及图表化等功能。

7.1 Excel 的基础知识

7.1.1 工作簿、工作表和单元格

本节主要介绍工作簿、工作表和单元格的概念，可以参考图 7.1 中的工作簿界面来理解这些概念。

1. 工作簿

所谓工作簿就是指在 Excel 中用来保存并处理工作数据的文件，在 Excel 中处理的各种数据最终都是以工作簿文件的形式存储在磁盘上，Excel 2007 文件默认的扩展名是.xlsx。

当每次启动 Excel 后，它都会自动地产生一个空工作簿。默认的工作簿文件名为 Book1，工作簿名显示在标题栏上。用户可以随时新建多个工作薄，也可以打开一个或多个工作簿，在存储文件时，可以改用方便识别且有具体含义的文件名。

2. 工作表

工作簿中的每一张表称为工作表，是一个由若干行、若干列组成的表格。如果把一个工作簿比作一个账本，一张工作表就相当于账本中的一页。在一个工作簿中，可以最多拥有 255 个工作表。每张工作表都有一个名称，显示在工作表标签上，只要单击工作表标签，对应的工作表就会被激活，从后台显示到屏幕上，成为前台工作表。当新建一个 Excel 工作簿时，默认包含 3 张工作表：Sheet1、Sheet2 和 Sheet3，用户可以根据需要增加或删除工作表。

要对工作表进行操作，必须先打开该工作表所在的工作簿。工作薄一旦打开，它所包含的工作表就一同打开。

3. 单元格

单元格就是工作表中行和列交叉的部分，是工作表最基本的数据单元，也是电子表格软件处理数据的最小单位。为了准确表示单元格的位置，每个单元格都有一个固定的地址与之相对应，

称作单元格名称或单元格地址。单元格的地址由工作表的行标号和列标号来标识，列标号在前，行标号在后。工作表的行以数字表示，行标号在屏幕中自上而下从 1 开始，列标号则由左到右采用字母"A"、"B"……"Z"，"AA"、"AB"……"AZ"，"BA"、"BB"……"BZ"、"CA"……作为编号。例如：第 5 行第 3 列的单元格的地址是"C5"。

Excel 2007 每个工作表中最多有 1 048 576 行和 16 384 列。在所有的单元格中，只有一个单元格是活动单元格，即正在使用的单元格，用黑色边框显示。用户只能在活动单元格中输入或修改数据。单元格中输入的数据，可以是一组数字、一个字符串、一个公式，也可以是一个图形或声音等。

7.1.2　Excel 的启动及工作薄窗口组成

1. Excel 2007 常用的启动方法

方法 1：通过"开始"按钮。

用户可以像启动其他办公软件一样启动该程序，首先单击【开始】按钮，然后在弹出的菜单中选择【所有程序】→【Microsoft Office】→【Microsoft Office Excel 2007】菜单项，即可启动 Excel 2007 程序。

方法 2：通过桌面快捷方式图标。

用户在使用桌面上的快捷方式图标启动 Excel 2007 之前，首先需要创建快捷方式图标。

单击【开始】按钮，在弹出的菜单中选择【所有程序】→【Microsoft Office】菜单项，在弹出的子菜单中用鼠标右键单击【Microsoft Office Excel 2007】菜单项，然后在弹出的快捷菜单中选择【发送到】→【桌面快捷方式】菜单项。此时即可在桌面上添加一个快捷方式，双击该图标即可启动 Excel 2007 程序。

方法 3：通过已有的 Excel 工作簿。

如果已经存在工作簿文件，可以通过打开 Excel 工作簿方式启动 Excel 2007 程序。

方法 4：利用快速启动栏。

利用快速启动栏的方法启动 Excel 2007 程序既方便又快捷。

将桌面上的"图标"按钮拖至启动栏中，然后单击【Microsoft Office Excel 2007】按钮即可。

启动成功，屏幕上会出现如图 7.1 所示的 Excel 2007 窗口。

2. Excel 2007 常用的退出方法

方法 1：在 Excel 2007 工作界面中单击【Office】按钮，从弹出的下拉表中单击【退出 Excel 2007】。

方法 2：在 Excel 2007 工作界面的标题栏上单击鼠标右键，从弹出的快捷菜单中选择【关闭】。

方法 3：单击 Excel 2007 工作界面中的【关闭】按钮。

方法 4：按 Alt+F4 组合键。

3. Excel 2007 的工作簿窗口组成

和以前的版本相比，Excel 2007 的工作界面颜色更加柔和，更贴近于 Windows Vista 操作系统的工作界面。Excel 2007 的工作界面主要由"Office"按钮、快速访问工具栏、标题栏、功能区、Office 助手、编辑栏、工作表区、滚动条和状态栏等元素组成。图 7.1 就是 Excel 2007 的工作簿界面，具体介绍如下。

图 7.1　Excel 2007 的工作簿界面

（1）"Office"按钮

"Office"按钮位于整个界面的左上角，单击【Office】按钮，弹出下拉菜单，其中显示了 Excel 2007 的一些基本功能，包括新建、打开、保存、另存为、打印、准备、发送、发布和关闭等。"Office"按钮是 Excel 2007 对 Excel 2003 的一大改进，类似于 Excel 2003"文件"菜单中的命令。

（2）快速访问工具栏

快速访问工具栏是一些编辑表格时常用的工具按钮，默认情况下只有保存、撤销和恢复 3 个按钮。如需添加其他选项到快速访问工具栏中，可单击其右侧的"自定义快速访问式具栏"按钮，在弹出菜单中单击需要的命令，可将其添加到快速访问工具栏中。

（3）标题栏

标题栏位于主界面的最上端，用于标识程序名及文件名，即 Microsoft Excel 为程序名，"Book1"表示文件名。标题栏右侧有 3 个控制按钮："最小化"、"最大化/还原"、"关闭"。

（4）功能区

Office2007 的功能区由不同的内容组成，包括对话框、库、一些熟悉的工具栏按钮。功能区将相关的命令和功能组合在一起，并划分为不同的选项卡，以及根据所执行的任务出现的选项卡。

① 选项卡：位于功能区的顶部。相当于 Excel 2003 中的菜单栏，包含着 Excel 2007 的所有操作命令。与 Excel 2003 不同的是，Excel 2007 把相同的功能都综合分配到选项卡中的一个组中，例如把"图片"、"剪贴画"、"形状"、"SmartArt"都分配到"插图"组中，单击其按钮可以插入相应的图形和图片。标准的选项卡为"开始、插入、页面布局、公式、数据、审阅、视图、加载项"，缺省的选项卡为"开始"选项卡，用户可以在想选择的选项卡上单击再选择该选项卡。

② 组：位于每个选项卡内部。例如，"开始"选项卡中包括"剪贴板"、"字体"、"对齐方式"

等组，相关的命令组合在一起来完成各种任务，如图 7.2 所示。

图 7.2　功能区

③ 命令：其表现形式有框、菜单或按钮，被安排在组内。

注：在任一选项卡中双击鼠标可以隐藏功能区，在隐藏状态下，可单击某选项卡来查看功能并选择其中的命令。再次双击鼠标，功能区恢复显示。

（5）名称框和编辑栏

名称框又称为地址栏，用于显示活动单元格的地址或单元格区域的范围；编辑栏用于显示和编辑当前活动单元格中的数据或公式，如图 7.3 所示。在进行输入和编辑活动单元格的数据时，名称栏右侧出现如下图所示按钮。单击【取消（×）】按钮取消输入的内容，单击【输入（√）】按钮确定输入的内容，单击【插入函数（fx）】按钮可插入函数。

图 7.3　名称框和编辑栏

（6）工作表区

工作表区由行号、列标、工作表标签组成，选定单元格后可以输入不同类型的数据，是最直观显示所有输入内容的区域。一个工作表标签对应工作簿中的一张表。单击不同的工作表标签就可以激活相应的工作表，激活的工作表成为当前工作表，可以通过双击工作表标签修改工作表名称。

（7）状态栏

状态栏位于窗口底部，用于显示当前数据的编辑情况和调整页面显示比例。页面显示控制区由视图切换、缩放级别和显示比例 3 部分组成。视图切换可以实现普通、页面布局和分页预览视图之间的切换，缩放级别随着显示比例滑块的拖动而改变。

7.1.3　工作簿的建立、打开与保存

1. 工作簿的建立

（1）利用快捷菜单创建

在桌面空白处单击鼠标右键，从弹出的快捷菜单中选择【新建】→【Microsoft Office Excel 工作表】，如图 7.4 所示。

（2）启动 Excel 2007 程序

启动 Excel 2007 程序时，Excel 会自动建立名为 "Book1" 的空白工作簿，还可以根据实际需要，创建新工作簿。

单击【Office】按钮，在弹出的下拉菜单中选择【新建】。在弹出的 "新建工作簿" 对话框左侧的 "模板" 列表中选择【空白文档和最近使用的文档】选项，然后在右侧的 "空白文档和最近使用的文档" 列表框中选择【空工作簿】选项。如图 7.5 和图 7.6 所示。

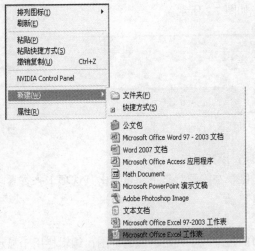

图 7.4　利用快捷菜单建立工作簿　　　　图 7.5　"Office"按钮下拉菜单

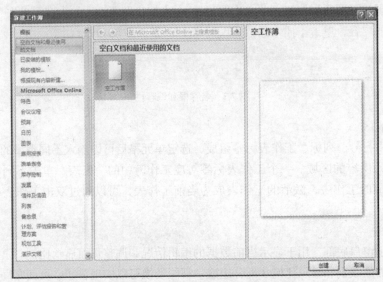

图 7.6　"建立工作簿"对话框

2．工作簿的打开

（1）双击工作簿图标

找到要打开的工作簿，然后直接双击该工作簿图标，即可以将其打开。

（2）利用"Office"按钮

单击【Office】按钮，在弹出的下拉菜单中选择【打开】菜单项弹出对话框，然后在"地址栏"下拉列表中选择要打开工作簿的路径，并在下面的列表框中选择要打开的工作簿，单击【打开】按钮即可将其打开，如图 7.7 所示。

3．工作簿的保存

① 使用"Office"按钮，从弹出的下拉菜单中选择【保存】菜单项，即可保存工作簿，如图 7.5 所示。

② 通过"快速访问工具栏"

单击"快速访问工具栏"中的【保存】按钮，即可保存工作簿。

图 7.7　工作簿的打开

注：如果想在其他位置保存已经保存过的工作簿，可单击【另存为】按钮，重新选择位置，并设置文件名。

若要将 Excel 2007 文件保存为 2003 或更早版本的工作簿文件，则在"保存类型"框选择【Excel 97-2003 工作薄（*.xls）】，然后单击【确定】按钮。

7.2　工作表的基本操作

对工作表的基本操作包括输入数据和公式、单元格以及行列和工作表的编辑、单元格和工作表的格式化等。

7.2.1　数据的输入

在工作表中输入数据有许多方法，可以通过手工单个输入，也可以利用 Excel 2007 的功能在单元格中自动填充数据或在多张工作表中输入相同数据，在相关的单元格或区域之间建立公式或引用函数。当一个单元格的内容输入完毕后，可用方向键、回车键或者 Tab 键使相邻的单元格成为活动单元格。

1．单元格、单元格区域的选定

Excel 2007 遵守"先选定，再输入"的原则，因此我们首先介绍如何进行单元格的选定，具体的选定方法如表 7.1 所示。

表 7.1　　　　　　　　　　　　单元格及区域选定方法

选 定 对 象	选 定 方 法
单个单元格	单击相应的单元格，或用方向键移动到相应的单元格
连续单元格区域	单击选定该区域的第一个单元格，然后拖动鼠标直至选定最后一个单元格
所有单元格	单击【全选】按钮，"全选"按钮位于工作表行标号与列标号相交处
不相邻的单元格或单元格区域	选定第一个单元格或单元格区域，然后按住 Ctrl 键再选定其他的单元格或单元格区域

续表

选 定 对 象	选 定 方 法
区域较大的单元格区域	选定第一个单元格，然后按住 Shift 键再单击区域中最后一个单元格，通过滚动可以使单元格可见
整行	单击行号
整列	单击列标
相邻的行或列	沿行号或列标拖动鼠标。或者先选定第一行或第一列，然后按住 Shift 键再选定其他的行或列
不相邻的行或列	先选定第一行或第一列，然后按住 Ctrl 键再选定其他的行或列
增加或减少活动区域中的单元格	按住 Shift 键并单击新选定区域中最后一个单元格，在活动单元格和所单击的单元格之间的矩形区域将成为新的选定区域，取消单元格选定区域，单击工作表中其他任意一个单元格

2. 数据的输入

在 Excel 中，单元格中的数据类型包括数值型、文本型、日期时间型以及逻辑型等。在输入数据时，要注意不同类型数据的输入方法。

（1）数值型数据

数值类型的数据包括 0、1、2……9 这十个数字组成的数字串及 "+"、"-"、"*"、"/"、"."、"$"、"%"、"E"、"e" 等特殊符号。输入数值时，如果是正数，可以省略前面的 "+"，负数不能省略 "-" 号；输入分数，为避免将输入的分数当作日期，应在分数前冠以 0，如 0 2/3；输入纯小数，可省略小数点前的 0。

注：当输入一个较长的数字时，若单元格显示 "########"，则意味着列宽不够，不能正常显示数据，增大列宽后即可以正常显示。

（2）文本型数据

在 Excel 2007 中文本型数据包括汉字、英文字母、空格等，默认情况下，文本型数据会自动左对齐。如果输入的字符串超过了当前单元格的宽度，而右边相邻单元格没有数据，字符串会向右延伸显示；如果右边单元格有数据，超出部分会隐藏。如果要输入的字符串全部由数字组成，为了避免按照数值型处理，在输入时，先输一个英文单引号 "'"。

（3）日期时间型数据

一般情况下，日期的年、月、日之间用 "/" 或 "-" 分隔，单元格默认的显示格式为年-月-日。时间的时、分、秒之间用冒号分隔。日期时间类型数据的单元格默认对齐方式是右对齐。如果输入方式有误，或超过了范围，则所输入的内容会被按照字符型数据处理。

（4）逻辑型数据

用 "TRUE" 和 "FALSE" 表示的逻辑值可以直接输入，也可以是关系或逻辑表达式产生的逻辑值。

3. 自动填充数据

通过 Excel 的自动填充数据功能为输入数据序列提供了极大的便利。通过拖动单元格填充柄填充数据，可将选定单元格中的内容复制到同行或同列中的其他单元格；也可以通过 "编辑" 组上的 "填充" 命令按照指定的 "序列" 自动填充数据。

（1）填充相同的数据

① 选定同一行（列）上包含复制数据的单元格或单元格区域，对单元格区域来说，如果是纵

向填充应选定同一行，否则应选择同一列；

② 将鼠标指针移到单元格或单元格区域填充柄上，将填充柄向需要填充数据的单元格方向拖动，然后松开鼠标，复制来的数据将填充在单元格或单元格区域里。

（2）按序列填充数据

通过拖动单元格区域填充柄填充数据，Excel 能预测填充趋势，然后按预测趋势自动填充数据。例如：要建立学生登记表，在 A 列相邻两个单元格 A2、A3 中分别输入学号 9913001 和 9913002，选中 A2、A3 单元格区域往下拖动填充柄时，Excel 在预测时认为它满足等差数列，因此，会在下面的单元格中依次填充 9913003、9913004 等值，如图 7.8 所示。

在填充时还可以精确地指定填充的序列类型，方法是：先选定序列的初始值，在"开始"选项卡的"编辑"组中，单击【填充】命令，在列表中选择【序列】命令，弹出如图 7.9 所示的"序列"对话框，然后根据需要在对话框中进行选择。

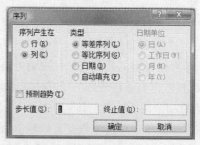

图 7.8　按序列填充数据　　　　　图 7.9　"序列"对话框

（3）自定义序列

虽然 Excel 自身带有一些填充序列，但用户还可以通过工作表中现有的数据项或自己输入一些新的数据项来创建自定义序列。

第一种方法是：自己手动添加一个新的自动填充序列，其具体操作步骤介绍如下。

① 单击【Office】按钮，然后单击【Excel 选项】按钮，打开"Excel 选项"对话框。

② 单击左侧的【常规】选项卡，然后单击右侧的【编辑自定义列表】按钮，此时将会打开"自定义序列"对话框，如图 7.10 所示。

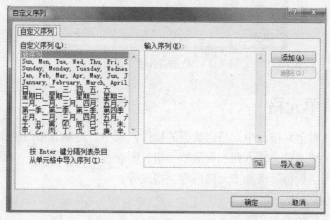

图 7.10　"自定义序列"对话框

③ 在"输入序列"下方输入要创建的自动填充序列。

④ 单击【添加】按钮，则新的自定义填充序列出现在左侧"自定义序列"列表的最下方。

⑤ 单击【确定】按钮，关闭对话框。

第二种方法是：从当前工作表中导入一个自定义的自动填充序列，具体操作步骤如下。

① 在工作表中输入自动填充序列，或者打开一个包含自动填充序列的工作表，并选中该序列。

② 单击【Office】按钮，然后单击【Excel 选项】按钮，打开"Excel 选项"对话框。

③ 单击左侧的【常规】选项卡，然后单击右侧的【编辑自定义列表】按钮，打开"自定义序列"对话框。此时在"从单元格中导入序列"右侧框中出现选中的序列。

④ 单击【导入】按钮，序列出现在左侧"自定义序列"列表的最下方。

如果要更改或删除自定义序列，则在"自定义序列"列表框中选择要更改或删除的序列。

如果要更改选中的序列，则在"输入序列"编辑列表框中进行改动，然后单击【添加】按钮；如果要删除所选中的序列，则单击【删除】按钮。

4. 数据有效性

在 Excel 2007 中录入大量数据时，可以使用数据有效性设置减少录入错误，以防止输入数据时的非法数据输入。

设置单元格或单元格区域的数据有效性规则可由以下几步完成。

① 选中需要设置数据有效性规则的单元格或单元格区域。

② 在"数据"选项卡的"数据工具"组中单击【数据有效性】图标，或者单击【数据有效性】下拉按钮，然后在下拉菜单中单击【数据有效性】命令。

③ 在打开的"数据有效性"对话框中进行设置，完成设置后，单击【确定】按钮关闭"数据有效性"对话框，如图 7.11 所示。

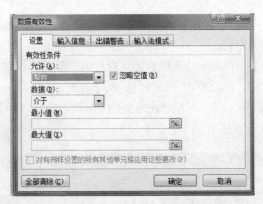

图 7.11　"数据有效性"对话框

7.2.2　编辑单元格

编辑单元格包括对单元格及单元格内数据的操作。其中，对单元格的操作包括移动和复制单元格、插入单元格、插入行、插入列、删除单元格、删除行、删除列等；对单元格内数据的操作包括复制和删除单元格数据，清除单元格内容、格式等。

1. 移动和复制单元格

移动和复制单元格的操作步骤如下：

① 选定需要移动和复制的单元格；

② 将鼠标指向选定区域的选定框，此时鼠标形状为箭头；

③ 如果要移动选定的单元格，则用鼠标将选定区域拖到粘贴区域，然后松开鼠标，Excel 将以选定区域替换粘贴区域中现有数据。如果要复制单元格，则需要按住 Ctrl 键，再拖动鼠标进行随后的操作。如果要在已有单元格间插入单元格，则需要按住 Shift 键，复制则需要按住 Shift + C 键，再进行拖动，在这里要注意的是：必须先释放鼠标再松开按键。如果要将选定区域拖动到其他工作表上，应按住 Alt 键，然后拖动到目标工作表标签上。

2．选择性粘贴

除了复制整个单元格外，Excel 还可以选择单元格中的特定内容进行复制，其步骤如下：

① 选定需要复制的单元格；

② 单击"开始"选项卡"剪贴板"组中的【复制】命令；

③ 选定粘贴区域的左上角单元格；

④ 单击"开始"选项卡"剪贴板"组中的【粘贴】命令，选中【选择性粘贴】命令，并进行相应的设置。

3．插入单元格、行或列

Excel 可以根据需要插入空单元格、行或列，并对其进行填充。

（1）插入单元格

利用"开始"选项卡上的"单元格"组中的"插入"命令，可以插入空单元格，如图 7.12 所示，具体操作如下：

① 在需要插入空单元格处选定相应的单元格区域，选定的单元格数量应与待插入的空单元格的数量相等；

② 单击"插入"命令的向下箭头，选择【插入单元格】；

③ 在对话框中选定相应的插入方式；

④ 单击【确定】按钮。

（2）插入行

利用"开始"选项卡上的"单元格"组中的"插入"命令也可以插入新行，步骤如下：

如果需要插入一行，则单击需要插入的新行之下相邻行中的任意单元格；如果要插入多行，则选定需要插入的新行之下相邻的若干行，选定的行数应与待插入空行的数量相等；单击【插入】命令，选择【插入工作表行】。

可以用类似的方法在表格中插入列，方法是：如果要插入一列，则单击需要插入的新列右侧相邻列中的任意单元格；如果要插入多列，则选定需要插入的新列右侧相邻的若干列，选定的列数应与待插入的新列数量相等。

4．清除单元格、行或列

删除单元格、行或列：是指将选定的单元格从工作表中移走，并自动调整周围的单元格填补删除后的空格。操作步骤如下：

① 选定需要删除的单元格、行或列；

② 单击"开始"选项卡上的"单元格"组中的【删除】命令；

③ 选择删除单元格或行、列，如图 7.12 所示。

5．对单元格中数据进行编辑

首先使需要编辑的单元格成为活动单元格，如果重新输入内容，则直接输入新内容；若只是修改部分内容，按 F2 功能键或用鼠标双击活动单元格，用→、←或 Del 等键对数据进行编辑，按 Enter 键或 Tab 键表示编辑结束。

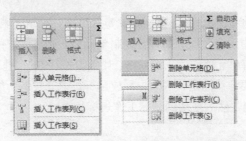

图 7.12 "单元格"组中的"插入"按钮和"删除"按钮下拉菜单

7.2.3 使用公式和函数

函数和公式是 Excel 的核心。在单元格中输入正确的公式或函数后，会立即在单元格中显示计算结果，如果改变了公式或函数参数，单元格里的数据会自动更新。实际工作中往往会有许多数据项是相关联的，通过规定多个单元格数据间关联的数学关系，能充分发挥电子表格的作用。

1. 单元格地址及引用

（1）单元格地址

每个单元格在工作表中都有一个固定的地址，这个地址一般通过指定其坐标来实现。如在一个工作表中，B6 指定的单元格就是第"6"行与第"B"列交叉位置上的那个单元格。由于一个工作簿文件可以有多个工作表，为了区分不同的工作表中的单元格，要在地址前面增加工作表的名称，有时不同工作簿文件中的单元格之间要建立连接公式，前面还需要加上工作簿的名称，例如：［Book1］Sheet1! B6 指定的就是"Book1"工作簿文件中的"Sheet1"工作表中的"B6"单元格。

（2）单元格引用

"引用"是对工作表的一个或一组单元格进行标识，它告诉公式使用哪些单元格的值。通过引用，可以在一个公式中使用不同单元格的数据。单元格的引用可分为相对引用、绝对引用和混合引用。

① 相对引用：默认情况下，公式使用相对引用，如 A1、B3 等。相对引用时，如果公式所在单元格的位置改变，引用也随之改变。如果多行或多列地复制公式，引用会自动调整。

② 绝对引用：单元格的绝对引用是在行号和列标前加上符号"$"，如$A$1、$B$2 等。如果公式所在单元格的位置改变，绝对引用保持不变。

③ 混合引用：混合引用具有绝对列和相对行，或是绝对行和相对列。绝对引用列采用$A1、$B1 等形式；绝对引用行采用 A$1、B$1 等形式。如果公式所在单元格的位置改变，则相对引用改变，而绝对引用不变。

对其他工作簿中的单元格的引用称为外部引用，对其他应用程序中的数据的引用称为远程引用。

2. 函数

Excel 含有大量的函数，可以帮助进行数学、文本、逻辑、查找、统计等计算工作，使用函数可以加快数据的录入和计算速度。Excel 2007 除了自身带有的内置函数外还允许用户自定义函数。函数的一般格式为：

函数名（参数 1，参数 2，…）

其中参数可以是常量、单元格、区域、区域名、公式或其他函数。

在活动单元格中用到函数时需以"="开头，并指定函数计算时所需的参数。要使用函数可以单击【公式】选项卡，再单击【插入函数】命令。

3. 公式

公式是用户自行设计的对工作表中的数据进行计算和处理的计算式子。公式可以由常量、单元格引用、函数或运算符组成，单元格可以引用同一个工作表中的其他单元格，或同一个工作簿不同工作表中的单元格，或其他工作簿的工作表中的单元格。

Excel 包含 4 种类型的运算符：算术运算符、比较运算符、文本运算符和引用运算符。

① 算术运算符包括：＋、－、*、/、%以及^（幂），计算顺序为先乘除后加减。

② 比较运算符包括：＝、＞、＞＝、＜、＜＝、＜＞，它们的优先级相同，比较运算产生一个逻辑值。

③ 文本运算符：&（字符串连接），将两个文本值连接起来产生一个连续的文本值。

④ 引用运算符包括：冒号、逗号、空格，其中"："为区域运算符，如 C2∶C10 是对单元格 C2 到 C10 之间（包括 C2 和 C10）的所有单元格的引用；","为联合运算符，可将多个引用合并为一个引用，如 SUM（B5，C2∶C10）是对 B5 及 C2 至 C10 之间（包括 C2 和 C10）的所有单元格的数值求和；空格为交叉运算符，产生对同时隶属于两个引用的单元格区域的引用，如 SUM（B5:E10 C2:D8）是对 C5∶D8 区域求和。

使用公式有一定的规则，即必须以"＝"开始。为单元格设置公式，应在单元格编辑栏中输入"＝"，然后直接输入所设置的公式，对公式中包含的单元格或单元格区域的引用，可以直接用鼠标拖动进行选定，或单击要引用的单元格或输入引用单元格标志或名称，如"＝（C2＋D2＋E2）/ 3"表示将 C2、D2、E2 三个单元格中的数值求和并除以 3，结果放入当前单元格中。在公式选项卡下编辑公式十分方便。

输入公式的步骤如下：

① 选定要输入公式的单元格；

② 在单元格中或编辑栏中输入"＝"；

③ 输入设置的公式，按 Enter 键。

如果公式中含有函数，当输入函数时则可按照以下步骤操作：

① 直接输入公式函数名称格式文本，或选择"公式"选项卡，单击【插入函数】命令，选择所用到的函数名；

② 输入要引用的单元格或单元格区域；

③ 单击【确定】按钮。

4. 公式和函数的应用

下面举例来说明公式和函数的使用方法。现有学生成绩信息表如图 7.13 所示，要求：分别求出各学生的总分和平均分。

	A	B	C	D	E	F	G	H	I
1	学号	姓名	性别	出生年月日	课程一	课程二	课程三	平均分	总分
2	1	王春兰	女	1980/8/9	80	77	65		
3	2	王小兰	女	1978/7/6	67	86	90		
4	3	王国立	男	1980/8/1	43	67	78		
5	4	李萍	女	1980/9/1	79	76	85		
6	5	李刚强	男	1981/1/12	98	93	88		
7	6	陈国宝	女	1982/5/21	71	75	84		
8	7	黄河	男	1979/5/4	57	78	67		
9	8	白立国	男	1980/8/5	60	69	65		
10	9	陈桂芬	女	1980/8/8	87	82	76		
11	10	周恩恩	女	1980/9/9	90	86	76		

图 7.13　学生成绩信息表

（1）利用公式完成的步骤（见图 7.14）

	A	B	C	D	E	F	G	H	I
								H2	f_x =I2/3
1	学号	姓名	性别	出生年月日	课程一	课程二	课程三	平均分	总分
2	1	王春兰	女	1980/8/9	80	77	65	74	222
3	2	王小兰	女	1978/7/6	67	86	90	81	243
4	3	王国立	男	1980/8/1	43	67	78	62.66667	188
5	4	李萍	女	1980/9/1	79	76	85	80	240
6	5	李刚强	男	1981/1/12	98	93	88	93	279
7	6	陈国宝	女	1982/5/21	71	75	84	76.66667	230
8	7	黄河	女	1979/5/4	57	78	67	67.33333	202
9	8	白立国	男	1980/8/1	60	69	65	64.66667	194
10	9	陈桂芬	女	1980/8/8	87	82	76	81.66667	245
11	10	周恩恩	女	1980/9/9	90	86	76	84	252

图 7.14　公式的应用

① 单击单元格 I2 使其成为活动单元格。在"数据编辑区"，输入公式 "=E2+F2+G2"后回车。拖动单元格 I2 的填充柄到单元格 I11。释放鼠标后，就可得到所有学生的总分。

② 单击单元格 H2。在"数据编辑区"，输入公式="I2/3"后回车，再利用自动填充得到所有学生成绩的平均分。

（2）利用函数完成的步骤（见图 7.15）

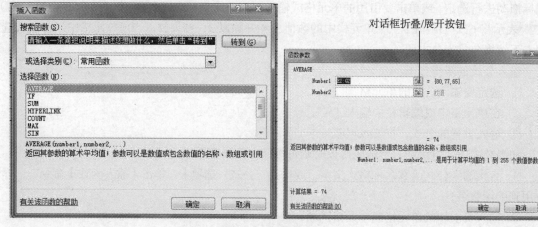

图 7.15　函数的应用

① 单击单元格 H2 使其成为活动单元格。单击【插入函数】按钮或单击"公式"选项卡的【插入函数】命令，在图 7.15 左侧所示的对话框中选择 AVERAGE()求平均值函数（选中后窗口下方会有相应的对函数的说明）。

② 单击【确定】按钮后弹出图 7.15 右侧所示对话框，其中的"Number1"内会有系统自动提供的备选参数。如果备选参数正确，可直接按【确定】按钮，若不正确，可以自己重新输入参数或单击【对话框折叠/展开】按钮后利用鼠标在表格中拖动选择参数区域，然后按【确定】按钮。

③ 拖动单元格 H2 的填充柄到单元格 H11。释放鼠标后，所有学生的平均分就全部计算出来了。

④ 按照同样的操作，选择"插入函数"中的 SUM()求和函数，可以计算出所有学生的总分。

7.2.4　工作表的管理和格式化

实际应用中，有时需要增添工作表，有时需要删除多余的工作表，有时还需要对工作表重命名。当工作表中的数据基本正确后，还要对工作表的格式进行设置，以使工作表版面更美观、更合理。这些就是工作表的管理和格式化。

1. 工作表的添加、删除和重命名

Excel 2007 具有很强的工作表管理功能，能够根据用户的需要十分方便地添加、删除和重命名工作表。

（1）工作表的添加

在已存在的工作簿中可以添加新的工作表，添加方法有 3 种。

方法 1：单击"开始"选项卡的"单元格"组中的【插入】按钮，选择【插入工作表】，Excel 2007 将在当前工作表前添加一个新的工作表。

方法 2：在工作表标签栏中，用鼠标右键单击工作表名字，在弹出的快捷菜单中选择【插入】菜单项，就可在当前工作表前插入一个新的工作表。

方法 3：在现有工作表的末尾加入新的工作表，单击屏幕底部的【插入工作表】按钮。如图 7.16 所示。

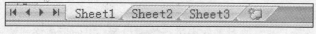

图 7.16 "插入工作表"按钮

（2）工作表的删除

用户可以在工作簿中删除不需要的工作表，工作表的删除一般也有 2 种方式。

方法 1：单击【开始】选项卡，选择"单元格"组中的【删除】命令，选择【删除工作表】，将删除工作表；如果单击【撤销】按钮，将取消删除工作表的操作。

方法 2：在工作表标签栏中，用鼠标右键单击工作表名字，出现一个弹出式菜单，再选择【删除】菜单项，就可将当前工作表删除。

（3）工作表的重命名

工作表的初始名称为 Sheet1、Sheet 2……为了方便工作，用户可以将工作表命名为易记的名字，因此，需要对工作表重命名。重命名的方法如下所示。

方法 1：单击【开始】选项卡，选择"单元格"组中的【格式】命令，出现下拉菜单，单击【重命名工作表】选项，工作表标签栏的当前工作表名称将会反显示，即可修改工作表的名字。

方法 2：在工作表标签栏中，用鼠标右键单击工作表名字，出现弹出式菜单，选择【重命名】菜单项，工作表名字反相显示后就可将当前工作表重命名。

方法 3：双击需要重命名的工作表标签，键入新的名称覆盖原有名称。

2. 工作表的移动或复制

实际应用中，有时需要将一个工作簿上的某个工作表移动到其他的工作簿中，或者需要将同一工作簿的工作表顺序进行重排，这时就需要进行工作表的移动和复制。在 Excel 2007 中，用户可以灵活地将工作表进行移动或者复制。

选择要复制或移动工作表，在"开始"选项卡的"单元格"组中，单击【格式】按钮，在弹出的下拉菜单的"组织工作表"选项中单击【移动或复制工作表】命令，或者右击选定的工作表标签，在弹出的快捷菜单中选择【移动或复制工作表】命令，均会弹出"移动或复制工作表"对话框，如图 7.17 所示。在该对话框中首先选择目标工作簿，

图 7.17 "移动或复制工作表"对话框

然后选择一个放置位置，若要复制工作表，还需要选中【建立副本】复选框，单击【确定】按钮完成移动或复制工作表操作。

3. 工作表窗口的拆分和冻结

由于屏幕较小，当工作表很大时，往往只能看到工作表部分数据的情况，如果希望比较对照工作表中相距较远的数据，则可将工作表窗口按照水平或垂直方向分割成几个部分。如果要将窗口分成 2 个部分，只要在想拆分的位置上选中单元格所在的行或列，然后在"视图"选项卡中的"窗口"组中单击【拆分】按钮，则工作表中行的上方或选中列的左侧出现拆分线，即工作表已经被拆分。

为了在工作表滚动时保持行列标志或其他数据可见，可以"冻结"窗口顶部和左侧区域。窗口中被冻结的数据区域不会随工作表的其他部分一同移动，并始终保持可见。在"视图"选项卡中的"窗口"组中单击【冻结窗格】按钮，在下拉列表中选择【冻结拆分窗格】命令，即可将工作表的拆分冻结。

4. 工作表的格式化

用户建立一张工作表后，需要对工作表进行格式设置，以便形成格式清晰、内容整齐、样式美观的工作表，通过设置工作表格式可以建立不同风格的数据表现形式。工作表格式的设置包括单元格格式的设置和单元格中数据格式的设置。

（1）工作表中数据的格式化

Excel 2007 为用户提供了丰富的数据格式，它们包括：常规、数值、货币、会计专用、日期、时间、百分比、分数、科学记数、文字和特殊等。此外，用户还可以自定义数据格式，使工作表中的内容更加丰富。

在上述数据格式中，数值格式可以选择小数点的位数；会计专用可对一列数值设置所用的货币符号和小数点对齐方式；自定义则提供了多种数据格式，用户可以自行定义，而每一种选择都可通过系统即时提供的说明和实例来了解。在进行数据格式化以前，通常要先选定需格式化的区域，然后单击【开始】选项卡，选择【数字】组，进行单元格设置，如图 7.18 所示。

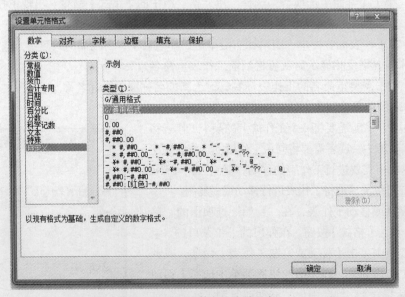

图 7.18　单元格数字格式设置窗口

（2）单元格内容的对齐

Excel 中设置了默认的数据对齐方式，在新建的工作表中进行数据输入时，文本自动左对齐，数字自动右对齐。单元格的内容在水平和垂直方向都可以选择不同的对齐方向，Excel 2007 还为用户提供了单元格内容的缩进及旋转等功能。在水平方向，系统提供了左对齐、右对齐、居中对齐等功能，默认的情况是文字左对齐，数值右对齐，还可以使用缩进功能使内容不紧贴表格。垂直对齐具有靠上对齐、靠下对齐及居中对齐等方式，默认的对齐方式为靠下对齐。在"方向"框中，可以将选定的单元格内容完成从−90°到+90°的旋转，这样就可将表格内容由水平显示转换为各个角度的显示。在"文本控制栏"还允许设置为自动换行、合并单元格等功能。可以通过"开始"选项卡中的"数字"组命令进行设置，如图 7.19 所示。

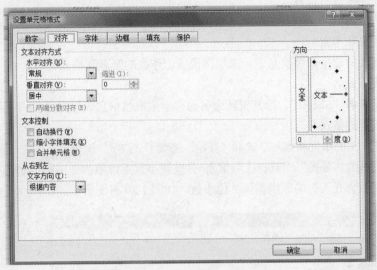

图 7.19　单元格对齐方式设置窗口

（3）表格内容字体的设置

为了使表格的内容更加醒目，可以对一张工作表的各部分内容的字体做不同的设定。方法是：可以通过"开始"选项卡中的"数字"组命令进行设置。

（4）表格边框和底纹的设置

在编辑电子表格时，显示的表格线是利用 Excel 本身提供的网格线，但在打印时 Excel 并不打印网格线。因此，用户需要自己给表格设置打印时所需的边框，使表格打印出来更加美观。为了使表格各个部分的内容更加醒目、美观，Excel 2007 提供了在表格的不同部分设置不同的底纹图案或背景颜色的功能。

设置方法为：选定所要设置的区域，单击"开始"选项卡中【字体】或【对齐方式】命令，在"设置单元格格式"对话框中打开【边框】选项卡，可以通过"边框"设置边框线或表格中的框线，在"样式"中列出了 Excel 提供的各种样式的线型，还可通过"颜色"下拉列表框选择边框的色彩。打开【填充】选项卡，在"颜色"列表中选择背景颜色，还可在"图案"下拉列表框选择底纹图案，按【确定】按钮。

（5）表格列宽和行高的设置

由于系统会对表格的行高进行自动调整，一般不需人工干预。但当表格中的内容的宽度超过当前的列宽时，可以对列宽进行调整，步骤如下：

① 把鼠标移动到要调整宽度的列的标题右侧的边线上，当鼠标的形状变为左右双箭头时，按住鼠标左键；

② 在水平方向上拖动鼠标调整列宽；

③ 当列宽调整到满意的时候，释放鼠标左键。

（6）样式设置

对工作表的格式化也可以通过 Excel 提供的自动套用格式或样式功能实现，从而快速设置单元格和数据清单的格式，为用户节省大量的时间，又能制作出优美的报表。自动套用格式是指内置的表格方案，在方案中已经对表格中的各个组成部分定义了特定的格式。自动套用格式使用时选择要格式化的单元格区域。在"开始"选项卡的"样式"组中通过选择"套用表格格式"或"单元格样式"下拉菜单进行设置。

注："样式"组中的"条件样式"具有根据条件设置单元格为不同的格式等功能，使得工作表格式设置更加便捷和丰富。

下面利用前面的学生成绩信息表，来举例说明工作表的管理和格式化。

（1）工作表重命名

双击原工作表名"Sheet1"，给其重新命名为"学生成绩信息表"；

（2）设置数据的格式

选中 H2 到 H11 的单元格区域，选择"开始"选项卡"数字"组中的小箭头，在弹出如图 7.20 左侧所示的对话框的"分类"中选择【数值】，并设置小数点位数为 2，单击确定。原表格中的平均分就会按照"四舍五入"的原则保留 2 位小数，如图 7.20 右图所示。

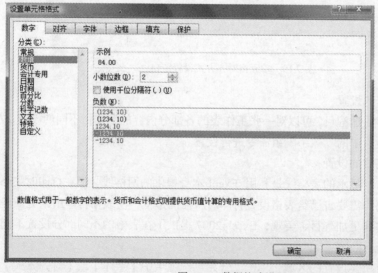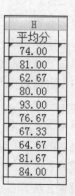

图 7.20　数据格式设置

（3）表格的表头设计

选中第一行的行号，单击"单元格"组中的插入命令，选择【插入工作表行】，在表中第一行之前插入一个新行，选中 A1 至 I1 的区域，单击右键，在弹出的快捷菜单内选择"设置单元格格式"，在弹出的窗口中选择"对齐"选项卡，设置"水平对齐"和"垂直对齐"为【居中】，并选中"合并单元格"，选择【确定】后，在单元格中输入"学生成绩信息表"。再采用同样的方法，在"字体"选项卡中设置字体【宋体】，字号【22】，并确定。如图 7.21 所示。

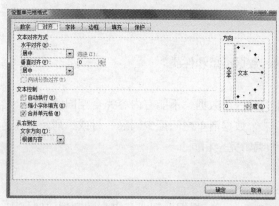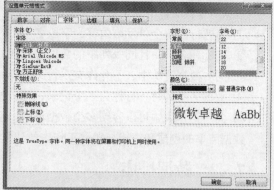

图 7.21　设置单元格格式窗口

（4）设置表格格式

选中整个表格区域，单击右键，在弹出的快捷菜单内选择【设置单元格格式】，在弹出的窗口中选择【边框】选项卡，分别设置"外边框"为【粗实线】，"内部"为【细实线】；选中第二行表头区域，单击右键，在弹出的快捷菜单内选择【设置单元格格式】，在弹出的窗口中选择【填充】选项卡，设置"背景色"为【浅灰色】。最终效果如图 7.22 所示。

学生成绩信息表								
学号	姓名	性别	出生年月日	课程一	课程二	课程三	平均分	总分
1	王春兰	女	1980/8/9	80	77	65	74.00	222
2	王小兰	女	1978/7/6	67	86	90	81.00	243
3	王国立	男	1980/8/1	43	67	78	62.67	188
4	李萍	女	1980/9/1	79	76	85	80.00	240
5	李刚强	男	1981/1/12	98	93	88	93.00	279
6	陈国宝	女	1982/5/21	71	75	84	76.67	230
7	黄河	男	1979/5/4	57	78	67	67.33	202
8	白立国	男	1980/8/5	60	69	65	64.67	194
9	陈桂芬	女	1980/8/8	87	82	76	81.67	245
10	周恩恩	女	1980/9/9	90	86	76	84.00	252

图 7.22　格式化后的学生成绩表

7.3　数据管理与分析

Excel 具有强大的数据管理功能，能够对工作表中的数据进行排序、筛选、分类汇总等操作。数据透视表具有强大的数据分析与数据重组能力，为工作表数据重组、报表制作以及信息分析等提供了强大的支持。其操作方便、直观、高效，比数据库在表格处理方面的优势更加明显，应用非常广泛。

7.3.1　数据清单

要使用 Excel 的数据管理功能，首先必须将表格创建为数据清单，类似于数据库管理系统对数据表的管理。数据清单是由工作表中的单元格构成的矩形区域，即一张由行和列构成的二维表格，与数据库相对应，每行表示一条记录，每列代表一个字段，第一行称为标题行，以下各行构成数据区域。

数据清单具有以下几个特点。

① 标题行的每个单元格内容为字段名。

② 列标题名唯一且同一列中的数据应有相同的数据类型和性质。

③ 同一数据清单中，不允许有空行、空列。

④ 数据区中的每一行称为一个记录，存放相关的一组数据，不能有内容完全相同的两行。

⑤ 同一工作表中可以容纳多个数据清单，但 2 个数据清单之间至少间隔一行或一列。

数据清单的创建和编辑与普通工作表的建立和编辑完全相同。

7.3.2 数据排序

排序是对数据进行重新组织安排的一种方式，Excel 可以根据一列或是多列的数据按照规则对数据清单进行排序。

1. 排序规则

要进行排序的数据称之为关键字。不同类型的关键字的排序规则如下。

数值：按数值的大小进行排序。

字母：按照英文字典中的先后顺序排序。

日期：按日期的先后顺序排序。

汉字：按汉语拼音的字典顺序或按笔画顺序，以笔画的多少作为排序依据。

逻辑值：升序时 FALSE 排在 TRUE 前面，降序时相反。

空格：总是排在最后。

2. 简单排序

简单排序是指对单一字段按升序或降序排序。其操作是：单击要排序的字段列中的任一单元格，在"开始"选项卡的"编辑"组中，单击【排序和筛选】按钮，然后在弹出的下拉列表中选择【升序】或【降序】按钮；或在"数据选项卡"的"排序和筛选"组中，单击【升序排序】按钮或【降序排序】按钮。

3. 复杂数据排序

复杂排序就是将数据清单按多关键字值的顺序进行排序。Excel 提供了按照多个关键字段进行排序的功能，即在排序对话框中单击【添加条件】按钮，可以添加任意多个关键字段。按 3 个以上关键字段进行排序的准则是先对最低级别的关键字进行排序，然后对级别较高一些的关键字进行排序，最后才对最高级别的关键字进行排序。

具体操作是：选择要排序的字段列中的任一单元格，在"数据"选项卡的"排序和筛选"组中，单击【排序】按钮；或在"开始"选项卡的"编辑"组中，单击【排序和筛选】按钮，在弹出的下拉列表中选择【自定义排序】选项，在弹出的对话框中进行选择，设置完毕，单击【确定】按钮即可。

4. 自定义排序

在有些情况下，对数据的排序顺序可能非常特殊，既不是按数值大小次序、也不是按汉字的拼音顺序或笔画顺序，而是按照指定的特殊次序，如对总公司的各个分公司按照要求的顺序进行排序，按产品的种类或规格排序等等，这时就需要自定义排序。

利用自定义排序方法进行排序，首先应建立自定义序列，建立好自定义序列后，即可对数据进行排序，方法是：单击数据区中要进行排序的任意单元格，在"数据"选项卡的"排序和筛选"组中，单击【排序】按钮，在弹出的"排序"对话框中打开相应列的"次序"下拉菜单选择【自定义序列】，再进行具体的设置。

下面利用前面的学生成绩信息表，来举例说明数据排序。

（1）简单排序

选中平均分字段的任意单元格，单击"编辑"组中【排序和筛选】按钮，在下拉菜单中选择【降序】。每条学生信息按照平均分降序重新排列，如图 7.23 所示。

学号	姓名	性别	出生年月日	课程一	课程二	课程三	平均分	总分
5	李刚强	男	1981/1/12	98	93	88	93.00	279
10	周恩恩	女	1980/9/9	90	86	76	84.00	252
9	陈桂芬	女	1980/8/8	87	82	76	81.67	245
2	王小兰	女	1978/7/6	67	86	90	81.00	243
4	李萍	女	1980/9/1	79	76	85	80.00	240
6	陈国宝	女	1982/5/21	71	75	84	76.67	230
1	王春兰	女	1980/8/9	80	77	65	74.00	222
7	黄河	男	1979/5/4	57	78	67	67.33	202
8	白立国	男	1980/8/5	60	69	65	64.67	194
3	王国立	男	1980/8/1	43	67	78	62.67	188

图 7.23   排序后的结果

（2）复杂排序

有时会出现学生平均分相等的情况，我们可以设置更加复杂的排序规则。例如：单击"编辑"组中【排序和筛选】按钮，在下拉菜单中选择【自定义排序】，在如下的窗口中单击【添加条件】，加入"次要关键字"为【课程一】，次序为【降序】。即在平均分相等的前提下，按照课程一的分值进行降序排列。如图 7.24 所示。

图 7.24   多条件排序窗口

7.3.3   数据筛选

对数据进行筛选，就是查询满足特定条件的记录，它是一种用于查找数据清单中的数据的快速方法。使用"筛选"可在数据清单中显示满足条件的数据行，而暂时隐藏不满足条件的数据，当筛选条件被撤销，被隐藏的数据又重新出现。Excel 2007 有 2 种筛选记录的方法，一种是"自动筛选"，一种是"高级筛选"。

1．自动筛选

自动筛选可以快速而方便地查找和使用单元格区域或数据清单中数据的子集。自动筛选只需通过简单的操作就能够筛选出需要的数据，能满足大部分要求。

具体操作：单击数据清单中的任一单元格，在"开始"选项卡的"编辑"组中，单击"排序和筛选"组中的【筛选】命令，或在"数据"选项卡的"排序和筛选"组中，单击【筛选】按钮；此时会在工作表的每个字段名旁显示一个"筛选"按钮，单击要进行筛选字段名旁的筛选箭头，在弹出的下拉列表框中选择。可以按多个列进行筛选。

下面利用前面的学生成绩信息表，来举例说明数据筛选。

（1）按照性别筛选

在"数据"选项卡的"排序和筛选"组中，单击【筛选】按钮；此时会在工作表的每个字段名旁显示一个"筛选"按钮，单击【性别】旁的筛选箭头，在弹出的下拉列表框中选择【男】，即筛选出所有男生的成绩信息，如图 7.25 所示。

	A	B	C	D	E	F	G	H	I
1				学生成绩信息表					
2	学号	姓名	性别	出生年月	课程一	课程二	课程三	平均分	总分
3	5	李刚强	男	1981/1/12	98	93	88	93.00	279
10	7	黄河	男	1979/5/4	57	78	67	67.33	202
11	8	白立国	男	1980/8/5	60	69	65	64.67	194
12	3	王国立	男	1980/8/1	43	67	78	62.67	188

图 7.25　按"性别"筛选后的结果

（2）按照分数筛选

在上一步的基础上，单击【平均分】旁的筛选箭头，在弹出的下拉列表框中选择【数字筛选】，在级联菜单中选择【大于】，出现如图 7.26 左图所示窗口，设置"大于"对应值为【90】，即筛选出所有男生中平均分大于 90 的学生信息。如图 7.26 右图所示。

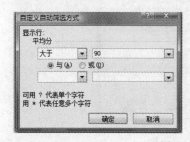

			学生成绩信息表					
学号	姓名	性别	出生年月	课程一	课程二	课程三	平均分	总分
5	李刚强	男	1981/1/12	98	93	88	93.00	279

图 7.26　按"性别"和"平均分"筛选后的结果

2. 高级筛选

自动筛选很难完成条件较为复杂或筛选字段较多的数据筛选。在进行高级筛选前需要建立一个条件区域，用于定义筛选必须满足的条件。本书不做介绍。

7.3.4　数据分类汇总

分类汇总就是先将数据清单中的某一字段分类（排序），然后再对各类数据字段进行汇总统计，如求和、平均值、最大值、最小值，统计个数等。

分类汇总采用分级显示的方式显示工作表数据，它可以收缩或是展开工作表的数据行（或列），可以快速地创建各种汇总报告。分级显示可以汇总整个工作表或其中选定的一部分。分类汇总的数据可以打印出来，也可以用图表直观而形象地表现出来。

下面利用前面的学生成绩信息表，来举例说明数据的分类汇总。

1. 建立分类汇总

确定分类汇总的目标，以按照学生性别进行平均分的分类汇总，即分别求出男生和女生的平均分的均值。

（1）对分类字段进行排序

按照前面的介绍选择对性别字段进行排序，升序降序均可。

（2）设置分类汇总

单击【数据】选项卡，选择"分级显示"组中的【分类汇总】命令，在弹出的"分类汇总"对话框中进行如图 7.27 所示的设置。

（3）结果显示（见图 7.28）

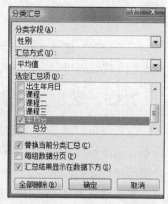

图 7.27　"分类汇总"对话框

1 2 3		A	B	C	D	E	F	G	H	I
	1	学生成绩信息表								
	2	学号	姓名	性别	出生年月	课程一	课程二	课程三	平均分	总分
	3	5	李刚强	男	1981/1/12	98	93	88	93.00	279
	4	7	黄河	男	1979/5/4	57	78	67	67.33	202
	5	8	白立国	男	1980/8/5	60	69	65	64.67	194
	6	3	王国立	男	1980/8/1	43	67	78	62.67	188
	7			男 平均值					71.92	
	8	10	周恩恩	女	1980/9/9	90	86	76	84.00	252
	9	9	陈桂芬	女	1980/8/8	87	82	76	81.67	245
	10	2	王小兰	女	1978/7/6	67	86	90	81.00	243
	11	4	李萍	女	1980/9/1	79	76	85	80.00	240
	12	6	陈国宝	女	1982/5/21	71	75	84	76.67	230
	13	1	王春兰	女	1980/8/9	80	77	65	74.00	222
	14			女 平均值					79.56	
	15			总计平均值					76.50	

图 7.28　分类汇总后的结果

2. 分级显示数据

在图 7.28 中可以看到左上角有 1、2、3 共 3 个层次按钮，可以控制分类汇总分级显示数据。

分级显示可以隐藏数据表的若干行/列，只显示指定的行/列数据。主要用于隐藏数据表中明细数据，而只显示汇总行/列。在"数据"选项卡的"分级显示"组中，单击【组合】按钮，在下拉菜单中选择【自动建立分级显示】进行行或列的显示/隐藏操作。

（1）单击层次按钮 2，只显示"总计"和"分类汇总"结果（见图 7.29）

1 2 3		A	B	C	D	E	F	G	H	I
	1	学生成绩信息表								
	2	学号	姓名	性别	出生年月	课程一	课程二	课程三	平均分	总分
	7			男 平均值					71.92	
	14			女 平均值					79.56	
	15			总计平均值					76.50	
	16									

图 7.29　隐藏明细数据后的分级显示窗口

（2）单击层次按钮 3，只显示"总计"结果

数据清单的左侧，有"显示明细数据按钮+"和"隐藏明细数据按钮-"；"+"按钮表示该层明细数

据没有展开，进行单击可显示，并且"+"变成"–"；单击"–"按钮可隐藏该行或列各层所指定的明细数据，同时"–"变成"+"。这样操作就可以将十分复杂的清单转变为可展开不同层次的汇总表格。

3．取消分类汇总

在"数据"选项卡的"分级显示"组中，单击【分类汇总】按钮，在弹出的窗口中单击【全部删除】按钮即可以取消分类汇总。

7.3.5　数据透视表

数据透视表就是可以透过放置在特定表上的数据，拨开他们看似无关的组合得到某些内在的联系，从而得到某些可供研究的结果。分类汇总一般以一个字段进行分类。数据透视表则适合多个字段进行分类汇总。

数据透视表是 Excel 2007 中功能十分强大的数据分析工具，用它可以快速生成能够进行交互的报表，在报表中不仅可以分类汇总、比较大量的数据，还可以随时选择其中页、行和列中的不同元素，以快速查看源数据的不同统计结果，是一种多维式表格。尽管数据透视表的功能非常强大，但建立数据透视表的过程却非常简单，具体步骤如下：

① 单击工作表数据清单中的任一单元格；

② 选择【插入】选项卡，在"表"组中单击【数据透视表】按钮；

③ 在弹出的对话框中，可重新选择需要分析的区域或用已选区域。并选定数据透视表放置的位置；

④ 单击【确定】按钮，就自动创建了一个空的数据透视表。

创建数据透视表后，可以使用"数据透视表字段列表"任务窗格来添加或删除字段。其中"报表筛选"、"列标签"、"行标签"区域中用于放置分类的字段，"数值"区域放置数据汇总字段。当将字段拖动到数据透视表区域中时，左侧会自动生成数据透视表报表。

若将按行显示的字段拖动到"行标签"区域，则此字段中的每类将成为一行。同样，将列显示的字段拖动到"列标签"区域，则此字段中的每类将成为一列。需要特别说明的是，当字段拖动到"数值"区域，会自动计算此字段的汇总信息（如求和、计数、平均值、方差等）。"报表筛选"则可以根据选取的字段对报表实现筛选。

下面利用前面的学生成绩信息表，说明如何利用数据透视表进行数据的分析。

① 为建立数据透视表的需要，在原来的表格中添加了一列"班级"信息，生成的新表格如图 7.30 所示。

图 7.30　学生成绩信息表

②单击学生成绩信息表中的任意单元格。选择【插入】选项卡，在"表"组中单击【数据透视表】按钮。在弹出的图 7.31 对话框中进行区域和放置位置的设置。

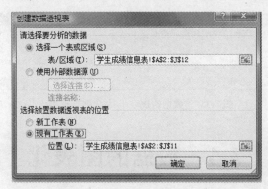

图 7.31　"创建数据透视表"对话框

③ 单击【确定】按钮，就自动创建了一个空的数据透视表。并在右侧出现如图 7.32（左侧）所示的"数据透视表字段列表"任务窗格，然后进行如下设置：将"班级"字段拖到"行标签"下面的区域中，将"性别"字段拖到"列标签"下面的区域中，将"平均值"拖到"数值"下面的区域中。

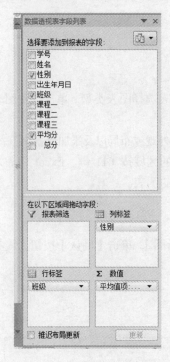

平均值项:平均分	列标签		
行标签	男	女	总计
信息二班	66	78.91666667	74.61111111
信息一班	77.83333333	80.83333333	79.33333333
总计	71.91666667	79.55555556	76.5

图 7.32　数据透视表

④ 单击【求和项：平均分】右侧的下拉箭头，在弹出的"值字段设置"窗口中，设置"汇总方式"选项卡中的汇总方式为【平均值】，单击【确定】后的界面如图 7.32 左侧所示。

⑤ 查看数据透视表，如图 7.32 右侧所示，即给出了各个班按性别统计的成绩平均分。

如果要删除数据透视表的某个字段，可以在图 7.32 中左侧所示的"数据透视表字段列表"中选定要删除的字段拖到区域外，或单击删除字段右侧的下拉菜单，选择【删除字段】命令。如果要删除整个数据透视表，则要选定数据透视表，在"数据透视表工具/选项"选项卡的"操作"组中单击【清除】按钮，在弹出的下拉菜单中选择【全部清除】命令即可。

可以使用图 7.33 所示的"数据透视表工具/选项"选项卡和"数据透视表工具/设计"选项卡的各组功能对数据透视表进行编辑、修饰等操作。

图 7.33　"数据透视表工具/选项"选项卡

7.4　数据的图表化

Excel 2007 除了强大的计算功能外，还能将表格数据以图的形式表达出来，使得数据更形象、更直观地反映数据的变化规律和发展趋势，供决策使用。当数据源发生变化时，图表中对应项的数据也自动更新。Excel 2007 创建图表既快捷又简便，并且还提供了各种图表类型供用户创建图表时选择。

7.4.1　创建图表

创建图表非常简单，步骤有以下几点。

① 确保数据适用于图表。

② 选择包含数据的区域。

③ 在"插入"选项卡中的"图表"组中通过单击某个图表选择图表类型。单击这些图表后能显示出包含子类型的下拉列表。

④ （可选）使用"图表工具"菜单中的命令来更改图表的外观或布局以及添加或删除图表元素。

提示：可以通过一次按键创建图表，选择在图表中适用的区域按 F11 键。Excel 将插入一个新的图表工作表并使用默认的图表类型来显示所选择的数据的图表。

下面利用前面的学生成绩信息表，说明如何创建图表。

① 选择学生成绩信息表中的任意单元格。

② 在"插入"选项卡中的"图表"组中选择【簇状柱形图】，单击【确认】按钮，簇状柱形图就嵌入到当前工作表中，如图 7.34 所示。

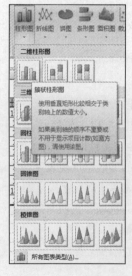
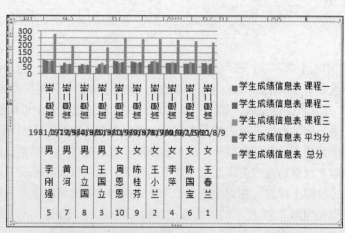

图 7.34　簇状柱形图

建立完图表或是单击图表，功能区的选项卡中会自动弹出"图表工具/设计"、"图表工具/布局"和"图表工具/格式"3 个选项卡，使用这 3 个选项卡中的按钮可以编辑和修饰图表。

7.4.2　图表的编辑

1．移动、调整图表

如果图表是一个嵌入式图表，可以使用鼠标随意地移动它并改变其大小。单击图表的边界，然后拖动边界进行移动。拖动 8 个控制点中任意一个可以改变图表的大小。当单击图表边界时，图表的边和角上会出现黑色的小方块，这就是控制点。

当鼠标指针变为双箭头时，单击并拖动鼠标就可以调整图表的大小。或选中图表后，使用"格式"选项卡中的"大小"控件来调整图表的高度和宽度。调整的方法是使用微调框或者在"高度"控件和"宽度"控件中直接输入尺寸。

2．复制、删除图表

可使用标准的方法来复制图表，选定图表后，从"开始"选项卡中选定【复制】后，在想要的位置激活新单元格，再选定"开始"选项卡中的【粘贴】即可。也可以单击图表，然后按下 CTRL 键，利用鼠标拖动到新位置。

删除图表可以使用快捷菜单中的"删除"命令。或是按着 Ctrl 键的同时单击图表后按 DEL 键。

3．添加、移动和删除图表元素

在图表中添加新的元素（如标题、图例、数据标签或网格线），需要使用"图表工具"选项卡"布局"组中的相应控件。

移动图表元素，只需单击选中此元素，然后拖动它的边框即可。

删除图表元素最简单的方法是先选定图表元素，然后按 DEL 键。也可以使用"图表工具"选项卡中"布局"组中的相关控件来关闭某个特定图表元素的显示。

对于由多个对象组成的图表元素，需要 2 次单击，分别选中元素和特定数据元素。

4．改变图表类型

对于大多数二维图表，可以更改整个图表的图表类型以赋予其完全不同的外观，也可以为任何单个数据系列选择另一种图表类型，使图表转换为组合图表。对于气泡图和大多数三维图表，只能更改整个图表的图表类型。

具体操作是单击【图表区】或【绘图区】，选择【图表工具/设计】选项卡，单击"类型"组中的【更改图表类型】按钮，或者右击【图表区】，在弹出的快捷菜单中选中【更改图表类型】命令，在弹出的"更改图表类型"对话框中进行新类型的选择。

对于图 7.34 所示的"柱形图"，按照上述操作步骤，只需要在"更改图表类型"窗口选择【条形图】，就可以将其更改为"条形图"，如图 7.35 所示。

5．数据序列的增、删、改操作

Excel 允许修改图表中的数据源，在图表中添加或删除数据系列，重新设置数据系列产生的行、列方式。这项功能使得图表的修改非常灵活，只需对已制作好的图表的数据源进行修改就能得到新的图表。

（1）添加数据系列

激活图表并选择"图表工具/设计"选项卡中"数据"组里的【选择数据】。在"选择数据源"对话框中，单击【添加】按钮，Excel 会显示"编辑数据系列"对话框。可以在"系列名称"

和"系列值"文本框中输入要添加的数据系列的名称和值。也可以单击【对话框的折叠/展开】按钮，拖动鼠标在工作表里选定数据区域。选定后再单击【对话框的折叠/展开】按钮返回，再【确定】。

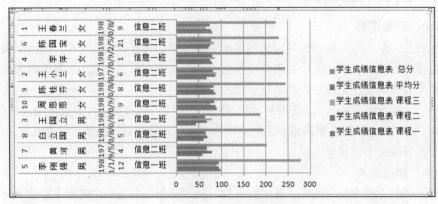

图 7.35　条形图

（2）删除数据系列

右击图表中要删除的数据系列，在弹出的快捷菜单中选择【删除】命令。数据系列被删除后并不影响工作表的相应数据，反之，若把工作表中的相关数据删除，则图表中对应的数据系列自然也被删除。

（3）修改数据系列的产生方式

数据系列一般按列产生，但也可以按行的方式产生图表，其方式是：选定图表，在"图表工具/设计"选项卡的"数据"组中单击【切换行/列】按钮，即改变数据系列的产生方式。

由于上一个例子产生的图表过于繁琐，我们利用图表的编辑操作对其进行修改。

（1）删除图表中多余的数据序列

分别选中图表中的"课程一"、"课程二"、"课程三"和"总分"数据序列后，单击右键，在弹出的快捷菜单中选择【删除】命令。删除操作后，每位学生的平均分的柱形图如图 7.36所示。

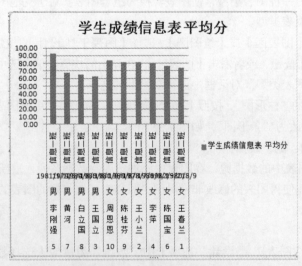

图 7.36　学生的平均分柱形图

（2）修改和移动图表元素

单击"学生成绩信息表平均分"图例，将其拖动至标题栏下方。单击图表大标题，重新输入"学生平均分示意图"字样后如图 7.37 所示。

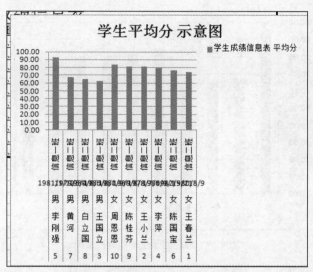

图 7.37　修改后的学生平均分柱形图

（3）修改数据源

右键单击横坐标，在弹出的快捷菜单中选择【数据源】，在弹出的窗口中"水平轴标签"格内选择【编辑】，重新选择原表格中的"姓名"列作为数据源，如图 7.38 所示。

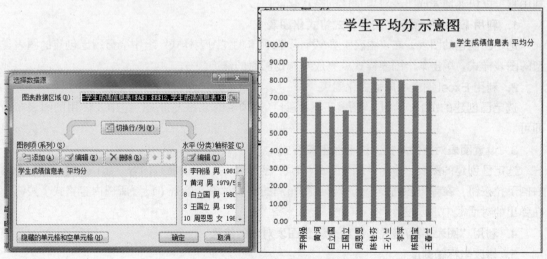

图 7.38　"选择数据源"对话框

（4）调整图表

单击图表中的相应区域，进行拉伸，调整图表至合适的大小，最终生成图表如图 7.39 所示。

图 7.39 最终的学生平均分柱形图

7.4.3 图表的格式化

图表的格式化是指设置图表中各个对象的格式，包括文字和数值的格式、颜色、外观等，不同的对象有不同的格式设置选项，选定要格式化的对象，利用快捷菜单中的格式命令来实现。值得一提的是，右击需要字体格式化的对象时，都会在以往常见的快捷菜单上方出现"浮动工具栏"，利用它可以快速地完成图表对象字体的格式化。

1．利用 Excel 的预定义图表样式格式化图表

选定已创建的图表，在"图表工具/设计"选项卡的"图表样式"组中会显示已创建的图表类型的图表样式。单击某个图表样式就完成对选定图表的修饰。

2．利用 Excel 图表布局格式化图表

选定已创建的图表，单击"图表工具/设计"选项卡的"图表布局"组中要使用的图表布局即可。

3．设置图表对象的填充、边框颜色和样式

选定已创建的图表，单击"图表工具/布局"选项卡的"当前所选内容"组中的【图表元素】右侧下拉按钮，在弹出的列表中选择要进行布局的图表对象，单击【设置所选内容格式】按钮，在弹出的对话框中进行设置。

4．利用"图表工具/格式"选项卡设置图表对象的格式

5．修改坐标轴刻度

选定已创建的图表，单击"图表工具/格式"选项卡，在"当前所选内容"组中，单击【图表元素】框旁边的箭头，在弹出的列表中选择【垂直轴】或【水平轴】，然后再单击【设置所选内容格式】按钮，在弹出的窗口中改变坐标轴的刻度。

上例可修改坐标轴的主要刻度单位为 20，原图变为如图 7.40 所示。

图 7.40　刻度单位为 20 的学生平均分柱形图

本章小结

本章是以使用 Excel 2007 一般要经过的步骤来展开内容的。

① Excel 2007 的基本概念和基本操作，包括创建工作簿、Excel 2007 的启动和退出，Excel 2007 的窗口的组成等。

② Excel 2007 工具表的编辑和格式化，包括工作表以及单元格和单元格区域的编辑和格式化。

③ Excel 2007 的数据管理与分析，包括数据的排序，筛选，分类汇总等操作，数据透视表的创建、编辑。

④ Excel 2007 图表的制作与编辑，包括图表的创建、编辑和修饰。

思 考 题

1. 简述 Excel 中文件、工作簿、工作表、单元格之间的关系。

2. Excel 2007 如何用行号和列号表示单元格？

3. Excel 2007 输入的数据类型可以分为哪几类？

4. 简述 Excel 2007 中公式和函数使用的注意事项。

5. Excel 2007 中单元格的引用方式有哪 2 种，有何区别？

6. 请比较数据透视表和分类汇总的不同用途。

第8章

演示文稿创作软件 PowerPoint 2007

PowerPoint 是微软公司出品的 Office 办公软件中的重要组件之一，它是制作演示文稿的软件，简称 PPT。利用它可以制作出生动的幻灯片，并达到最佳的现场演示效果。无论是教师上课、论文答辩、会议报告还是企业进行产品介绍，演讲者都可以借助它直接展示所陈述的内容，方便生动。PowerPoint 2007 版本不是在以往 PowerPoint 的基础上进行改进，而是进行了彻底的修改，其界面和基本文件格式等都是全新的。本章将详细介绍 PowerPoint 2007 的基本操作。

8.1 演示文稿的基本操作

8.1.1 PowerPoint 2007 的工作界面

在使用 PowerPoint 2007 制作演示文稿之前，应该先认识其界面组成，该界面与前面章节介绍的 Word 以及 Excel 基本相同。PowerPoint 2007 的工作界面如图 8.1 所示。

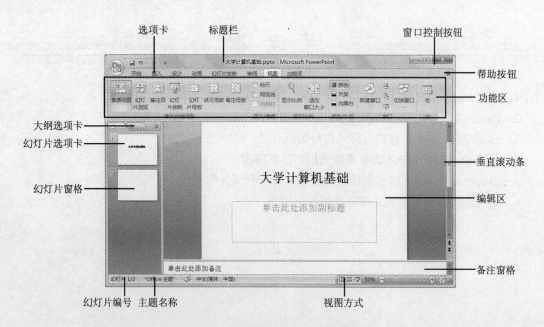

图 8.1 PowerPoint 2007 工作界面

1．幻灯片窗格

编辑幻灯片的工作区，用于显示用户制作的幻灯片效果。

2．备注窗格

用于添加或者编辑幻灯片中的一些注释文本。

3．大纲选项卡

以大纲形式显示幻灯片的文本，可用于创建或查看演示文稿的大纲。

4．幻灯片选项卡

显示幻灯片的缩略图，通过该选项卡可以快速查看演示文稿中的任意一张幻灯片，并对幻灯片进行添加、排列以及删除等操作。

5．功能区

图 8.1 中标注的带状区域为功能区，包含许多按组排列的可视化命令。功能区各可视化按钮展示如图 8.2 所示。

图 8.2　功能区各可视化按钮展示

8.1.2　演示文稿的建立、打开与保存

1．PowerPoint 2007 的启动和退出

（1）启动 PowerPoint 2007

使用 PowerPoint 2007 制作演示文稿前，先启动 PowerPoint 2007，具体方法有以下 2 种。

① 从桌面快捷方式启动。

② 【开始】菜单→【程序】→【Microsoft Office】→【Microsoft Office PowerPoint 2007】。

（2）退出 PowerPoint 2007

制作完演示文稿并保存后，就可以退出 PowerPoint 2007 了，具体方法有以下 3 种。

① 单击 PowerPoint 窗口右上角的【关闭】按钮

② 单击 PowerPoint 窗口左上角控制菜单，选择【关闭】命令

③ Alt＋F4 组合键

2．新建演示文稿

（1）创建空白演示文稿

第一步，单击【Office 按钮】（图 8.3 中①）；

第二步，在打开的菜单上单击【新建】（图 8.3 中②）；

第三步，在【新建演示文稿】窗口中按图示选择。

图 8.3　新建演示文稿

（2）使用模板创建演示文稿

用户也可以通过 PowerPoint 2007 提供的模板功能来创建新的演示文稿。如图 8.4 所示，在"模板"选项下，会显示可用于创建以下内容的选项。

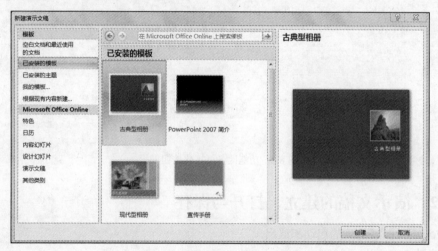

图 8.4　使用模板创建演示文稿

① 空白文档、工作簿或演示文稿。

② 由模板提供的文档、工作簿或演示文稿。

③ 由现有文件提供的新文档、工作簿或演示文稿。

PowerPoint 2007 自带了 6 种已安装的模板，用户可以根据自己的需要选择不同的模板来创建演示文稿。

3. 打开演示文稿

PowerPoint 2007 可以打开目前为止任何模板文件，用户可以利用最近使用的列表打开，也可以通过对话框打开。如图 8.5 所示。

（1）利用最近使用的列表

单击【Office】按钮，在"最近使用的文档"栏中选择需要打开的文档。

（2）利用"打开"对话框

单击【Office】按钮，执行【打开】命令，在"打开"对话框中选择要打开的文件。单击图 8.5 中【打开】按钮即可。

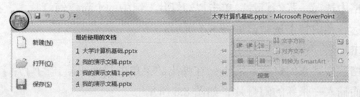

图 8.5　打开演示文稿

4．保存演示文稿

常见的保存文稿的方法有以下 2 种。

① 单击【Office】按钮，执行【保存】命令，在弹出的"另存为"对话框中进行操作。

② 在"快捷工具栏"中单击"保存"图标 。

常用的保存文件格式有以下 3 种。

① .pptx：Office PowerPoint 2007 演示文稿，默认为 XML 文件格式。

② .potx：作为模板的演示文稿，可用于对将来的演示文稿进行格式设置。

③ .ppt：可以在早期版本的 PowerPoint（97～2003）中打开的演示文稿。

8.1.3　编辑演示文稿

1．新建幻灯片的版式

在功能区单击【新建幻灯片】按钮，如图 8.6 所示。在"开始"选项卡的"幻灯片"组中，单击【版式】，所谓版式，就是幻灯片上标题和副标题文本、列表、图片、表格、图表、自选图形和视频等元素的排列方式。

然后在图 8.7 中单击选择一种版式。可以使用版式排列幻灯片上的对象和文字。版式本身只定义了幻灯片上要显示内容的位置和格式设置信息。

图 8.6　新建幻灯片　　　　　　　　　　　　图 8.7　选择版式

2. 插入幻灯片

在新建立的演示文稿中，默认的只有一张幻灯片，其他的需要自己插入完成。

（1）通过"幻灯片"组插入

在幻灯片窗格中选择一张幻灯片，单击"幻灯片"组中的【新建幻灯片】下拉按钮，如图 8.6 所示，并选择【标题和内容】选项，如图 8.7 所示。

（2）通过右击插入

在幻灯片窗格选中某张幻灯片，右击，在弹出的菜单中选择【新建幻灯片】命令，就可以在选中的幻灯片后面插入一张新的幻灯片，如图 8.8 所示。

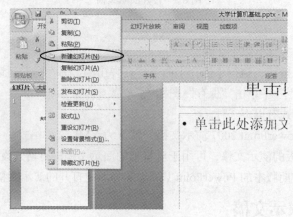

图 8.8　插入幻灯片

3. 删除幻灯片

（1）通过"幻灯片"组删除

选中要删除的幻灯片，并选择【开始】选项卡，然后单击"幻灯片"组中的【删除】按钮，如图 8.6 所示。

（2）通过右击删除

和插入类似，选中要删除的幻灯片，右击，选择【删除幻灯片】命令。

幻灯片的复制、移动等操作和以上操作的方法类似，读者可自行学习掌握。

4. 操作文本

建立好演示文稿以后，就可以在幻灯片中输入文本信息。文本的输入主要在（"视图"、选项卡中的"普通视图"）中进行。输入文本有 3 种方式。

（1）在大纲视图中输入

如图 8.9 所示，切换在【大纲】选项卡，在左边的大纲选项卡的任务窗格中输入文本。

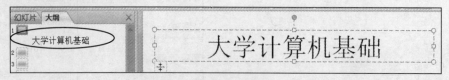

图 8.9　在大纲视图中输入文本

（2）在幻灯片视图中输入

如图 8.10 所示，在【幻灯片】选项卡中，直接在右边的幻灯片窗格中输入。

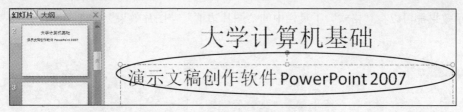

图 8.10 在幻灯片视图中输入文本

（3）在备注窗格中输入

在普通视图下，单击备注窗格区域，输入备注信息。

用户除了可以对文本信息进行编辑外，还可以对文本信息进行复制、删除、移动、查找、替换等操作，具体的实现方法和 Word 中类似，在此不再赘述。

8.2 在幻灯片上添加对象

用户可以在幻灯片中插入图片、表格、艺术字，还可以插入声音、影片和动作以及超链接等对象。

1. 插入图片

选择【插入】选项卡，在插图组中，单击【图片】按钮，在弹出的【插入图片】对话框中选择要插入的图片即可，如图 8.11 所示。

图 8.11 插入图片

插入图片时，当选中该图片的时候，在编辑区上方的功能区里会多出一个"格式"工具栏，通过该工具栏可以给图片设置多种效果，如图 8.12 所示。

图 8.12 图片格式

用户可以通过"格式"工具栏上的命令，对一张插入图片的显示效果进行改变。例如，图 8.13

中的显示效果都可以在"格式"工具栏中的"图片边框"、"图片效果"中选择设置。

（a）原图　　　　　　　（b）平面效果图　　　　　　　（c）三维效果图

图 8.13　图片效果展示

在幻灯片中插入剪贴画、形状以及图表的方法和插入图片的方法类似，都可以从插图组中进行操作。

2. 插入文本框

同样选择【插入】选项卡，在文本组中选择【文本框】按钮，单击【文本框】下拉按钮，选择要插入的文本框的版式，如图 8.14 所示。

图 8.14　插入文本框

也可以在文本组中选择在幻灯片中插入艺术字、页眉页脚等。

3. 插入影片和声音

在"插入"选项卡中，选择【媒体剪辑】组，单击【影片】或【声音】的下拉按钮，可以选择不同的多媒体文件插入，如图 8.15 所示。

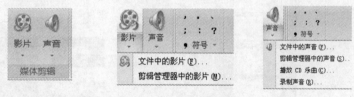

图 8.15　插入多媒体文件

插入声音文件后会出现一个对话框，询问在幻灯片放映时如何开始播放声音，可以选择"自动播放"，也可以设置成在需要的时候"单击时播放"。成功插入声音文件以后，在幻灯片中会显示一个 🔊 图标作为插入标记。

4. 插入超链接

在演示文稿中，使用超链接可以将一张幻灯片链接到同一演示文稿中的另一张幻灯片中，也可以链接到不同演示文稿的一张幻灯片中，或者链接到网页中。

插入超链接时，可以在普通视图中选择要用做超链接的文本和对象，在【插入】组中单击"链接"组中的【超链接】按钮，打开"插入超链接"对话框，单击【本文档中的位置】按钮，在"请选择文档中的位置"一栏中选择一张幻灯片。如图 8.16 所示。

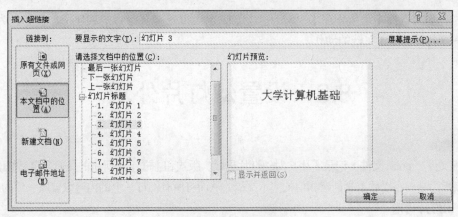

图 8.16 插入超链接

在图 8.16 中，还可以在"链接到"设置栏中，选择其他项，将幻灯片链接到其他位置。

对插入的超链接，还可以进行修改和删除，选择要操作的超链接的对象，右击，执行【编辑超链接】或【取消超链接】即可。

5. 创建动作

在幻灯片中，可以为其中的对象创建一个动作，使演示文稿在放映的时候，通过鼠标单击或移动到该对象，来完成某个动作效果。其中，动作包括超链接到某个幻灯片中、执行某个命令动作、或者启动一个应用程序。

由此可见，通过创建动作也可以实现前面提到的插入超链接。具体操作如下：选择链接组中的【动作】按钮，在"动作设置"对话框中，选择【超链接到】单选按钮，并单击其下拉按钮，就可以为对象选择一个要链接到的目标。如图 8.17 所示。

另外，在幻灯片中可以插入一个动作按钮来表示超链接，来实现与观众互动的演示文稿。具体操作如下：选择【插入】→【插图】组中的【形状】下拉按钮，在"动作按钮"栏中选择一个系统预定义的动作按钮，然后在"动作设置"对话框中完成超链接操作。如图 8.18 所示。

图 8.17 动作设置

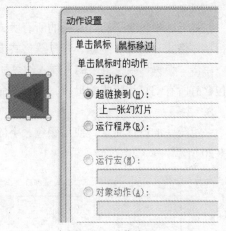

图 8.18 动作按钮

同样，如果选择【运行程序】，单击【浏览】，就可以选择要运行的程序了。例如，为一段文字设置一个打开 Word 文档的动作。

8.3　设置幻灯片外观

1. 模板

模板文件（.potx 文件）记录了用户对幻灯片母版、版式和主题组合所做的任何自定义修改。用户可以以模板为基础在以后重复创建相似的演示文稿，从而将所有幻灯片上的内容设置成一致的格式。

2. 幻灯片母版

母版存储有关应用的设计模板信息的幻灯片，包括字形、占位符大小或位置、背景设计和配色方案。母版用于控制某演示文稿中所有幻灯片的格式，当对幻灯片母版中的某个幻灯片进行设置后，演示文稿中基于该母版幻灯片版式的幻灯片都将应用该格式。

具体操作如下：选择【视图】选项卡、单击"演示文稿视图"组中的【幻灯片母版】按钮，进入"幻灯片母版"视图，如图 8.19 所示。

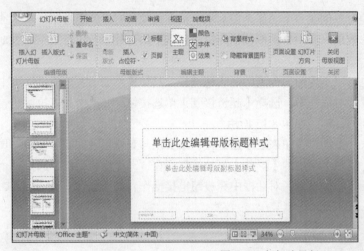

图 8.19　幻灯片母版

在该母版中包含了幻灯片中的所有版式，用户可以根据需要选择一个或多个版式，可以对其进行字体格式、动画、主题、背景等格式设置，也可以插入图片和图表等。

单击"编辑母版"组中的【插入幻灯片母版】按钮，就可以在图 8.19 中的母版下再次插入一个包含有所有幻灯片版式的母版，并自动命名为"2"。

3. 主题

一组统一的设计元素，使用颜色、字体和图形设置文档的外观，以及幻灯片使用的背景。如图 8.20 所示。

图 8.20　幻灯片主题

8.4 设置幻灯片放映

幻灯片制作的最终目的就是为了进行演示，为了使演示效果流畅，并且具有动感效果，可以在幻灯片中内置动画、设置幻灯片切换效果，对幻灯片中的各个对象进行设置，制作出具有强大交互性能的动态演示文稿。

1. 幻灯片之间切换

在对幻灯片进行播放时，用户可以为每张幻灯片之间的切换设置效果，使整个演示文稿在播放时效果更好，具体在设置时，除了可以为幻灯片设置切换效果，还可以为切换效果添加声音并设置切换速度等。

（1）设置幻灯片的切换效果

先选择要进行操作的幻灯片，然后在【动画】选项卡中，单击"切换到此幻灯片"组中排列的不同的切换方案按钮，得到相应的切换效果，如图 8.21 所示。

图 8.21 幻灯片切换方案

（2）设置幻灯片的切换声音

在图 8.21 中，选择【切换声音】下拉按钮，在给出的若干声音选项信息中选中要添加的声音即可。

（3）设置切换速度

在图 8.21 中的【切换速度】下拉按钮处进行设置，可以在慢速、中速和快速 3 种方式中选择。

2. 动画设置

动画是演示文稿的精华，用户可以对幻灯片中的单个文本或图片对象设置动画效果，也可以体现在幻灯片切换中。在各种动画效果中尤其以对象的"进入"动画最为常用。

（1）自定义动画设置

选择要添加动画的对象，然后在【动画】→【自定义动画】任务窗格中进行动画设置，如图 8.22（a）所示。

为对象添加动画效果后，可在"自定义动画"任务窗格中设置该动画效果的属性，如图 8.22（b）所示，单击【开始】下拉按钮，选择动画效果的开始方式。

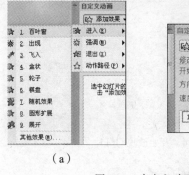 

（a）   （b）

图 8.22 自定义动画设置

（2）幻灯片切换动画

先单击选中的幻灯片缩略图，然后在"动画"选项卡中的"切换到此幻灯片"组中，单击一个幻灯片切换效果。如单击【切换速度】旁边的箭头，然后选择所需的速度可以设置幻灯片的切换速度。可参考图 8.21。

3．放映演示文稿

（1）设置放映方式

在放映演示文稿时，可以根据播放环境来选择放映方式。

在"幻灯片放映"选项卡中，单击"设置"组中的【设置幻灯片放映】按钮，打开"设置放映方式"对话框。在"放映类型"设置栏中，提供了 3 种类型的放映方式，选中想使用的方式即可。进一步的，可以进行放映参数设置。如图 8.23 所示。

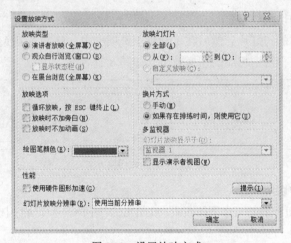

图 8.23　设置放映方式

① 演讲者放映。选择该方式可以运行全屏幕显示的演示文稿，但是必须要在有人看管的情况下进行放映。

② 观众自行浏览。选择该方式，观众可以移动、编辑、复制和打印幻灯片，适用于人数较少的场合。

③ 在展台浏览。选择该方式，可以自助运行演示文稿，不需要专人控制。

（2）开始放映幻灯片

在"幻灯片放映"选项卡中的"开始放映幻灯片"组中有 3 种可供选择的放映方法："从头放映"、"从当前幻灯片放映"、"自定义幻灯片放映"。根据需要进行选择即可实现放映效果，如图 8.24 所示。

图 8.24　开始放映幻灯片

本章小结

　　演示软件生成的文档称为演示文稿，一份演示文稿一般由若干张幻灯片组成，每张幻灯片上可以有文字、表格、图形、图像，还可以有声音。PowerPoint 2007 演示文稿以.pptx 为扩展名保存在磁盘上，而早期版本 PowerPoint（97—2003）中的演示文稿以.ppt 为扩展名保存在磁盘上，所以有时将演示文稿称为 PPT 文件。本章主要介绍了 PowerPoint 2007 的基本操作。

思 考 题

1. 建立演示文稿有几种方法？
2. 什么是演示文稿的版式？
3. 什么是演示文稿的母版？
4. 在演示文稿中，有几种输入文本的方法？简述其各自的特点。
5. 什么是超链接？在演示文稿中，怎样实现超链接操作？
6. 在演示文稿中，如何进行动画设置？
7. 如何放映演示文稿？有哪些放映方式？

第 3 篇
应用技术篇

　　本篇包括计算机网络技术、多媒体信息处理技术、数据库技术和信息安全技术这 4 方面的计算机应用技术。

　　通过学习网络的基本知识，掌握在 Internet 上检索信息、交流信息、传输信息的基本技能，了解网页的概念并学会制作简单网页；通过学习多媒体的概念、Windows 中自带的多媒体工具，掌握声音、视频文件的播放，多媒体信息的基本处理与使用；学习数据库的基本知识，掌握使用 Access 建立数据库，并实现对数据的查询、修改和管理的基本技能。

第9章
计算机网络技术

计算机网络是计算机技术和通信技术相结合的产物，是一门涉及多学科多技术领域的交叉学科。本章主要介绍计算机网络的基础知识、Internet 的基本概念和典型服务以及网页制作的相关技术。

9.1　计算机网络技术基础

9.1.1　计算机网络的定义

现代生活中，大家都习惯了网上聊天，网上购物，网上办公，网上学习，网上游戏……可见计算机网络跟我们的生活息息相关。

什么是计算机网络？它是如何构成的？

图 9.1 中，不同地理位置的 H1～H6 计算机都连接在计算机网络上，假设 H1 上的用户和 H4 上的用户要进行 QQ 聊天，H1 用户发送内容，这些内容怎么样才能被正确的发送到 H4 的 QQ 窗口上？

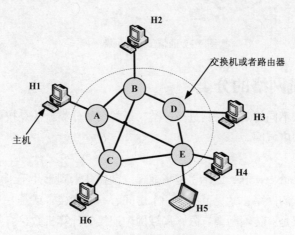

图 9.1　计算机网络结构示例图

由图 9.1 可以知道，H1 和 H4 之间进行通信必须要有传输数据的路径，路径是由通信介质（双绞线、电话线、同轴电缆或光纤，微波等）和通信设备（交换机和路由器）构成。

我们来简单分析一下，网络上有很多计算机，H1 发送的数据要送到 H4，首先必须对网络中的每台计算机进行区别（如根据每台计算机的 IP 地址区别）；其次，H1 有多条路径可以到达 H4，那么 H1 发送的数据选择哪条路径传输？要实现 H1 和 H4 通信不仅仅把它们连接起来就可以了，还有许多问题需要解决，这些问题是由很多具体的网络协议来解决。

计算机网络的定义：计算机网络是把一群具有独立功能的计算机通过通信媒介和通信设备互连起来，在功能完善的网络软件（网络协议、网络操作系统等）的支持下，实现计算机之间数据通信和资源共享的系统。

数据通信是计算机网络最基本的功能，可以实现计算机之间快速、可靠地传递各种信息。资源共享是计算机网络最主要的功能，可以共享的网络资源包括硬件、软件和数据资源。例如，常见的硬件资源共享有打印机和磁盘共享。软件资源共享是指可以使用其他计算机上的软件，即可以将相应软件调入自己的计算机上执行，也可以将数据传输到对方主机，运行程序，并返回结果。各类大型的数据库访问就是常见的数据资源的共享，如考生通过网络查询高考成绩，就是对成绩数据库进行的访问。

从逻辑上来说，计算机网络由通信子网和资源子网组成，如图 9.2 所示。通信子网主要由通信设备与通信线路组成，是整个计算机网络的骨架层，主要负责数据传输。资源子网是由通信子网外围的计算机组成，主要负责数据的处理和提供资源共享。

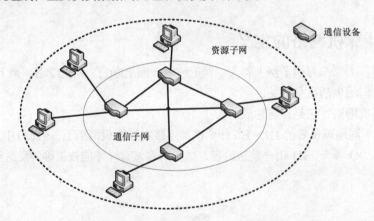

图 9.2　通信子网和资源子网

9.1.2　计算机网络的分类

计算机网络可以从不同的角度对其进行分类，最常用的分类方法是按计算机网络覆盖的范围来分类，分成局域网和广域网。

1. 局域网

局域网（Local Area Network，LAN）是指地理范围在几米到十几千米内的计算机及外围设备通过通信介质相连形成的网络，常见范围如一个房间、一座大楼，或是一个校园内。

局域网的主要特点是：传输距离有限；局域网中连接的计算机数目有限；传输速率较高、时延和误码率（误码率＝传输中的误码/所传输的总码数×100%）较低；结构简单，协议简单，容易实现；网络为一个单位所拥有。

局域网是计算机网络的重要组成部分。经过了 30 多年的发展，出现了很多种局域网，目前最常用的局域网是以太网（Ethernet）和无线局域网（WLAN）。

2．广域网

广域网（Wide Area Network，WAN）也称远程网，通常覆盖的范围从几十千米到几千千米，它能横跨多个城市或国家并能提供远距离通信，目的是将分布在不同地区的局域网或计算机系统互连起来，达到资源共享。广域网的通信设备和通信线路一般由电信部门提供。

与局域网相比，广域网的主要特点是：覆盖范围大；传输速率低；误码率较高。但随着光纤技术在广域网中的普遍使用，现在广域网的速度和可靠性大大提高。

局域网能解决距离较近的计算机之间的通信问题，而当计算机之间的距离较远时，局域网就无法完成计算机之间的通信任务了，这时就需要广域网。广域网是由交换机相连构成的，交换机之间是点到点的连接，交换机完成分组存储转发的功能，如图 9.3 所示。

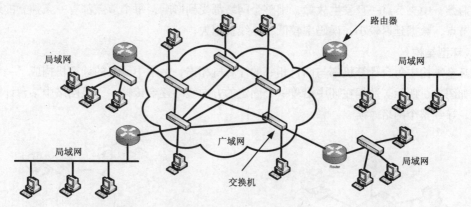

图 9.3　局域网与广域网连接

9.1.3　网络的拓扑结构

计算机网络拓扑结构是指网络中计算机、集线器或交换机等设备之间的连接方式。这里要介绍的是局域网的拓扑结构。不像广域网，局域网的拓扑结构一般比较规则，通常有总线型结构、环型结构、星型结构、树型结构和网状结构。网络拓扑设计是建设计算机通信网络的第一步，也是实现各种网络协议的基础，它对整个网络的可靠性、时延、吞吐量与费用等方面都有重大影响。

1．总线型结构

总线型结构是将所有的计算机通过相应硬件接口（接线器）直接接入到同一根传输总线上，如图 9.4 所示。计算机之间按广播方式进行通信，即任何一台计算机发送的信号都沿总线传播，并且每台计算机都能收到在总线上传播的信息。但每次只允许一台计算机发送信息，否则各计算机之间就会互相干扰，结果大家都无法正常发送和接收信息。总线型结构在早期以太网中得到了广泛的使用。

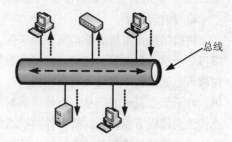

图 9.4　总线型结构

总线型结构的主要特点有：结构简单，容易布线，安装费用低；节点数量易扩充和删除；节点故障不影响整个网络的正常通信，总线故障时整个网络断开；各节点共享总线带宽，随着节点增多传输速度下降；安全性差，一个节点发送的数据，其他的节点都能收到此数据；由于总线上两个节点的距离不确定，网络上的时延不确定，不适用于实时通信。

2. 星型结构

星型结构是将各台计算机通过单独的传输介质（双绞线或同轴电缆）连接到中央节点（集线器或交换机），如图 9.5 所示。计算机之间不能直接通信，计算机发送的数据必须通过中央节点进行转发，因此中央节点必须有较强的功能和较高的可靠性。单个计算机因为故障而停机时也不会影响其他计算机之间的通信。目前星型结构在以太网中得到了非常广泛的应用，已成为以太网中最常见的拓扑结构之一。

星型结构的主要特点：结构简单，组网容易；节点扩展方便，节点扩展时只需要从中央节点接一条传输线；容易检测和隔离故障，一个节点出现故障不会影响其他节点的连接，可任意拆除故障节点；便于集中控制，计算机发送的数据必须通过中央设备进行转发；中央节点的负担较重，易形成瓶颈，中央节点一旦发生故障，则整个网络都受到影响；每个节点都有一条独立的线路连接中央节点，数据延迟较小，误码率较低；连线费用大；

3. 环型结构

在环型结构中每台计算机都与两台相邻的计算机相连，网络中所有的计算机构成了一个闭合的环，如图 9.6 所示。数据在环中沿着一个固定的方向绕环逐台传输，一旦网络中某台计算机发生故障，导致整个网络瘫痪。

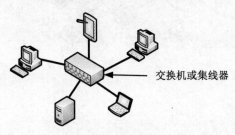
图 9.5　星型结构

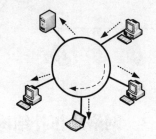
图 9.6　环型结构

环型结构的主要特点：电缆长度短，抗故障性能好；各节点作用相同，易实现分布式控制；由于信息在环中逐台穿过各个计算机，当环中节点过多时，网络的延迟增大；环路是封闭的，不便于扩充；环中任何一台计算机故障都会影响到整个网络，所以难以进行故障诊断。

环型结构的网络，最典型的就是早期的令牌环网（token ring），FDDI（Fiber Distributed Data Interface，光纤分布式数据接口）也采用环型结构，目前环型结构在光纤主干网中广泛应用。

4. 树型结构

树型结构是由星型结构演变而来的，它是一种多级的星型结构，计算机按层次进行连接，如图 9.7 所示。在树型结构中，有一个根节点，根节点和树枝节点通常使用集线器或交换机，叶子节点就是计算机。叶子节点发送的信息，先传送到根节点，再由根节点传送到接收节点。任何两台计算机通信都不能形成回路，每条通信线路都必须支持双向传输。

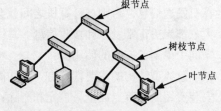
图 9.7　树型结构

树型结构的主要特点：布线结构灵活，实现容易，扩充性强；层次分明，管理方便；故障检测和隔离相对容易；所有通信必须依赖根节点，使其成为网络瓶颈，当根节点发生故障时，整个网络将不能工作；同一层次的节点之间通信线路过长，数据传输时延较大。

5. 网状结构

网状结构主要指各台计算机等设备通过传输线路连接起来，并且每一台至少与其他两台相连，网络中无中心设备，如图 9.8 所示。

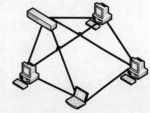

网状结构的主要特点是：网络可靠性高，任意两个节点之间，存在着两条或两条以上的通信路径，这样，当一条路径发生故障时，还可以通过另一条路径把信息送至目标节点；结构复杂、成本高、网络协议复杂，实现起来费用较高，不易管理和维护。

网状结构不常用于局域网，网状结构是点与点连接，多用于广域网。

图 9.8　网状结构

9.1.4　网络协议与网络的体系结构

网络协议和网络的体系结构是计算机网络技术中两个最基本的概念，也是初学者较难理解的两个概念。

1. 网络协议

计算机之间如何通信？假设计算机 A 和计算机 B 进行通信，A 给 B 发送信息，B 收到信息后，它如何理解这个信息？并且根据信息的内容要做什么？如何做？在计算机网络通信过程中，为了保证计算机之间能够准确地进行数据通信，必须制定一套通信规则，这套规则就是网络协议。

网络协议是一套明确规定了信息的格式以及如何发送和接收信息的规则，它是计算机网络的最基本的机制。网络协议由语法、语义和时序三大要素组成。语法规定了通信数据和控制信息的结构与格式；语义是说明具体事件应发出何种控制信息，完成何种动作以及做出何种应答；时序是对事件实现顺序的详细说明，即通信双方应答的次序。例如在双方进行通信时，发送方发出数据，如果接收方正确收到，则回答接收正确；若接收到错误的信息，则要求重发一次。

2. 网络的体系结构

计算机网络是一个非常复杂的通信系统，要实现计算机之间的通信，需要解决很多问题。为了方便地解决问题，计算机网络结构采用分层的思想，即分解复杂的通信过程，使得通信的各个层能够各负其责。每层的任务相对单一，实现难度小。

网络中所有的计算机都具有相同的层次数，不同计算机的同等层次具有相同的功能。同一个计算机的相邻层之间通过接口通信。每一层使用下层提供的服务，并向其上层提供服务，上层不需要知道下层的实现细节，这样下层的改变不会影响上层服务。对等层间有相应的网络协议，不同计算机的对等层按照协议实现对等层之间的通信。这样网络协议被分解成若干相互有联系的简单协议，这些协议的集合称为"协议簇"（或称为"协议栈"）。网络协议可以用硬件或软件来实现，也可以软硬件混合实现。计算机网络的各个层次和各层上使用的全部协议统称计算机网络体系结构。

3. 常见的计算机网络体系结构

不同的计算机网络采用不同的网络协议，即它们的网络体系结构也不同。常用的计算机网络体系结构有 OSI 参考模型和 TCP/IP 体系结构。

（1）OSI 参考模型

OSI（Open System Interconnectiong）参考模型，即开放式系统互联参考模型，是由国际标准化组织（ISO）于 1978 年制定的，是一个不同类型的计算机互联的国际标准。OSI 模型分为 7 层，其结构如图 9.9 所示，其中每一层执行某一特定任务。该模型的目的是使各种硬件在相同的层次上相互通信。

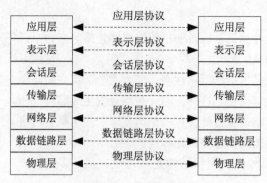

图 9.9　OSI 参考模型

OSI 参考模型从下到上依次为：物理层、数据链路层、网络层、传输层、会话层、表示层和应用层。它们的功能如下。

- 物理层：物理层的任务是利用传输介质为数据链路层提供物理连接，以便"透明"地传送比特流。"透明"就是对数据链路层来说，看不到物理层的特性。

- 数据链路层：本层的任务是把一条有可能出差错的实际链路，转变成从网络层向下看是一条不出差错的链路。

- 网络层：本层的任务是要选择合适的路由（路径），使从上一层传输层所传下来的分组能够按照目标 IP 地址找到目的计算机。

- 传输层：本层是提供端到端（应用程序—应用程序）的数据交换机制，给会话层等高三层提供可靠的传输服务。

- 会话层：主要是解决面向用户的功能（如通信方式的选择、用户间对话的建立、拆除），提供会话管理服务和对话服务。

- 表示层：提供格式化的数据表示和转换服务。

- 应用层：提供网络与用户应用软件之间的接口服务，该层是最高层，直接为最终用户提供服务。

第一层到第三层属于 OSI 参考模型的低三层，负责创建网络通信连接的链路，属于通信子网的范畴；第四层到第七层为 OSI 参考模型的高四层，具体负责端到端的数据通信，属于资源子网的范畴。

在 OSI 参考模型中，如图 9.10 所示，当一台计算机需要发送数据时，数据首先通过应用层的接口进入应用层。在应用层，用户的数据被加上应用层的控制信息 H7，形成应用层协议数据单元（Protocol Data Unit，PDU），然后被交到下一层。表示层把应用层递交的数据包看成是一个整体进行封装，即加上表示层的控制信息 H6，然后再交给会话层。依次类推，会话层、传输层、网络层、数据链路层也都要分别给上层递交下来的数据加上本层的控制信息。以上就是对要发送数据的封装过程。封装好的数据到达物理层就直接进行比特流的传输。在传输的过程中，发送的比特流经过通信介质和通信设备的转发，到达目的计算机。计算机收到数据后，自下而上地递交数据，即每层剥去本层的控制信息，将剩余的数据提交给上一层。自下而上地递交数据的过程就是不断拆封的过程。

发送方计算机上的数据要经过复杂的过程才能到达目的计算机，但是这些复杂的过程对用户来说是透明的，以至于好像是发送方的某层直接把数据交给了目的计算机的同层（即虚拟通信）。

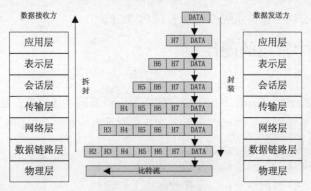

图 9.10　数据封装和拆分

（2）TCP/IP 体系结构

TCP/IP 体系结构和 OSI 参考模型要解决的问题是相同的，即都是解决计算机之间的通信问题，只是划分这些问题时，划分的层次不同而已。OSI 参考模型层次划分过多，以至于实现起来比较复杂，现在 Interent 中使用的 TCP/IP 体系结构，是一个四层的体系结构，从下到上依次为网络接口层、传输层、网际层和应用层。应用层对应 OSI 参考模型的上三层（应用层、表示层和会话层），传输层对应 OSI 参考模型的传输层，网际层对应 OSI 参考模型的网络层，网络接口层对应 OSI 参考模型的下二层（数据链路层和物理层），如图
9.11 所示。TCP/IP 体系结构的目的是实现网络与网络的互联。

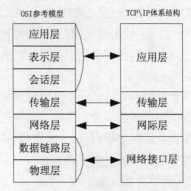

TCP/IP 体系结构包含了上百个各种功能的协议，称为 TCP/IP 协议族（或协议栈），其中 TCP（Transmission Control Protocol，传输控制协议）和 IP（Internet Protocol，网际协议）是 TCP/IP 体系结构中两个最重要的协议，因此，Interent 网络体系结构就以这两个协议进行命名。

图 9.11　OSI 参考模型与 TCP/IP 体系结构对应关系

TCP/IP 协议族中常用的协议有 ARP（Address Resolution Protocol 地址解析协议）、RARP（Reverse Address Resolution Protocol 逆地址解析协议）、IP 协议、TCP 协议、UDP（User Datagram Protocol 用户数据报协议）、ICMP（Internet Control Message Protocol 互联网控制信息协议）、SMTP（Simple Mail Transfer Protocol 简单邮件传输协议）、SNMP（Simple Network manage Protocol 简单网络管理协议）、FTP（File Transfer Protocol 文件传输协议）、HTTP（Hypertext Transfer Protocol 超文本传输协议）等，它们和每层的对应关系如图 9.12 所示。

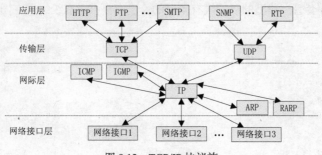

图 9.12　TCP/IP 协议族

目前使用的大部分网络操作系统都包含了 IP 和 TCP。

9.1.5　网络中常用的硬件

1．网卡

网卡（Network Interface Card，NIC）也称网络适配器或网络接口卡，是计算机与局域网相互连接的接口。网卡有板载网卡（集成在主板上）与独立网卡（是一个电路板，插在主板的 PCI 或 PCI-E 插槽中），如图 9.13 所示。

网卡的主要功能有 2 个：一是把要发送的数据封装，并通过通信介质将数据发送到网络上；二是接收网络上传输过来的数据并拆封后交付给网际层。

图 9.13　PCI 接口的独立网卡

网卡虽然有很多种，但是每块网卡都有一个世界上唯一的 ID 号，叫做 MAC（Media Access Control）地址。MAC 地址被烧录于网卡的 ROM 中，就像是我们每个人的遗传基因密码 DNA 一样，绝对不会重复。MAC 地址用于标识同一个局域网或同一个广域网中的主机，实现在同一个网络中不同计算机之间的通信。MAC 地址的长度为 48 位（6 个字节），每个字节由 2 个 16 进制数字表示，并且每个字节之间用"-"隔开。如 08-00-20-0A-8C-6D 就是一个MAC 地址，其中前 3 个字节 08-00-20 称为 OUI，是由 IEEE 组织分配给网卡生产厂商的，每个厂商拥有一个或多个 OUI，彼此不同。后 3 个字节则是由网卡生产厂商分配给自己生产的每一个网卡，互不重复。

2．调制解调器

调制解调器（Modem）是完成信号的调制或解调，调制是把数字信号转换成模拟信号，解调是把模拟信号转换成数字信号，以便相应的信号能在相应的传输介质上传输。用户家里的计算机如果借助电话线连接到 Internet 上时，要用 Modem，因为计算机发送和接收的都是数字信号，而电话线传输的是模型信号。常见的 Modem 如图 9.14 所示。

3．传输介质

传输介质分为有线和无线介质，有线介质有双绞线、同轴电缆、光纤；无线介质有无线电波、红外线等。

图 9.14　Modem

（1）双绞线

双绞线（Twisted Pair）由两条相互绝缘的导线按照一定的规格互相扭绞（一般以逆时针缠绕）在一起制成的一种传输线，如图 9.15（a）所示，扭绞的作用是降低对外界造成的电磁波辐射以及外界电磁波对数据传输的干扰。实际使用时，多对双绞线捆在一起，外面包一个绝缘电缆套管。典型的双绞线有 4 对的，也有更多对双绞线放在同一个电缆套管里。

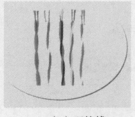
（a）双绞线

（b）常用的双绞线

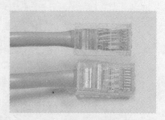
（c）RJ-45 接头

图 9.15　双绞线

双绞线按照屏蔽层的有无分为屏蔽双绞线（Shielded Twisted Pair，STP）与非屏蔽双绞（Unshielded Twisted Pair，UTP），屏蔽双绞线在双绞线与外层绝缘封套之间有一个金属屏蔽层，能有效防止外界的电磁干扰。

典型的双绞线由不同颜色的 4 对线组成，橙和白橙是一对，绿和白绿是一对，蓝和白蓝是一对，棕和白棕是一对，每对线按一定扭绞距离扭绞在一起，如图 9.15（b）所示。为了能够连接计算机和交换机等，必须在其两端装 RJ-45 接头（俗称 RJ-45 水晶头），如图 9.15（c）所示。目前，常用的双绞线有 EIA/TIA 568A 和 EIA/TIA 568B 两个标准，规定的排线顺序如下。

① EIA/TIA 568A 排线顺序：白绿、绿、白橙、蓝、白蓝、橙、白棕、棕。

② EIA/TIA 568B 排线顺序：白橙，橙，白绿，蓝，白蓝，绿，白棕，棕。

双绞线价格比较便宜，也易于安装和使用，但在传输距离和传输速率等方面受到一定的限制，由于性价比高，目前还在局域网内广泛使用。

（2）同轴电缆

同轴电缆（Coaxial Cable）由里到外分为 4 层：中心铜线、塑料绝缘体、网状导电层和电线外皮。中心铜线和网状导电层形成电流回路。因为中心铜线和网状导电层为同轴关系而得名。常用的同轴电缆有两类：50Ω 和 75Ω 的同轴电缆。75Ω 同轴电缆常用于 CATV 网，故称为 CATV 电缆，传输带宽可达 1 GHz。总线型以太网中使用 50Ω 同轴电缆，最大传输距离为 185 米。同轴电缆的缺点一是体积大；二是不能承受缠结和压力；三是成本高。现在，基本上已被双绞线和光纤所取代。

（3）光纤

光纤（Optical Fiber）是光导纤维的简写，传输原理是利用光在石英玻璃或塑料等纤维中的全反射进行的，传输的是光信号，其直径比头发丝还要细（50～100μm）。相对于金属导线来说，光纤的重量轻、线径细，如图 9.16 所示。双绞线和电缆传输的是电信号，用光纤传输电信号时，在发送端先要将其转换成光信号，而在接收端又要由光检测器还原成电信号。

光纤通信最主要的优点是：频带极宽，通信容量大，光纤可利用的带宽约为 50 000 GHz，比铜线或电缆的传输带宽大得多；衰减小，光纤每公里衰减比目前容量最大的通信同轴电缆的每公里衰减要低一个数量级以上；抗干扰性能好，光纤不受电磁干扰，保密性好。光纤最大的缺点是单向传输。通常光纤与光缆两个名

图 9.16 光纤

词会被混淆，光纤在使用前必须由涂层、外套几层保护结构包覆，包覆后的缆线即被称为光缆。

（4）无线介质

无线介质包括无线电波、微波、红外线和可见光等。无线通信就是利用无线介质进行通信的系统。

无线通信的主要特点有：无线电波在空间传播，使无线通信信道具有开放性，特别适用于布线不方便的区域，但易于被截获（窃听）；无线电波的空间传播，使无线通信网的网络构成具有灵活性，适用于网络拓扑和网络节点多变的网络，如野战移动网等；无线电波的空间传播，使无线通信易受外界电磁场干扰。

随着现代无线通信技术的发展，无线电通信成为可靠、高效的通信手段，广泛应用于民用和军事通信中。在移动通信中，无线通线是唯一的不可替代的通信手段。

4. 网络通信设备

计算机网络中，除了使用传输介质外，还需要一些通信设备。

（1）物理层通信设备

① 中继器（转发器或放大器）。

中继器（repeater，RP）负责在 2 个节点的物理层上按位传递信息，完成信号的复制、调整和放大功能，以此来延长网络的传输距离。

② 集线器（Hub）。

集线器的主要功能是对接收到的信号进行再生整形放大，以扩大网络的传输距离，实质上也是一个中继器，它有多个端口，每个端口都能发送和接收信号。集线器以广播方式对信号进行转发，即当集线器的某个端口接收到信号时，它就对信号放大整形，并向所有其他端口转发。若两个端口同时有信号输入，多个信号互相干扰，所有的端口都接收不到正确信号。

（2）数据链路层通信设备

① 网桥（Bridge）。

网桥也称桥接器，是连接 2 个局域网的存储转发设备。网桥的转发是依据数据帧（数据帧是数据链路层上数据传输的单位）中的源 MAC 地址和目的 MAC 地址来判断一个帧是否应转发和转发到哪个端口。网桥从端口接收局域网上传输的数据帧，每当收到一个帧时，并不是向所有的端口转发此帧，而是先暂存在其缓存中并处理，检查此帧的源 MAC 地址和目的 MAC 地址，判断此帧的目的主机和发送主机是否是同一个网段，如果是，网桥就不转发此帧，如果不是，网桥就将该帧转发到连接目的网段的端口，发往目的局域网。

② 交换机（Switch）。

与网桥一样，交换机根据数据帧中的 MAC 地址做出相应的转发，实际上是一个多端口的网桥（网桥有 2~4 个端口，交换机通常有十几个）。交换机由于使用了专用的交换机芯片，因此其转发性能远远超过了网桥，转发速率高，延迟小。

以上物理层和数据链路层的通信设备都是局域网内的通信设备，即主要连接计算机等网络终端设备。

（3）网络层通信设备

路由器（Router）工作在网络层，是网络与网络之间的互联设备，即将局域网与局域网，或局域网和广域网互连起来。当数据从一个网络（即一个局域网或一个广域网）传输到另一个网络时，可通过路由器来完成，因此，路由器具有判断网络 IP 地址和选择路径的功能。路由器构成了互联网的骨架。它的处理速度是网络通信的主要瓶颈之一，它的可靠性则直接影响着网络互连的质量。

目前，使用广泛的通信设备是集线器、交换机和路由器。它们的区别如下。

- 工作层次不同：集线器工作在物理层，交换机工作在数据链路层，路由器工作在网络层。
- 数据转发所依据的对象不同：集线器把收到的数据向所有端口转发；交换机是利用 MAC 地址来确定数据转发到哪个网段；路由器则是利用 IP 地址中的网络号来确定数据转发到哪一个网络。
- 互联的对象不同：集线器和交换机连接同一网络中的设备，路由器连接不同的网络。

目前，市场上的很多集线器都加入了交换机的功能，具备了一定数据交换能力。大部分的交换机也混杂了路由器的功能。

9.1.6 Windows 的网络功能

Windows XP 操作系统实现了 TCP/IP 协议簇中的核心协议，从用户应用的角度来看，常用的 Windows XP 网络功能有资源（硬盘、打印机或文件夹等）共享、Internet 防火墙等。

在使用 Windows XP 的网络应用之前，必须正确配置 Windows XP 网络选项，才能够进行基本的数据通信。

1. Windows XP 网络基本设置

（1）建立物理连接

安装网卡，用通信介质和通信设备把主机连接到网络上。

（2）软件设置

网卡安装后，Windows XP 会自动检测到网卡并完成网卡驱动程序的安装，之后建立一个本地连接。

（3）TCP/IP 设置

用右键单击【网上邻居】，在快捷菜单中选择【属性】命令，打开"网络连接"窗口，如图 9.17 所示。

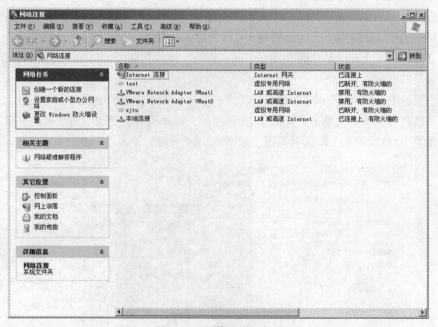

图 9.17 "网络连接"窗口

用右键单击【本地连接】，在快捷菜单中选择【属性】命令，打开"本地连接 属性"对话框，如图 9.18 所示。选择【Internet 协议（TCP/IP）】，单击【属性】按钮，打开"Internet 协议（TCP/IP）属性"对话框，在对话框中可进行 TCP/IP 的配置，如图 9.19 所示。

2. 访问"网上邻居"

"网上邻居"文件夹包含指向共享计算机、打印机和网络上其他资源的快捷方式。一般 Windows XP 系统安装后，"网上邻居"文件夹就会出现在桌面上。"网上邻居"是局域网用户访问局域网内其他主机的一种途径，用户在访问共享资源时，利用"网上邻居"功能，可以移动或者复制共享计算机中的信息。

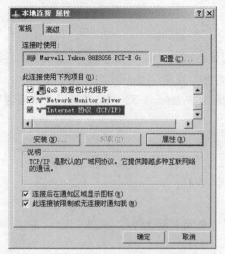

图 9.18 "本地连接 属性"对话框

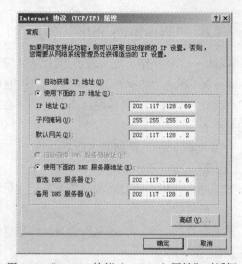

图 9.19 "Internet 协议（TCP/IP）属性"对话框

打开 "网上邻居"文件夹，展开整个网络，即可看到局域网内的所有工作组和计算机。

在一个局域网内，可能有上百台电脑，如果这些电脑不进行分组，都列在"网上邻居"内，显得比较凌乱。为了解决这个问题，Windows 引用了"工作组"的概念，将不同的电脑按功能分别列入不同的组中，如财务部的电脑都列入"财务部"工作组中，人事部的电脑都列入"人事部"工作组中。要访问某个部门的资源，就在"网上邻居"里找到那个部门的工作组名，双击就可以看到那个部门的电脑了。

通过【开始】→【控制面板】→【系统和维护】→【系统】，在弹出的"系统属性"对话框中，选择"计算机名"选项卡，单击【更改】。在弹出的"计算机名称更改"对话框的"隶属于"下，选择【工作组】，然后输入工作组名即可，如图 9.20 所示。

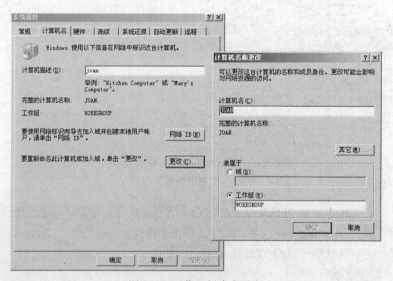

图 9.20 工作组创建或更改

如果要打开具体的某个主机的文件夹，则必须经对方主机用户设置允许共享。

3. "映射"操作

可以将网络中设为共享的文件夹"映射"为本机上的资源，就可以像浏览自己的硬盘一样方便。映射某个共享文件夹的步骤如下。

打开资源管理器，菜单中选择【工具】中的【映射网络驱动器】命令，弹出"映射网络驱动器"对话框，如图 9.21 所示。

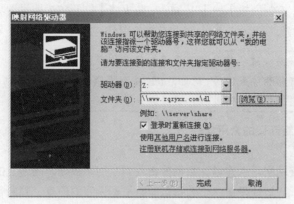

图 9.21　"映射网络驱动器"对话框

在"驱动器"下拉列表框中选择驱动器号。选中【登录时重新连接】复选框时，每次启动 Windows XP 时都连接到该网络文件夹，这个连接网络文件夹的驱动器号也称作"虚拟驱动器"。

要取消一个已映射的网络文件夹，打开资源管理器，菜单中选择【工具】中的【断开网络驱动器】命令即可。

4. 简单文件共享设置

Windows XP 自带了简单文件共享，这些功能默认情况下是打开的。文件夹和磁盘分区都可以共享。具体操作是选择磁盘分区或文件夹，单击右键，在弹出的快捷菜单中选择"共享和安全"命令，如图 9.22 所示。

选择【共享和安全】命令，弹出如图 9.23 所示的对话框。在共享选项卡中，选择【在网络上共享这个文件夹】复选框，在"共享名"中填写共享名字即可。

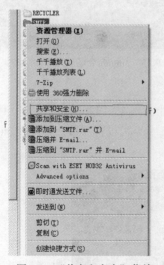

图 9.22　"共享和安全"菜单

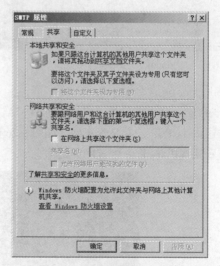

图 9.23　"SMTP 属性"对话框

文件夹共享之后，会出现一个手托着文件夹的图标。访问共享文件夹时，在"运行"或者 Windows 窗口的"地址"栏中输入"\\IP 地址"或者"\\计算机名"就可以访问到共享文件夹了。

5. 防火墙设置

防火墙（firewall）是一项协助确保信息安全的设备（可以是硬件，可以是软件，也可以是软硬件的结合）。它会依照特定的规则，允许或者限制传输的数据通过。

通过【开始】→【控制面板】→【Windows 防火墙】打开防火墙设置界面，如图 9.24 所示。Window XP 防火墙设置界面有三个选项卡，分别是"常规"、"例外"和"高级"。

注意 Windows 防火墙的默认设置是"启用（推荐）"。对于一些需要在 Windows 防火墙启用时正常运行的程序或服务，诸如 Internet 浏览器和电子邮件客户端（如 Outlook Express）等，可以将它们设置为例外程序或服务。

6. 诊断并检查网络连接的常用命令

（1）ping 命令

ping 命令可以检查网络是否连通，帮助分析或判断网络故障。网络上的计算机都有唯一确定的 IP 地址，当给目标 IP 地址发送一个数据包时，根据返回的信息，判断目标计算机是否存在或者网络是否连通，如图 9.25 所示。

ping 命令格式：ping 目标 IP 地址或计算机名

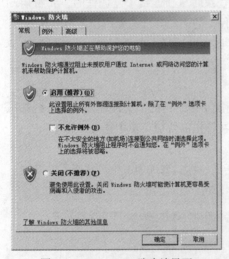

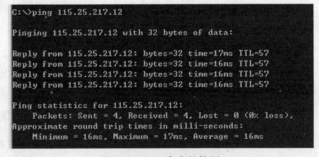

图 9.24　WindowXP 防火墙界面　　　　　　图 9.25　ping 命令的使用

（2）ipconfig 命令

ipconfig 命令用于显示用户计算机的 MAC 地址、IP 地址、子网掩码和默认网关等，用于检验配置的这些 TCP/IP 设置是否正确，如图 9.26 所示。ipconfig 命令可以带参数，如"ipconfig /all"可以查看到本机 TCP/IP 配置的详细信息。

图 9.26　ipconfig 命令的使用

（3）tracert 命令

tracert 命令用于判定数据包到达目的计算机所经过的路径，并显示数据包经过的中继节点的清单和到达时间，如图 9.27 所示。

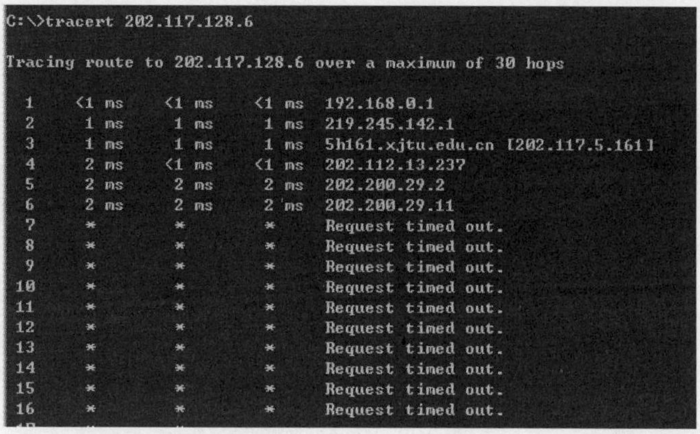

图 9.27　tracert 命令的使用

（4）netstat 命令

netstat 命令显示本机的网络连接、路由表和网络接口信息，可以让用户得知目前都有哪些网络连接以及哪些连接正在运作，如图 9.28 所示。

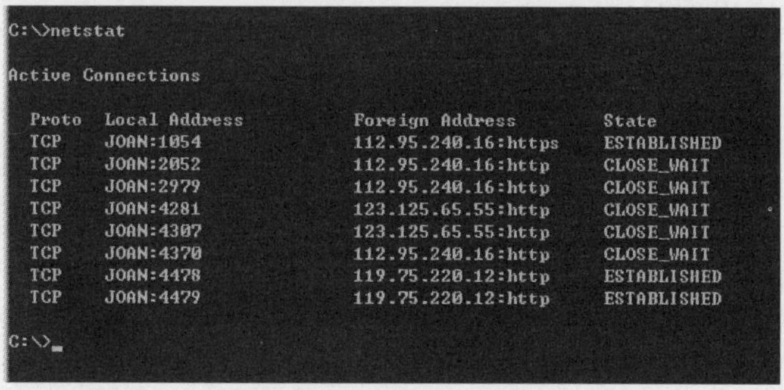

图 9.28　netstat 命令使用

9.2　Internet 基础知识

9.2.1　什么是 Internet

Internet 是全球最大的基于 TCP/IP 的互联网络，由全世界范围内的局域网和广域网互联而成，也称为国际互联网或因特网，如图 9.29 所示。Internet 之所以获得如此迅猛的发展，主要是因为它是一个开放的互联网络，任何计算机或网络都可以接入 Internet，Internet 已经形成了全球性的互联计算机网的大集合，它依赖于所有互联的单个网络之间的协调工作。从使用者角度看，因特网是一个可以被访问和利用的信息资源的集合。

Internet 由国际互联网协会（ISOC）协调管理。由于互联网用户的急剧增加及应用范围的不断扩大，1992 年一个以制定互联网相关标准及推广应用为目的的国际互联网协会（ISOC）应运而生。ISOC 是一个非政府、非营利性的行业性国际组织，它标志着互联网开始真正向商用化过渡。Internet 的维护费用由各网络分别承担自己的运行维护费，而网间的互连费用则由各入网单位分担。

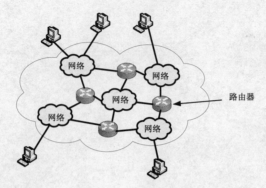

图 9.29　互联网示意图

9.2.2　接入 Internet

计算机要接入 Internet 必须要满足以下几个条件。

- 计算机通过传输介质和通信设备与 Internet 连接起来。
- 计算机上安装并设置 TCP/IP 等协议。
- 获取 Internet 上能够通信的 IP 地址。

Internet 服务提供商（Internet Service Provider，ISP）是提供 Internet 连接的公司，世界各地都有 Internet 服务提供商，用户通过 Internet 服务提供商接入因特网。ISP 的作用一是为用户接入 Internet 提供服务，二是为用户提供各种类型的信息服务，如电子邮件服务，信息发布代理服务和广告服务等，如图 9.30 所示，其中英文网络名称解释如下：PSTN（Public Switched Telephone Network，公共交换电话网络），CATV（cable television，有线电视网络），GSM（Global System for Mobile Communications，移动通信网络），ISDN（Integrated Services Digital Network，综合业务数字网）。

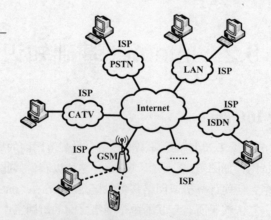

图 9.30　接入 Internet 示意图

目前，企业级用户多以局域网方式接入 Internet，个人用户一般采用电话线或电视电缆接入 ISP，然后再由 ISP 的路由器接入 Internet。

1. 公共交换电话网（PSTN）接入

借助公共交换电话网接入的方式有 ADSL 接入和调制解调器拨号接入 2 种方式。

① 调制解调器拨号接入是窄带接入方式，即通过电话线，利用当地 ISP 提供的接入号码，拨号接入互联网，速率不超过 56 kbit/s。其特点是使用方便，只需电话线、普通 MODEM（PC 自带或者外置）和 PC 就可完成接入。

调制解调器拨号接入，传输数据时占用的是语音频段（信道），所以上网时不能打电话。

② ADSL（Asymmetric Digital Subscriber Line，非对称数字用户环路）接入是一种能够通过普通电话线提供宽带数据业务的技术，也是目前非常有发展前景的一种技术。所谓非对称是指用户线的上行速率与下行速率不同，上行速率低，下行速率高，ADSL 在一对铜线上支持上行速率 640 kbit/s～1 Mbit/s，下行速率 1～8 Mbit/s，有效传输距离在 3～5 km 范围以内，特别适合传输多媒体信息业务，如视频点播（VOD）、多媒体信息检索和其他交互式业务。

用户使用 ADSL 接入 Internet 时，也要先拨号建立连接，获取一个动态的 IP 地址。ADSL 使用的拨号协议是 PPPoE（Point-to-Point Protocol Over Ethernet），此协议可以使以太网中的计算机通过一个集线器或交换机连到一个远端的接入设备上，能够实现对每个接入用户的控制和计费。ADSL 能实现上网和打电话同时进行，且两者互不干扰。

2. 有线电视（CATV）接入

有线电视接入是一种利用有线电视网接入 Internet 的技术，它通过线缆调制解调器（Cable Modem）连接有线电视网，进而连接到 Internet，接入示意图如图 9.31 所示。

有线电视接入方式可分为对称型和非对称型两种。对称型的数据上行速率和下行速率相同，都为 512 kbit/s～2 Mbit/s；非对称型的数据上行速率为 512 kbit/s～10 Mbit/s，下行速率为 2～40 Mbit/s。

有线电视接入主要有 2 个优点。

① 带宽上限高。有线电视接入使用的是带宽为 860 MHz 的同轴电缆，因而理论上它能达到的带宽比 ADSL 要高很多。

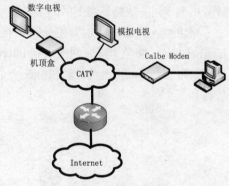

图 9.31　有线电视接入

② 上网、模拟节目和数字点播兼顾，三者互不干扰。同轴电缆在传输信号的过程中，整个电路被分成 3 个信道，分别用于数据上行、数据下行，模拟电视节目。

有线电视接入的主要缺点如下。

① 带宽是整个社区用户共享，一旦用户数增多，每个用户所分配的平均带宽就会降低。

② 大部分 CATV 不具有双向能力，因而运营公司需要改造甚至重建其原有的 CATV 系统，即新建采用光纤同轴混合网络（HFC 网）的 CATV 网，采用光纤到服务区，而在进入用户的"最后 1 英里"采用同轴电缆。

3. 局域网接入

将多台计算机组成一个局域网，局域网再接入 Internet。局域网接入 Internet 有共享接入和路由接入 2 种方式。

共享接入是通过局域网的服务器与 Internet 连接，服务器上安装 2 个网卡，一个连接 Internet，这个网卡对应的是公网 IP 地址（Internet 上的 IP 地址），另一个连接局域网，对应的是局域网内部使用的保留 IP 地址（局域网内的所有计算机使用的是保留 IP 地址），如图 9.32 所示。网内的计算机与 Internet 进行通信时，需要把保留 IP 地址转换成公网 IP 地址，因此需要在服务器上运行专用的代理或网络地址转换（Network Address Translation，NAT）软件，局域网上的计算机通过服务器的代理共享服务器的公网 IP 地址访问 Internet。

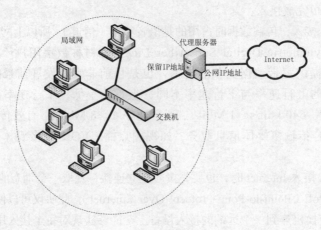

图 9.32　共享接入

共享接入需要的网络设备比较少，费用较低。局域网用户可以使用 Internet 上丰富的信息资源，而局域网外用户却不能随意访问局域网内部，以保证内部资料的安全。由于局域网上所有的计算机共享同一线路，当上网的主机数量较多时，访问 Internet 的速度会显著下降。

路由接入是通过路由器使局域网接入 Internet。路由器的一端接在局域网上，另一端则与 Internet 相连，将整个局域网加入到 Internet 中成为一个开放式局域网，如图 9.33 所示。这种方式需要为每一台局域网上的计算机分配一个 IP 地址，涉及的技术问题比较复杂，管理和维护的费用较高。

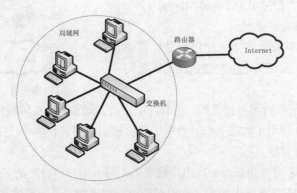

图 9.33　路由器接入

4. 无线接入

目前，个人计算机可以通过 3 种主要途径无线接入 Internet：GPRS（General Packet Radio Service，通用信息包交换无线服务）、CDMA（Code Division Multiple Access，码分多址访问）和 WLAN（Wireless Local Area Networks，无线局域网络）。

（1）GPRS

GPRS 接入是通过 GSM 手机网络来实现的无线上网方式。具有覆盖面广、使用便捷的优点，缺点是速度慢且不稳定，适合网络速度要求不高，但随时随地都有上网要求的用户。用户如果用手机本身上网，只需开通 GPRS 服务即可；如果通过计算机上网，需要一块 GPRS 无线上网卡（即 PCMCIA 或 USB 接口的 GPRS Modem）。开通 GPRS 业务后的手机也可当作 GPRS 无线 Modem 使用，传输速度为 40 kbit/s。

GPRS 是一种叠加在 GSM 系统上的无线分组技术，在 GSM 网络上增加必要分组设备提供分组业务，GPRS 与 GSM 共享无线资源，移动话音业务与移动分组数据业务共存。

（2）CDMA

CDMA 被称为第 2.5 代移动通信技术，是利用 CDMA 手机网络实现的无线上网方式。和 GPRS 接入相似，与计算机连接上网同样需要 CDMA 无线上网卡。CDMA 无线上网最高速率可达 153.6 kbit/s，传输速率依赖无线环境程度不大，在速度和稳定性方面，CDMA 无线优于 GPRS。

（3）WLAN

无线局域网是有线局域网的一种延伸，是无线缆限制的网络连接，但 WLAN 只能在一个有无线接入点的区域实现，例如，在学校的图书馆、机场、商务酒店等人流量较大的公共场所内，由电信公司或单位统一部署了无线接入点（AP，Access Point），每台计算机通过无线连接到无线接入点，无线接入点经路由器与 Internet 相连，如图 9.34 所示。

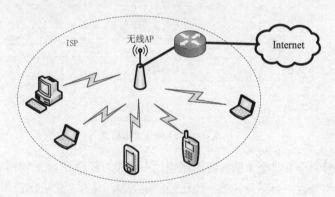

图 9.34　无线局域网接入

配备了无线网卡的计算机就可以在 WLAN 覆盖范围之内加入 WLAN，通过无线方式接入 Internet，无线接入点同时能接入的计算机数量有限，一般为 30～100 台。

9.2.3　IP 地址

在 Internet 上为每台计算机指定的唯一地址称为 IP 地址。IP 地址是一个逻辑地址，其目的是屏蔽物理网络实现细节，使得 Internet 从逻辑上看起来是一个整体的网络。

目前，Internet 中使用的地址有 IP 地址和域名地址两种。

1. IP 地址的格式

IP 地址采用分层结构，即 IP 地址由网络号（也叫网络地址）和主机号（也叫主机地址）两部分组成，网络号标识主机所在的网络，主机号用于标识网络内的具体主机，如图 9.35 所示。

网络号	主机号

图 9.35　IP 地址结构

网络号由 Internet IP 地址管理机构分配，目的是为了保证网络地址的全球唯一性，主机号由各个网络的管理员统一分配。因此，网络号的唯一性与网络内主机号的唯一性确保了 IP 地址的全球唯一性。

TCP/IP 协议 IPv4 规定 IP 地址长 32 bit，在主机或路由器中存放的 IP 地址是 32 bit 的二进制代码。为了提高可读性，将 32 bit 分为 4 个字节，每个字节用 0～255 的十进制整数表示，数之间用点号分隔，形如 xxx. xxx. xxx. xxx，这就是"点分十进制"，例如 202.117.128.6。

随着 Internet 用户数的凶猛增长，IPv4 的地址很快就会用完，下一代网际协议 IPv6 中规定 IP 地址长为 128 bit，地址空间大于 3.48×10^{38}，所以 IPv6 的地址是不可能用完的。IPv6 的地址使用冒号十六进制记法，即把每 2 个字节用十六进制数字表示，之间用冒号分隔，例如：68E6：8C64：FFFF：B329:FFFF:1180:960A：DC65。

2. IPv4 地址的分类

为了给不同规模的网络提供必要的灵活性，IPv4 地址的设计者将 IPv4 地址空间划分为 A、B、C、D、E 共 5 个不同的地址类别，如图 9.36 所示，其中 A，B，C 三类最为常用。

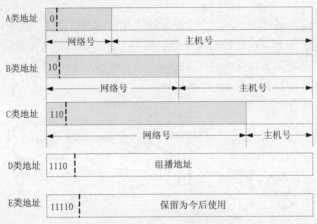

图 9.36　IPv4 地址类型格式

网络号或主机号为全 0 或全 1 的有特殊用途，不能作为普通 IP 地址使用。

A 类地址的网络号占一个字节，第一位已经固定为 0，只有 7 位可供使用，网络号全 0 的 IP 地址是保留地址，意思是"本网络"，网络号为 127（01111111，即 7 位网络号为全 1）保留作为本地软件回环测试本主机之用。因此 A 类地址的网络数是 126（2^7-2）个，第一个字节的有效十进制数范围是 1～126。A 类地址的主机号占 3 个字节，主机号全 0 的 IP 地址表示主机所在网络的地址（例如，一个主机的 IP 地址为 6.2.1.8，则该主机所在网络的地址为 6.0.0.0），而全 1 表示该网络上的所有主机，所以每一个 A 类网络中能包含的最大主机数是 $2^{24}-2$ 个。

B 类地址的网络号有 2 个字节，但前面两位（10）已经固定，只剩下 14 位可用，B 类地址的网络号不可能出现全 0 或全 1 的情况，因此 B 类地址的网络数为 2^{14}，第一个字节的有效十进制数范围是 128～191（10000000B～10111111B）。B 类地址的主机号占 2 个字节，主机号全 0 和全 1 的做特殊用途，所以 B 类地址的每一个网络中能包含的最大主机数是 $2^{16}-2$。

C 类地址的网络号是 3 个字节，最前面的 3 位已经固定为 110，还剩下 21 位可使用，C 类地址的网络号也不可能出现全 0 或全 1 的情况，因此 C 类地址的网络数为 2^{21}，第一个字节的有效范围在 192～223（11000000B～11011111B）之间。C 类地址的主机号有 1 个字节，主机号全 0 和全 1 的也不使用，所以 C 类地址的每一个网络中能包含的最大主机数是 $2^8 - 2$。

D 类地址是多播地址，E 类地址保留未使用。

这样就可得出表 9.1 所示的 IP 地址的使用范围。

表 9.1　　　　　　　　　　　　　IP 地址的使用范围

网络类别	最大网络数	第一个可用的网络号	最后一个可用的网络号	每个网络中最大主机数
A 类网	126（$2^7 - 2$）	1	126	16 777 214（$2^{24} - 2$）
B 类网	16 384（2^{14}）	128.0	191.255	65 534（$2^{16} - 2$）
C 类网	2 097 152（2^{21}）	192.0.0	223.255.255	254（$2^8 - 2$）

由于地址资源紧张，因而在 A、B、C 类 IP 地址中，按表 9.2 所示保留了部分地址范围。保留的 IP 地址段不能在 Internet 上使用，但可在各个局域网内重复地使用，它们也被称为私网地址。

表 9.2　　　　　　　　　　　　　保留的 IP 地址段

网络类别	地　　址　　段	网　络　数
A 类网	10.0.0.0～10.255.255.255	1
B 类网	172.16.0.0～172.31.255.255	16
C 类网	192.168.0.0～192.168.255.255	256

局域网内使用保留地址的主机跟 Internet 中的主机进行通信时，出口路由器上设置的网络地址转换（NAT）自动将内部地址转换为合法的 Internet 上的 IP 地址。

3．子网掩码

A 类网络有 126 个，每个 A 类网络可以有 16 777 214 台主机，它们处于同一广播域（范围）。而在同一广播域中有这么多台主机是不可能的，网络会因为广播通信而饱和，所以一个 A 类网络中连接的主机数远远小于 16 777 214，所以浪费了大部分的地址，其他单位的主机也无法使用这些被浪费的地址。一个单位可将自己的一个大的物理网络划分成若干个子网，划分子网纯属一个单位内部的事情，本单位以外的网络看不见这个网络是由多少个子网组成，因为这个单位对外仍然表现为一个大网络。

划分子网的方法是从 IP 地址的主机号中借用若干位作为子网号，而主机号相应的减少了若干位。于是原来两级的 IP 地址变成三级的 IP 地址（网络号、子网号和主机号）。凡是从其他网络发送给本单位某个主机的 IP 数据报，仍然是根据 IP 数据报的目的网络号找到连接在本单位网络上的路由器。但此路由器在收到 IP 数据报后，再按目的网络号和子网号找到目的子网，将 IP 数据报交付给目的主机。

子网掩码（Subnet mask）又叫网络掩码或地址掩码，它是一种用来指明一个 IP 地址的哪些位标识的是主机所在的子网以及哪些位标识的是主机。子网掩码不能单独存在，它必须结合 IP 地址一起使用。

子网掩码和 IP 地址一样长，都是 32 bit，并且是由一串 1 和跟随的一串 0 组成，子网掩码中的 1 表示在 IP 地址中网络号和子网号的对应位，而子网掩码中的 0 表示在 IP 地址中主机号的对应位，如图 9.37 所示，对于连接在一个子网上的所有主机和路由器，其子网掩码都相同的。

假如一台主机 A 要发送一个数据报。首先，A 应将数据报的目的地址和自己的子网掩码进行逐位相与运算，若得出的结果等于该主机的网络地址，则说明这目的主机和 A 处于同一子网中，可以直接把数据报交付，否则，则必须将数据报交给本子网上的一个路由器进行转发。

图 9.37　IP 地址和相应的子网掩码

例如，主机 A 的 IP 地址是 192.168.0.1，主机 B 的 IP 地址是 192.168.0.254，子网掩码都是 255.255.255.0，判断它们是否在同一子网上。

	主机 A	主机 B
IP 地址：	11000000 10101000 00000000 00000000	11000000 10101000 00000000 11111110
子网掩码：	11111111 11111111 11111111 00000000	11111111 11111111 11111111 00000000
与运算结果：	11000000 10101000 00000000 00000000	11000000 10101000 00000000 00000000
十进制网络号：	192.　　168.　　0.　　0	192.　　168.　　0.　　0

运算得到的网络地址都为 192.168.0.0，所以这两台主机处于同一个子网中，能够直接进行通信。

4. 域名系统

IP 地址的缺点是难于记忆。为方便用户记忆使用，可以给 Internet 中的主机取一个有意义的容易记忆的名字，即域名（主机名）。例如 IP 地址为 202.117.128.6 的这台主机，对应的域名为 mail.xupt.edu.cn。域名的命名规则、管理以及域名与 IP 地址的对应转换构成了域名系统（Domain Name System，DNS）。

域是指名字空间中一个可被管理的划分，域名系统主要由域名空间的划分、域名管理和域名解析（域名地址和 IP 地址转换）3 部分组成。

（1）域名空间结构

Internet 中域名空间也是按层次结构划分的，使整个域名空间成为一个倒立的树形结构，如图 9.38 所示。树根在最上面而没有名字，树根下面的结点就是最高一级的顶级域结点，顶级域结点下面是二级域节点……依次类推，最下面的叶结点就是单台主机。一台主机的名字就是该树形结构从树叶到树根路径上各个节点名字的一个序列，如 www.xupt.edu.cn。每一级的域名都由英文字母和数字组成，域名系统不规定一个域名需要包含多少个下级域名，各级域名由上一级的域名管理机构管理，而最高的顶级域名则由 Internet 的有关机构管理。

（2）域名格式

域名的写法类似于点分十进制的 IP 地址的写法，用点号将各级子域名隔开，从左向右级别依次递增：……三级域名.二级域名.顶级域名。域名只是个逻辑概念，并不反映出计算机所在的物理位置。

典型的命名结构：主机名.单位名.机构名.国家名

例如，西安邮电大学的 WWW 服务器的域名地址为：www.xupt.edu.cn，其中 WWW 表示 web 服务器，xupt 表示西安邮电大学，edu 表示教育科研网，cn 表示中国。

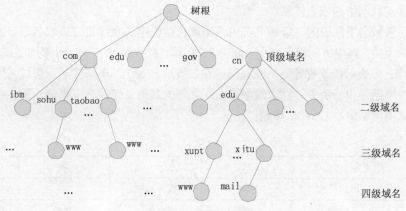

图 9.38　域名空间结构

（3）顶级域名

顶级域名分为类型名和区域名两大类。类型名有 14 个，如表 9.3 所示。区域名用 2 个字母表示世界各国和地区，如表 9.4 所示。

表 9.3　　　　　　　　　　　　　　　　类型名

域	意　义	域	意　义	域	意　义
com	商业类	edn	教育类	gov	政府部门
int	国际机构	mil	军事类	net	网络机构
org	非赢利组织	arts	文化娱乐	arc	康乐活动
firm	公司企业	info	信息服务	stor	销售单位
nom	个人	web	与 www 有关的服务		

表 9.4　　　　　　　　　　　　　　　　区域名

域	含　义	域	含　义	域	含　义
cn	中国	jp	日本	uk	英国
hk	中国香港地区	au	澳大利亚	nl	荷兰
us	美国	br	巴西	ca	加拿大
de	德国	es	西班牙	fr	法国
in	印度	kr	韩国	lu	卢森堡
my	马来西亚	nz	新西兰	pt	葡萄牙
se	瑞典	sg	新加坡	tw	中国台湾地区

在域名中，除了美国的国家域名代码 us 可默认外，其他国家或地区的主机若要按区域型申请登记域名，则顶级域名必须采用该国家或地区的域名代码，再申请二级域名。按类型名登记域名的主机，其地址通常源自美国（俗称国际域名）。例如，www.xupt.edu.cn 表示一个在中国登记的域名，而 www.sohu.com 表示在美国登记注册的一个域名，但主机在中国。

注意

Internet 中的域名是按照机构的组织来划分的，与物理网络无关。一个 IP 地址可以对应多个域名，一个域名只可以对应一个 IP 地址。

（4）中国互联网络的域名体系

在国家顶级域名下注册的二级域名都由该国家自行确定。我国将二级域名划分为类别域名和行政区域名两大类。其中类别域名 6 个，如表 9.5 所示，行政区域名 34 个，例如，bj 表示北京市；sh 表示上海市；js 表示江苏省等等。在我国，在二级域名 edu 下申请注册三级域名则由中国教育和科研计算机网网络中心负责。在二级域名 edu 之外的其他二级域名下申请注册三级域名的，则应向中国互联网网络中心 CNNIC 申请。

表 9.5   中国二级域名——类别名

域	意　义	域	意　义	域	意　义
ac	科研机构	edu	教育机构	net	网络机构
com	工商金融	gov	政府部门	org	非赢利性组织

（5）域名解析

书写时用户往往使用的是域名而不是 IP 地址，但是计算机之间通信时使用的是 IP 地址，所以要把域名转化成 IP 地址，这个转换就是域名解析。域名解析由域名服务器完成，相应的 Internet 中的每台主机都有地址转换请求程序，负责域名与 IP 地址的转换请求。

Internet 中的域名服务器也是按照域名的层次来安排的，每一个子域都设有域名服务器，域名服务器包含有该子域的全体域名和 IP 地址的对应信息。每一个域名服务器不但能够进行一些域名解析，而且还必须具有连向其他域名服务器的信息。当自己不能进行域名解析时，就能够知道到什么地方去找别的域名服务器。

9.2.4　Internet 的基本服务

1. WWW（World Wild Web）

（1）WWW 概念

World Wide Web 简称 WWW 或 Web，也称万维网。它不是某种具体的计算机网络，而是一个通过网络访问的互链超文件（interlinked hypertext document）系统，是 Internet 的一种具体应用。从网络体系结构的角度来看，WWW 是在应用层使用超文本传输协议（HypertText Transfer Protocol，HTTP）的远程访问系统，采用客户机/服务器（Client/Server，C/S）的工作模式，提供统一的接口来访问各种不同类型的信息，包括文字、图形、音频、视频等。所有的客户端和 Web 服务器统一使用 TCP/IP，使得客户端和服务器的逻辑连接变成简单的点对点连接，用户只需要提出查询要求就可自动完成查询操作。

WWW 客户端程序在 Internet 上被称为浏览器（Browser），浏览器中显示的画面叫做网页，也称为 Web 页。网页实际是一个文件，它存放在 Internet 中的某一台服务器上。网站或 Web 站点就是多个相关网页的一个集合。网站中的主页指的是站点的首页，从主页出发，可以链接到该网站的其他页面，也可以链接到其他的网站。主页文件名一般为 index.html、index.jsp、index.asp 或 default.html 等。如果将 WWW 看做 Internet 上的一个大型图书馆，网站就是图书馆中的一本本书，网页就是书中的页，主页就是每本书的封面或目录。

超链接是指从文本、图形或图像映射到其他网页或网页本身特定位置的指针。Web 网页采用超文本的格式，超文本指的是除了包含有文本、图像、声音、或视频等信息外，还包含有超链接。在一个超文本里可以有多个链接，超链接可以指向任何形式的文件。在 WWW 上，超链接是网页之间和 Web 站点的主要导航方法，它使文本按三维空间的模式进行组织，信息不仅可按线性方式进行搜索，而且可按交叉方式进行访问。超文本中的某些文字或图形可作为超链接源，当鼠标指向超链接时，指针的形状会变成手指形状，单击这些文字或图形，就可以链接到其他相关的网页上。

（2）统一资源定位符（Uniform Resource Locator，URL）

分布在整个 Internet 中的文件有很多，那么怎样标识每一个文件呢？万维网使用 URL 来标识万维网上的各种文件，相应的每一个文件在整个 Internet 的范围内具有唯一的标识符 URL。

URL 由 4 部分组成：URL 的访问方式、存放资源的主机域名、端口号、文件路径，例如，http://www.most.gov.cn:80/xinxi/index.htm，其中，

http：表示客户端和服务器执行 HTTP，将 Web 服务器上的文件传输给用户的浏览器。类似的协议有 https，ftp。

www.most.gov.cn：是主机域名，表示访问的文件资源所在的计算机域名。

80：端口号，这是 Web 服务器的默认端口。其他的端口也是允许的，比如：Web 服务器还可以是 8080。当端口是 80 时，就可以省略不写。端口是区分应用层不同服务程序的一个数字标识。在 Internet 中的一台主机可以提供很多服务，比如 Web 服务、FTP 服务、SMTP 服务等，那么这些应用层的服务程序跟传输层进行通信时，就要用端口号标识。

/xinxi/index.htm：文件路径，文件在 Web 服务器中的位置和文件名（如果 URL 中未明确给出文件名，则以 index.html 或者 default.html 为默认的文件名，表示将定位于 Web 站点的主页）。

IP 地址是标识网络中不同主机的地址，而端口号是同一台主机上标识不同进程的地址，"IP 地址 + 端口号"标识网络中不同的进程。

（3）超文本传输协议（HTTP）

HTTP 是一个专门为 Web 服务器和 Web 浏览器之间交换数据而设计的网络协议。HTTP 使用传输层的 TCP，每一个 Web 服务器运行着服务程序，它不断地监听 TCP 的端口 80，以便发现是否有客户端向它发出建立连接的请求，接到客户端请求后，服务器返回所请求的页面作为响应。例如用户在浏览器的地址栏输入 http://www.sohu.com/index.html，浏览器和服务器需要完成以下的工作。

第一步：浏览器分析指向文件的 URL。

第二步：浏览器向 DNS 域名服务器请求解析的 www.sohu.com 的 IP 地址。

第三步：DNS 服务器解析出服务器的 IP 地址。

第四步：浏览器和服务器建立 TCP 连接。

第五步：浏览器发出取文件 index.html 的命令。

第六步：www.sohu.com 给出响应，将文件 index.html 传给浏览器。

第七步：浏览器把 index.htm 文件以所描述的形式显示出来。

（4）信息浏览

在 WWW 上需要使用浏览器来浏览网页。目前，最常用的浏览器有 Microsoft Internet Explorer（IE）、360 安全浏览器、傲游（Maxthon）以及 Mozilla FireFox 等。使用浏览器浏览信息，只要在浏览器的地址栏输入相应的 URL 即可。

浏览网页时，可以用不同方式保存整个网页，或保存其中的部分文本、图形。保存当前网页，可以选择【文件】|【另存为】命令，打开"保存网页"对话框，指定目标文件的存放位置、文件

名和保存类型即可。其中，保存类型有以下几种。

① 网页，全部：保存整个网页，包括页面结构、图片、文本和超连接信息等，页面中的嵌入文件被保存在一个和网页文件同名的文件夹内。

② Web 档案，单一文件：把整个网页的图片和文字封装在一个.mht 文件中。

③ 网页，仅 HTML：仅保存当前页的提示信息，例如标题、所用文字编码、页面框架等信息，而不保存当前页的文本、图片和其他可视信息。

④ 文本文件：只保存当前页中的文本。

如果要保存网页中的图像或动画，可用鼠标右键单击要保存的对象，在弹出的快捷菜单中选择相应的命令。

用户可以通过对浏览器进行设置提高浏览信息的效率，如删除临时文件、历史记录、Cookies以及清理插件等，还可以对浏览器进行安全设置保证浏览时的安全性。例如 IE 浏览器，可以在"工具"菜单的"Internet 选项"中对 IE 进行设置。

WWW 环境中的信息检索系统（包括目录服务和关键字检索两种服务方式），是根据一定的策略，运用特定的计算机程序从 Internet 上搜集信息，再对信息进行组织和处理后，为用户提供检索服务，将检索到的相关信息展示给用户的系统。搜索引擎包括全文索引、目录索引、元搜索引擎、垂直搜索引擎、集合式搜索引擎、门户搜索引擎与免费链接列表等。百度和谷歌等是搜索引擎的代表。表 9.6 列出了常用的搜索引擎。

表 9.6　　　　　　　　　　　　　　　　　常见的搜索引擎

搜索引擎名称	URL 地址	说　　明
Google	Http://www.google.com	全球最大的搜索引擎
必应 Bing	http://cn.bing.com/	微软的中文搜索
百度	http://www.baidu.com	全球最大的中文搜索引擎
雅虎	http://www.yahoo.com	

搜索引擎并不真正搜索 Internet，它搜索的是预先整理好的网页索引数据库。当用户查找某个关键词的时候，所有在页面内容中包含了该关键词的网页将作为搜索结果被搜出来。在经过复杂的算法进行排序后，这些结果将按照与搜索关键词的相关度高低依次排序，呈现给用户的是到达这些网页的链接。

各搜索引擎的能力和偏好不同，所以搜索到的网页各不相同，排序算法也各不相同。使用不同的搜索引擎的重要原因，就是因为它们能分别搜索到不同的网页。而 Internet 上有更大量的网页，是搜索引擎无法抓取索引的，也是无法用搜索引擎搜索到的。

（5）文献检索

文献检索（Information Retrieval），是指将信息按一定的方式组织和存储起来，并根据用户的需要找出有关信息的过程。

文献数据库就是在计算机存储设备上按一定方式储存的文献数据集合，是检索系统的信息源，也是用户检索的对象。Internet 中建立了很多文献数据库，存放已经数字化的近期文献信息和动态信息，这些信息通常以 PDF 格式存在，可以按照文献的发表时间、作者、主题或关键词从数据库中查找相关文献，如图 9.39 所示。国内著名的全文数据库有：超星数字图书馆、APABI 电子图书和 CNKI 中国期刊全文数据库；国外有：ProQuest 系统、EBSCOhost 系统、Elsevier Science、IEEE/IET系统和 Springer Link 等。

2. FTP（文件传输）

文件传输通常叫做文件下载（Download）和上传（Upload），是用户最常使用的基本操作。下载就是把远程主机上的文件复制到用户的计算机上（本机）；上传就是把文件从本机上复制到远程主机上。

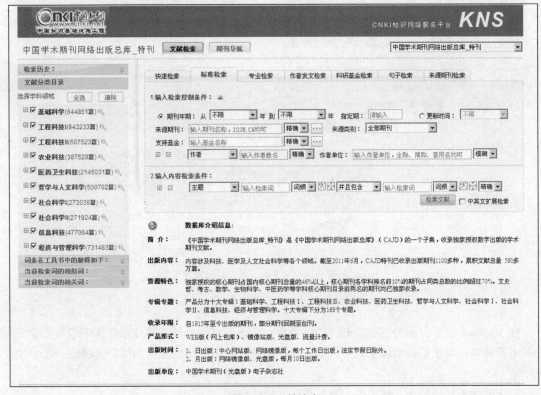

图 9.39　文献检索

Internet 是一个非常复杂的计算机环境，有 PC，有工作站，有大型机，而这些计算机可能运行不同的操作系统，有的运行 Unix，有的运行 Dos、Windows 或 Mac OS 等，而各种操作系统的文件格式各不相同，要在这些硬件和操作系统各异的环境之间进行文件传输，就需要建立一个统一的文件传输协议，这就是 FTP（File Transfer Protocol）。

FTP 是 Internet 上最早使用的协议之一，是应用层的协议。FTP 的工作方式采用客户端/服务器（C/S）模式。用户通过一个支持 FTP 的客户机程序，连接到远程主机的 FTP 服务器程序，向服务器程序发出命令，服务器程序执行用户发出的命令，并将执行的结果返回到客户机。比如说，用户发出一条命令，要求服务器向用户传送某一个文件的一份拷贝，服务器会响应这条命令，将指定文件送至用户的机器上。

使用 FTP 时必须首先登录，在远程主机上获得相应的权限以后，才可上传或下载文件。在登录时，需要验证用户的账号和口令，确认后连接才得以建立。有些 FTP 服务器允许匿名登录。出于安全的考虑，FTP 服务器管理员通常只允许用户在 FTP 服务器上下载文件，而不允许用户上传文件。

浏览器中一般都嵌入了 FTP 客户端部分，所以可以在浏览器的地址栏输入："ftp://<服务器地址>"，然后通过用户名和密码登录，如图 9.40 所示。登录成功后客户机浏览器中就出现了远程主机的文件列表和文件，如同操控本地文件一样可以对这些远程文件进行操控。

3. 电子邮件

（1）电子邮件系统概述

电子邮件 E-mail（Electronic mail）是利用计算机网络的通信功能实现信件传输的一种技术，是 Internet 网上最广泛的应用之一。使用电子邮件具有许多独特的优点，实现了信件的收、发、读、写的全部电子化，可以收发文本，还可以收发声音、影像等。电子邮件具有发送速度快、信息多样化、收发方便、成本低廉、安全等特点。

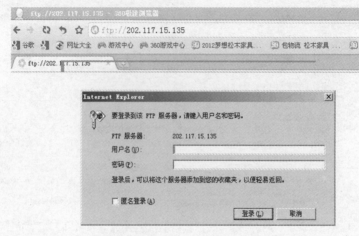

图 9.40　FTP 登录

在 Internet 上有许多处理电子邮件的计算机，称为邮件服务器。邮件服务器中包含了众多用户的电子邮箱，电子邮箱实质上是邮件服务提供机构在服务器的硬盘上为用户开辟的一个专用存储空间。

电子邮件地址结构为：邮箱名@邮箱所在主机的域名

@读作 at，表示"在"的意思，"邮箱名"又称用户名，用于标识同一台邮件服务器上的不同邮箱，其名字在邮箱所在服务器上必须是唯一的。由于一个主机的域名在 Internet 上是唯一的，而每一个"邮箱名"在该主机中也是唯一的，因此在整个 Internet 中的每一个人的电子邮件地址都是唯一的。这一点对保证电子邮件能够在整个 Internet 范围内准确交付是十分重要的。例如，jisuanji@163.com，jisuanji 表示某个用户的邮箱名，163.com 表示该邮箱所在的主机域名，在 Internet 中只有一个 jisuanji@163.com 邮件地址。

在发送电子邮件时，邮件服务器只使用电子邮件地址中的"邮箱所在主机的域名"，即目的邮件服务器域名。只有在邮件到达目的主机后，目的主机的邮件服务器程序才根据收件人的"邮箱名"，将邮件存放在收件人的邮箱中。

电子邮件也有固定的格式，它由 3 部分组成，即信头、正文、附件。邮件信头由多项内容构成，其中一部分由邮件软件自动生成，例如发件人的地址、邮件发送的日期和时间；另一部分由发件人输入产生，例如收件人的地址、邮件主题等。在邮件的信头上最重要的就是收件人的地址。

为了让用户能使用任意的编码书写邮件正文，邮件系统都使用 MIME（Multipurpose Internet Mail Extensions，多用途因特网邮件扩充）规程，它在邮件头部和正文中都增加了一些说明信息，说明邮件正文使用的类型和编码。邮件接收方则根据这些说明来解释正文的内容。MIME 还允许发送方将正文的信息分成几个部分，每个部分可以指定不同的编码方法。这样，用户就可以在同一信件正文中既发送普通文本又附件图像。

使用电子邮件的用户需要安装一个电子邮件程序，例如 Outlook Express、Foxmail。目前，电子邮件系统几乎可以运行在任意硬件与软件平台上。各种电子邮件系统所提供的功能基本相同，都可以完成以下操作。

- 建立与发送电子邮件。
- 接收、阅读与管理电子邮件。
- 账号、邮箱与通信簿管理。

（2）电子邮件系统的工作原理

电子邮件系统的工作过程遵循客户机/服务器模式，它分为邮件服务器端与邮件客户端 2 部分。邮件服务器分为接收邮件的服务器（是一个服务程序）和发送邮件的服务器（也是一个服务程序）。

用户发送和接收邮件需要使用装在用户客户机上的电子邮件客户程序来完成。电子邮件客户程序在向电子邮件服务器传送邮件时使用简单邮件传输协议 SMTP（Simple Mail Transfer Protocol），而从电子邮件服务器的邮箱中读取邮件时则使用 POP3（Post Office Protocol 3）或 IMAP（Internet Mail Access Protocol）。

邮件发送过程如图 9.41 所示。

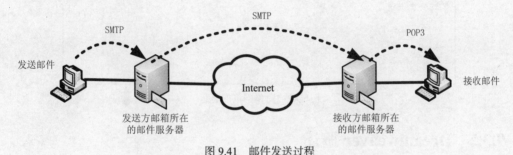

图 9.41　邮件发送过程

9.3　网　页　制　作

9.3.1　HTML 与 XHTML

HTML（Hypertext Markup Language）是用来制作网页的超文本标记语言。HTML 文件是一个文本文件，包含了一些 HTML 元素、标签等。HTML 语言是一种标记语言，不需要编译，直接由浏览器执行。HTML 对大小写不敏感，HTML 与 html 是一样的。

XHTML（The Extensible HyperText Markup Language，可扩展超文本标识语言）与 HTML 4.01 几乎是相同的，XHTML 也可以说就是 HTML 的一个升级版本，但是 XHTML 比 HTML 更注重语义。

HTML 标记标签通常被称为 HTML 标签（HTML tag）。HTML 标签是由尖括号包围的关键词，比如<html>。HTML 标签通常是成对出现的，比如和标签对中的第一个标签是开始标签，第二个标签是结束标签。HTML 文件就是一个网页。HTML 文件包含 HTML 标签和纯文本。

Web 浏览器的作用是读取 HTML 文档，并以网页的形式显示出来。浏览器不会显示 HTML 标签，而是使用标签来解释页面的内容。

下面是一个 HTML 文件。

```
<html>
<body>
<h1>My First Title</h1>
<p>My first web page.</p>
</body>
</html>
```

- <html> 与 </html> 之间的文本用于描述网页。
- <body> 与 </body> 之间的文本是可见的页面内容。
- <h1> 与 </h1> 之间的文本被显示为标题。
- <p> 与 </p> 之间的文本被显示为段落。

这个文件用浏览器打开显示形式如图 9.42 所示。

图 9.42　简单网页的显示

9.3.2　Dreamweaver 概述

用户可以使用纯文本编辑器来编辑 HTML，但是 Web 开发者常常使用 Dreamweaver 或 FrontPage 工具进行 HTML 编辑，而不是编写纯文本。

Dreamweaver 是 Macromedia 公司开发的所见即所得的可视化网页设计软件，即在可视环境下编辑制作网页元素，由编辑工具自动生成对应的网页代码，其具有网站管理功能，代码编辑功能，可生成标准的 HTML 标记，视觉化编辑与原始码编辑同步。

9.3.3　Dreamweaver 网页制作

1. 网页设计总体原则

（1）网页的基本构成元素

包含图片、文字、超级链接、动画、表单、视频和音频等元素。

（2）网页分类

① 静态网页：网页中包含文字、图片、动画、音视频。

② 动态网页：网页中包含文字、图片、动画、音视频以及交互功能。

（3）网页的页面设计原则

① 网页布局：网页布局是根据设计者所设计的网站类型而设计的，不同的网站有不同的风格，一般包括了标题栏、页眉区（通常包含网站标志）、导航区、正文区、页脚（版本信息、联系方式等）。

② 配色原则：网页设计要达到赏心悦目的目的，需要注意色彩的搭配与风格的设计。

③ 版面编排：版面既要有美感又要实用，美感是令人感觉舒服的主要因素之一，因此设计者需要将图片和文字按照一定的次序进行合理的编排和布局，使它们组成一个有机的整体。

（4）网页基本元素的设置

网页基本元素设置是对网页中包含的文字、图片、超级链接、动画、表单，视频和音频等元素分别进行设置，每一种元素都有自己不同的属性。

文本设置：主要是对文字的大小、颜色、字体、显示形式、超级链接等的设置。

图片：主要是对图片大小、图文混排、垂直和水平边距、图像替代、图像边框等属性的设置。

flash 元素设置：有重设大小、播放方式、比例参数等设置。

2．Dreamweaver 8.0 操作界面

打开 Dreamweaver 8.0 出现的界面如图 9.43 所示。

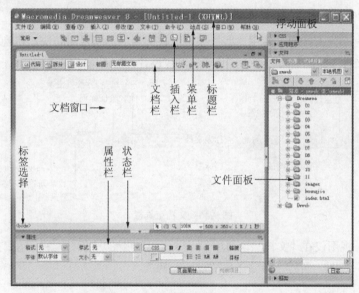

图 9.43　Dreamweaver 8.0 的界面

（1）菜单栏中各个菜单的基本作用

文件：对文件进行各种操作。包括打开、新建文件等。

编辑：对文件执行复制、粘贴、查找与替换等命令。

查看：查看文档的相关内容。

插入：将对象插入文档中。包括图片<img>标记、flash 动画、视频、表格、超级链接、日期、水平线等。对象属性可以在属性面板中进行可视化设置。

修改：更改选定页面元素的属性。

文本：设置文本的格式，如段落格式、字体、文本环绕排版及停止文本环绕等。

命令：提供各种命令的访问。

站点：提供用于管理站点以及上传和下载文件的菜单项，可以创建站点和对已有站点进行编辑。

窗口：提供 Dreamweaver 中的所有面板、检查器和窗口的访问。

（2）"插入"栏上的子面板

在"插入"栏上有 7 个子面板，依次为"常用"、"布局"、"表单"、"文本"、"HTML"、"应

用程序"和"Flash 元素",如图 9.44 所示。单击面板组名称右端的下拉按钮,打开下拉列表,在下拉列表中选择子面板名称,即可打开相应的面板。单击下拉列表中的【收藏夹】,可在其中添加网页制作时的一些常用对象。

单击【显示为制表符】,插入栏则以标签的形式显示,如图 9.45 所示。

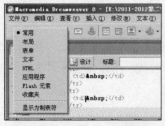

图 9.44 插入栏上的子面板

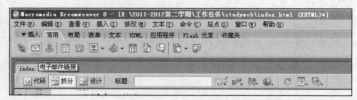

图 9.45 插入栏标签形式

（3）文档栏

在文档工具栏中设有按钮,使用这些按钮可以在文档的不同视图间快速切换,这些视图包括"代码"视图、"设计"视图、同时显示"代码"和"设计"视图的"拆分"视图,如图 9.46 所示。

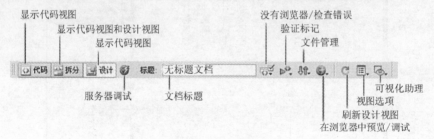

图 9.46 文档工具栏

显示"代码"视图仅在"文档"窗口中显示"代码"视图。"拆分"视图在"文档"窗口中一部分显示"代码"视图,而另一部分显示"设计"视图。

（4）文档窗口

网页文档编辑窗口是 Dreamweaver 8.0 的主工作区。

① 文档编辑窗口的缩放。

网页文档编辑窗口的大小可以通过鼠标拖曳编辑区右边框来调整,或单击编辑区右边框线上的按钮,完成最大化或还原网页编辑区的操作,如图 9.47 所示。

图 9.47 文档编辑窗口

② 文档编辑窗口的标题栏。

当文档窗口有一个标题栏时，标题栏显示页面标题，并在括号中显示文件的路径和文件名。如果做了更改但尚未保存，Dreamweaver 将在文件名后显示一个 "*" 号。如果文档窗口处于最大化状态时，没有标题栏，在这种情况下，页面标题及文件的路径和文件名显示在主工作区窗口的标题栏中。

（5）属性栏

属性栏位于工作区的底部，但是如果需要的话，可以将它调到工作区的顶部。属性栏可以编辑当前选定的页面元素（如文本和插入的对象）的最常用属性。属性栏中的内容根据选定的元素有所不同。例如选择表格，其属性栏如图 9.48 所示。

图 9.48　属性栏

（6）面板组

面板组是组合在一个标题下面的相关面板的集合。面板组中选定的面板显示为一个选项卡。每个面板组都可以展开或折叠，并且可以和其他面板组停靠在一起或取消停靠。Dreamweaver 8.0 默认的面板组有以下 4 个。

① CSS 面板组。

CSS 面板组包含 "CSS 样式" 和 "层" 两个浮动面板，主要提供交互式网页设计和网页格式化的工具，CSS 样式如图 9.49 所示。

② "应用程序" 面板组。

"应用程序" 面板组包含 "数据库"、"绑定"、"服务器行为"、"组件" 4 个浮动面板，如图 9.50 所示，主要提供动态网页设计和数据库管理的工作。

图 9.49　CSS 面板组

图 9.50　"应用程序" 面板组

③ "标签" 面板组。

"标签" 面板组包含 "属性" 和 "行为" 2 个浮动面板，主要作用是方便代码的调试。

④ "文件" 面板组。

"文件" 面板组包含 "文件"、"资源" 和 "代码片断" 3 个浮动面板，主要提供管理站点的各种资源。

3. 简单网页实例

例9-1 设计一个简单站点,该站点包含3个文件夹:images、music、flash,4个网页:index.html、word.html、table.html、picture.html,设置主页 index.html 的标题为"本站主页"。其中 index.html 页面效果图如图 9.51 所示。images、music 和 flash 文件夹分别用来存放图片文件、音乐文件、flash 动画文件,文件名必须是英文的。

(1)建立一个自己的站点

选择菜单下【站点】|【新建】|【站点】命令,弹出如图 9.52 所示的对话框,在对话框的"高级"选项卡中输入信息(例如站点名字 myweb,本地根文件夹为 D:\myweb)。

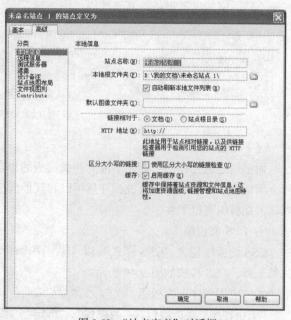

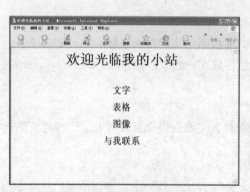

图 9.51 index.html 页面效果图   图 9.52 "站点定义"对话框

(2)在站点文件列表下新建文件和文件夹

① 在站点文件列表中右键单击【站点—myweb(D:\myweb)】,在弹出的菜单中选择【新建文件夹】,如图 9.53 所示,文件列表中就会出现名为"新建文件夹"的文件夹,将该文件夹命名为"images",同样操作建立"music"文件夹和"flash"文件夹。

② 在站点文件列表下新建文件,在弹出的菜单中选择的【新建文档】对话框中,选择【HTML】,就新建了一个 HTML 网页,然后保存,将网页名称改为"index.html",同样操作建立"word.html","table.html"和"picture.html"。

(3)设计 index.html 网页步骤

① 在站点文件列表中双击 index.html,打开该网页。

② 将光标定位到"文档工具栏"中的"标题",将标题中的内容改为"本站主页",如图 9.54 所示。

③ 单击"属性面板"中的【页面属性】按钮,弹出如图 9.55 所示的"页面属性"对话框,单击"背景图像"后面的【浏览】按钮,

图 9.53 站点文件列表下新建文件和文件夹菜单

添加背景图像即可。

图 9.54　文档工具栏

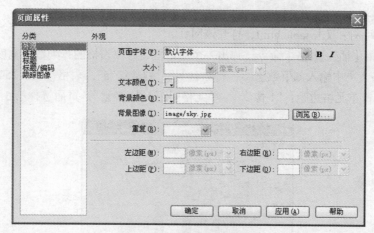

图 9.55　"页面属性"对话框

④ 在工作区的"编辑窗口"中输入"欢迎光临我的小站"。

（4）编辑文字

在站点文件列表中双击 word.html，打开该网页。把标题改为"我的主页"，输入自己的简介内容为"个人简介……"，输完一行后按一下回车键。

① 设置文字格式：选中标题"个人简介"，在属性面板中字体设为"黑体"、大小设成"24"、颜色设为"绿色"，并居中，如图 9.56 所示。

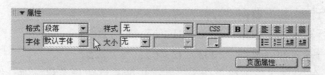

图 9.56　属性面板

如果字体太少，可以点列表下边的【编辑字体列表..】，添加其他字体。先在右边的列表中找到字体，再单击中间的【<<】按钮添加到左边，然后点上边的【加号】按钮，即可添加字体，如图 9.57 所示。

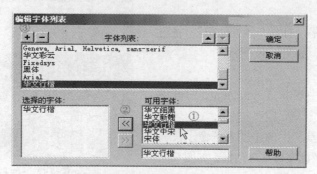

图 9.57　"编辑字体列表"对话框

② 设置背景色：单击属性面板中的【页面属性】按钮。单击【背景颜色】按钮，在弹出的调色板中，选择一个"淡绿色"，单击【确定】。保存文件，单击【"预览"】 按钮，查看网页的效果。

③ 插入背景图片的方法：在"背景图像"浏览中选择需要插入的背景图片即可。

（5）插入表格

① 在文件列表中双击 table.html，打开该网页。

② 单击菜单【插入/表格】命令，弹出一个对话框，修改表格的行列数和宽度等，如图 9.58 所示。如在表格大小中输入如下数据——行数："4"，列数："5"，表格宽度："500 像素"，边框粗细："1 像素"，单元格边距："1 像素"，单元格间距："1 像素"；页眉选择第 3 个（"顶部"）。

图 9.58 "表格"对话框

③ 在表格的第 1 行输入如下数据：学号、语文、数学、英语、总分；

在表格的第 2 行输入如下数据：1201、87、85、65、237；

在表格的第 3 行输入如下数据：1202、81、67、57、205；

在表格的第 4 行输入如下数据：1203、82、65、78、225。

④ 选择菜单【命令\格式化表格】命令，在弹出的"格式化表格"对话框中选择【AltRows：Green&Yellow】，然后将行颜色改为——第 1 种："#FFCC00"，第 2 种："#CC0033"，其余的内容不变，单击【确定】按钮。

⑤ 选中表格的每一列，将其宽度设为"100 像素"，高"100 像素"，水平："居中对齐"，垂直："居中"。

⑥ 选择整个表格，打开"属性面板"，将边框颜色改为"红色"，如图 9.59 所示。

（6）插入图片

① 在文件列表中双击 picture.html，打开该网页。

② 单击常用工具栏中的【插入图像】按钮 ，出现"选择图像源文件"对话框，如图 9.60 所示。

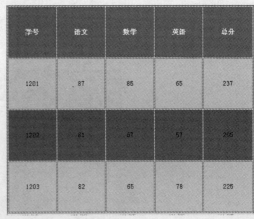

图 9.59 table.html 效果图

图 9.60 "选择图像源文件"对话框

  文件"查找范围"是站点中的文件夹，打开它，选择图片，单击【确定】即可。如果插入的图片不在站点内，会出来一个复制的提示，这时候单击【是】就可以了，如图 9.61 所示。

③ 保存文件，单击【预览】按钮，查看图片的效果。

（7）插入音乐

① 设置背景音乐。在站点文件列表中双击 music.html，打开该网页。把标题改为"背景音乐"。在文件夹 music 中选择一首喜欢的歌曲。

② 在"文档"工具栏中单击【拆分】，如图 9.62 所示，窗口分成两部分，上边是代码窗口，下边是文档窗口。在代码窗口中，在<body>标签后插入一个空行，并输入<bgsound src = "music/1.mid" loop = "-1" />。输入的时候会有提示，里面的单词是代码标签，双引号里面是参数值，-1 表示循环播放。

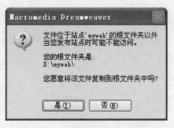

图 9.61 "复制提示"对话框

图 9.62 "文档"工具栏

③ 插入音乐，在代码窗口中的 <body>标签后面插入一个空行，并输入<embed src= "music/2.wma" width = "320" height = "40" controls = "ControlPanel" loop = "false" autostart = "false" type = "audio/x-pn-realaudio-plugin" initfn = "load-types"></embed> 代码，loop 表示循环，autostart 表示自动播放，这里设置为"false"，表示不循环也不自动播放。

④ 保存文件，单击【预览】按钮，检查背景音乐的播放，停止音乐按 ESC 键或单击浏览器工具栏上的【停止】按钮，单击【刷新】重新播放。

（8）超级链接的建立

① 打开 index.html，选中【文字】，打开属性面板，设置链接为 word.html，目标为_blank。

同理分别选中文字【表格】,【图像】,打开属性面板,分别设置链接为 table.html,picture.html,目标都为_blank。

② 选择【与我联系】文字,创建电子邮件链接。选择【插入/电子邮件链接】菜单命令,打开"电子邮件链接"对话框,如图 9.63 所示。在"文本"文本框中输入显示在 Web 页面中的链接文本,如"与我联系",在"E-Mail"文本框中输入要链接到的电子邮箱地址,单击【确定】按钮。

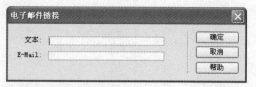

图 9.63 "电子邮件链接"对话框

9.3.4 网页发布

网页制作完成之后,要让 Internet 上的用户能够浏览网页,必须把这些网页文件和文件夹以及其中的所有内容传送到与 Internet 相连的 Web 服务器上。这个过程就是网页发布。

Web 服务器是安装了 Web 服务器软件的计算机,使用最多的 Web 服务器软件有微软的信息服务器(IIS)和 Apache。Web 服务器可以解析 HTTP。当 Web 服务器接收到一个 HTTP 请求,会返回一个 HTTP 响应,例如送回一个 HTML 页面。

1. Web 服务器安装

在 Windows XP 的控制面板中选择【添加或删除程序】→【添加/删除 Windows 组件】→【Internet 信息服务(IIS)】,完成安装。服务器安装完成后,系统自动创建了一个 Web 服务器,设置了一个默认的 Web 站点,该站点位于"C:\Inetpub\wwwroot"中,默认 IP 地址为 127.0.0.1,主机名为 Localhost。可以删除或停止默认 Web 站点,也可以对它进行重新设置使用。

2. 创建一个 Web 站点

安装完成后,就可以建立一个新的 Web 站点来进行发布,如图 9.64 所示。单击右键,选择【新建】→【Web 站点】,进入【下一步】,根据 Web 站点创建向导,设置 Web 站点使用的 IP 地址、端口号,如图 9.65 所示。

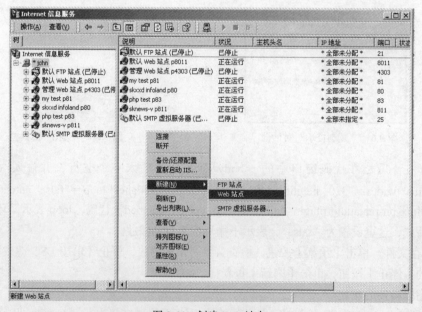

图 9.64 创建 Web 站点

3. 设置主目录

每个 Web 站点必须有一个主目录。主目录映射为站点的域名或服务器名。当客户端在浏览器内键入 Web 服务器的 IP 地址或域名后，浏览器就会查找主目录下的主页文件。

创建一个新 Web 站点的过程中，Web 站点创建向导中有一项是对 Web 站点主目录的设置，如图 9.66 所示。

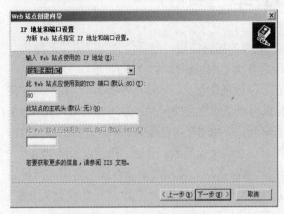 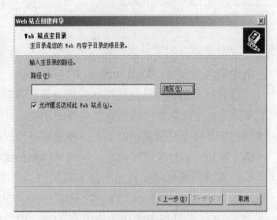

图 9.65　Web 站点创建向导之一　　　　　　图 9.66　Web 站点创建向导之二

4. 网页发布

网页发布就是将制作的网页、图片复制到 Web 服务器的主目录下，通过【站点】→【管理站点】命令，选择要管理的站点，单击【编辑】打开要发布的站点定义窗口，如图 9.67 所示。选择【远程信息】，访问设置为 FTP。FTP 主机指的是远程 Web 服务器，主机目录是 Web 服务器上保存网页文件的目录。如果本机本身就是要发布网页的 Web 服务器，则 FTP 主机设为：127.0.0.1；主机目录设为：C:\Inetpub\wwwroot，选择【维护同步信息】，单击【确定】按钮。

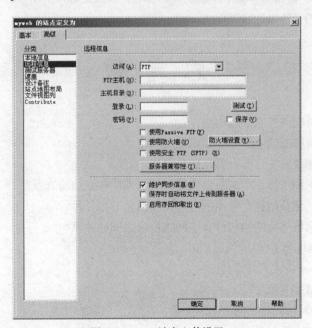

图 9.67　Web 站点上传设置

5. 设置主页

在"文件"面板中选择做为主页的文件，单击鼠标右键，在弹出的快捷菜单中选择【设成首页】命令。然后单击"文件"面板上的【上传】按钮，即可上传整个站点。

本章小结

本章主要介绍了计算机网络的定义、分类，局域网的拓扑结构，网络协议和网络体系结构，网络中常用的硬件，以及 Internet 的基本知识，最后介绍了网页制作的方法与技术。

计算机网络是由通信线路和通信设备把分散在不同地理位置上的计算机连接起来，在网络软件的支持下，实现数据通信和资源共享的功能。计算机网络按照覆盖的范围分为局域网和广域网，局域网的主要特点是覆盖范围小、传输速率高和误码率低；广域网覆盖范围大，随着光纤的使用数据传输速率和可靠性也有所提高。局域网的拓扑结构有：总线型、星型、环型、树型以及网状型。

计算机网络体系结构是指计算机网络的各个层次和在各层上使用的全部协议。常用的网络体系结构有 OSI 参考模型和 TCP/IP 体系结构。OSI 参考模型分为 7 层，TCP/IP 体系结构分为 4 层。在 TCP/IP 体系结构中常用的协议有 TCP、IP、HTTP 以及 FTP 等。

网络中常用的硬件有传输介质、网卡、Modem 以及各种通信设备（集线器、交换机和路由器等）。

Internet 是全球最大的基于 TCP/IP 的互联网络，由全世界范围内的局域网和广域网互联而成，也称为国际互联网或因特网。目前常用的 Internet 接入有 ADSL 接入、局域网接入以及 WLAN 接入。在 Internet 上为每台计算机指定的唯一地址称为 IP 地址，IP 地址由网络号和主机号组成。统一资源定位符 URL 由 4 部分组成：URL 的访问方式、存放资源的主机域名、端口号、文件路径。电子邮件地址结构为：邮箱名@邮箱所在主机的域名。能发送邮件的协议有 SMTP、HTTP；能接收邮件的协议有 POP3、IMAP、HTTP。

思 考 题

1. 什么是计算机网络？它如何构成？
2. 计算机网络有哪些功能？为什么要使用网络？
3. 什么是网络协议？它主要由哪几部分组成？
4. 什么是计算机网络体系结构？常用的计算机网络体系结构有哪些？
5. 什么是网络的拓扑结构？常用的网络拓扑结构有哪几种？
6. 简述计算机网络体系结构与计算机网络协议之间的关系。
7. 简述 MAC 地址与 IP 地址的区别。
8. 常用的 Internet 接入方式是什么？
9. IP 地址的格式是什么？
10. 简述网页、网站、万维网之间的关系。

第 10 章
多媒体信息处理技术

早期的计算机只能处理数字和文字信息，人机交流界面呆板，操作繁琐，这种静态且单一的传播方式目前已经无法满足各行业使用计算机的需要了，因此多媒体技术应运而生。多媒体技术在信息领域的发展非常迅速，是时代特征极其鲜明的一项多学科交叉领域，已经渗透到人们生活和工作的各个方面。各种有利于理念表达的传播方式，如声音、图像、视频和动画等，都加入到计算机科技中，逐渐形成传播媒体的大结合，即"多媒体"。

本章将从多媒体信息处理技术及其应用的角度介绍多媒体、多媒体技术、多媒体信息处理技术等基本概念，为以后学习多媒体技术及其应用奠定良好的基础。

10.1　多媒体技术概述

随着计算机技术和网络通信技术的发展，多媒体技术已经成为当今信息时代的主流技术，它正改变着人们的生活方式，推动着许多产业的发展。事实上，正是由于计算机技术和数字信息处理技术的实质性发展，才使我们今天拥有了处理多媒体信息的能力，也才使得"计算机多媒体"成为一种现实。所以，现在所说的"多媒体"，常常不是指多媒体本身，而是指处理和应用它的一整套技术。多媒体技术是以计算机系统为核心，综合处理文本、图形、图像、声音、动画和视频等多种媒体信息，通过计算机进行数字化采集、获取、压缩/解压缩、编辑和存储等加工处理，使这些信息建立一种逻辑连接，并集成为一个具有交互性系统的技术。

10.1.1　多媒体基本概念

媒体也称为媒介或媒质，是表示和传播信息的载体。多媒体来源于英语 multimedia，而multimedia 则是 multiple 和 media 复合而成，因此，从语言学的角度来看，它分两部分："多"和"媒体"。"多"意味着不止一个；"媒体"的含义指中介物、媒介物、传递信息的工具等，因此它是以某种物质形态为标志的。媒体在计算机领域中有了两个含义，一个是指用来存储信息的实体，如磁盘、光盘等；另一个是指用以承载信息的载体，如文字、声音、图像等。

多媒体的实质是将自然形式存在的各种媒体数字化，然后利用计算机对这些数字信息进行加工和处理，以一种友好的方式提供给用户使用。人类感知信息的途径有视觉、听觉、嗅觉和味觉。视觉是人类感知信息最重要的途径，人类从外部世界获取信息 70%～80%是从视觉获得；其次是听觉，人类从外部世界获取信息的 10%是从听觉获得；还有嗅觉、味觉，通过嗅、味、触觉获得的信息量约占 10%。国际电信联盟电信标准部（ITU-TSS）对多媒体进行了定义，并制定了 ITU-T

I.374 建议。在 ITU-T I.374 建议中，把媒体分为以下 5 大类。

① 感觉媒体（Perception Medium）：指能够直接刺激人的感觉器官，使人产生直观感觉的各种媒体。或者说，人类感觉器官能够感觉到的所有刺激都是感觉媒体。比如人的耳朵能够听到的话音、音乐、噪声等各种声音；人的眼睛能够感受到的光线、颜色、文字、图片、图像等各种有形有色的物体等。感觉媒体包罗万象，存在于人类感觉到的整个世界。

② 显示媒体（Representation Medium）：指感觉媒体与电磁信号之间的转换媒体。显示媒体分为输入显示媒体和输出显示媒体。输入显示媒体主要负责将感觉媒体转换成电磁信号，比如话筒、键盘、光笔、扫描仪、摄像机等。输出显示媒体主要负责将电磁信号转换成感觉媒体，比如显示器、打印机、投影仪、音响等。

③ 表示媒体（Presentation Medium）：对感觉媒体的抽象描述形成表示媒体。比如声音编码、图像编码等。通过表示媒体，人类的感觉媒体转换成能够利用计算机进行处理、保存、传输的信息载体形式。因此，对表示媒体的研究是多媒体技术的重要内容。

④ 存储媒体（Storage Medium）：指存储表示媒体的物理设备，比如磁盘、光盘、磁带等。

⑤ 传输媒体（Transmission Medium）：指传输表示媒体的物理介质，比如电缆、光缆、电磁波等。

ITU-T I.374 建议将感觉媒体传播存储的各种形式都定义成媒体，人类获得和传递信息的过程就是各种媒体转换的过程。以语音通信为例，甲方要将表达的意愿通过电话网传递给乙方，首先甲方将自己的思想以声音这种感觉媒体表达出来，然后通过输入显示媒体将语音转换成电磁信号，程控交换机通过量化、抽样、编码，将电磁信号转换成表示媒体。表示媒体通过传输媒体传到乙方，然后再经过相反的过程，通过输出显示媒体还原成语音这种感觉媒体。通过各种媒体的有序转换，甲方的语音传到了乙方的耳朵里，完成了信息的传递。一般信息传递的过程如图 10.1 所示。

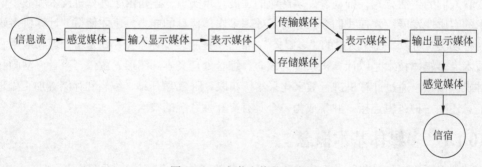

图 10.1　一般信息传递过程图

目前多媒体只利用了人的视觉和听觉，虚拟现实中用到了触觉，而嗅觉和味觉尚未集成进来，不过随着多媒体技术的进步，多媒体的含义和范围还将扩展。

10.1.2　多媒体技术的特点

随着计算机技术、通信技术的发展，人类获得信息的途径越来越多，获得信息的形式也越来越丰富，信息的获得也越来越方便、快捷。从定义可以看出，多媒体技术的关键特性主要包括信息载体的多样性、集成性、信息处理的数字化以及交互性、实时性 5 个方面，这也是多媒体技术的 5 个主要特点。

1．多样性

多样性一方面是指综合处理多种媒体信息，信息表示媒体类型的多样性；另一方面也指媒体输入、传播、再现和展示手段的多样化。多媒体技术将计算机所能处理的信息媒体的种类或范围扩大，不仅仅局限于原来的数据、文本，或单一的语音、图像。计算机在处理输入的信息时，不仅仅是简单获取和再现信息，如声像信号的输入与输出。若二者完全一样，那只能称之为记录和重放，从效果上来说并不是很好。如果能根据人的构思、创意，进行交换、组合和加工，来处理文字、图形及动画等媒体，就能大大丰富和增强信息的表现力，具有充分自由的发展空间，达到更生动、更活泼、更自然的效果。

2．集成性

多媒体的集成性主要表现在 2 个方面，一方面是多种信息媒体的集成；另一方面是处理这些媒体的设备和系统的集成。在多媒体系统中，各种信息媒体不是像过去那样，采用单一方式进行采集与处理，而是多通道同时统一采集、存储与加工处理，这就更加强调各种媒体之间的协同关系及利用它所包含的大量信息。此外，多媒体系统应该包括能处理多媒体信息的高速及并行的CPU，多通道的输入/输出接口及外设，宽带通信网络接口与大容量的存储器，并将这些硬件设备集成为统一的系统。在软件方面，则应有多媒体操作系统，满足多媒体信息管理的软件系统，高效的多媒体应用软件和创作软件等。在网络的支持下，这些多媒体系统的硬件和软件被集成为处理各种复合信息媒体的信息系统。

3．数字化

随着多媒体技术的日益普及，计算机数据量成倍增长，多媒体程序运行时需要的图形、图像、声音和音乐等构成了庞大的数据文件。从技术实现的角度来看，多媒体技术必须把各种媒体信息数字化后才能使各种信息融合在统一的多媒体计算机平台上，才能解决多媒体数据类型繁多、数据类型之间差别大的问题，这也是多媒体技术唯一可行的方法。因此，数字化是多媒体技术发展的基础所在。

4．交互性

交互性是多媒体技术的关键特征。它可以更有效地控制和使用信息，增加对信息的理解。众所周知，一般的电视机是声像一体化的、把多种媒体集成在一起的设备，但它不具备交互性，因为用户只能使用信息，而不能自由地控制和处理信息。当引入多媒体技术后，借助交互性，用户可以获得更多的信息。它允许用户参与其中，用户可以通过各种操作去控制整个过程，可以打乱顺序任意选择，可以通过有意或无意的操作来改变某些音频或视频元素的特征，从而使用户更有效地控制和应用各种媒体信息。

5．实时性

实时性指当多种媒体集成时，接收到的各种媒体信息是与时间密切相关的，甚至是实时的，也就是说多媒体不是简单的信息堆积。在加工、存储和播放它们时，需要考虑时间特性。例如电视会议系统的声音和图像不允许存在停顿，必须严格同步，包括"唇音同步"，否则传输的声音和图像就失去意义。

10.1.3　多媒体处理中使用的技术

多媒体数据具有数据量巨大、数据类型多、数据类型间差别大、数据输入输出复杂等特点。多媒体数据类型多，包括声音、图像、视频和动画等多种形式，即使同属于图像一类，也还有黑白、彩色、高分辨率和低分辨率之分。由于不同类型的媒体内容和格式不同，其存储容量、信息组织方法等方面都有很大的差异。因此多媒体处理技术涉及的范围相当广泛，是一种发展迅速的综合性电子信息技术。

多媒体信息处理技术是指利用数学、美工等方法，和多媒体硬件技术的支持，来获取、压缩、识别、综合等多媒体信息的技术。多媒体技术是计算机图形图像处理技术、音频视频技术、图像压缩技术、多媒体数据库技术、超媒体技术、文字处理技术、多媒体网络技术等多种技术的一种结合，是高科技的产物，是多种技术综合的结晶。

1. 图形图像处理技术

随着电脑硬件技术的飞速发展和更新，计算机处理图形图像的能力也大大增强。以前要用大型图形工作站来运行的图形应用软件，或者是特殊文件格式的生成以及对图形所作的各种复杂的处理和转换，如今，很普遍的家用电脑就完全可以胜任。我们还可以轻易地使用 PhotoShop、CorelDraw、3D MAX 等软件做出精美的图片或是逼真的三维图像和动画。

图形图像处理技术包括图形图像的获取、存储、显示和处理。获取的方式有很多种，图形图像文件的存储也有很多格式（如 BMP、GIF、JPG、EPS、PNG 等），图形图像的显示原理同呈现图形图像的主要设备有关，而图形图像的处理技术是多媒体技术的关键，它决定了多媒体在众多领域中应用的成效和影响。图形处理技术包括二维平面和三维空间图形处理技术 2 种。具体处理技术有平移、旋转、缩放、透视、投影等几何变换；配色、阴暗处理、纹理处理、隐面消除等。图像的处理包括图像变换、图像增强、复原、合成、重建，图像的分割、识别、编码压缩等。

2. 音频视频技术

多媒体技术的特点是交互地综合处理声音、图像信息，在多媒体的广泛应用过程中，声音以及动态图像（视频）为我们提供了一个更加真实的交流方式。音频（如 IP 电话、MP3 音乐等）携带的信息量大、精细、准确，被人们用来传递消息、情感等，是人类最熟悉的传递信息的方式。视频图像信息是在计算机的不断发展中产生出来的，它能通过视觉感受和动态效果给人以生动、深刻的印象。视频电话、视频会议、交互视频游戏以及虚拟现实技术等都是视频信息在人类社会中的重要应用。音频视频处理技术涵盖了很多内容，如音频信息的采集、抽样、量化、压缩、编码、解码、编辑、语音识别、播放；视频信息的获取、数字化、实时处理、显示等。

音频处理技术主要有音频的数字化、语言处理、语音合成及语音识别。音频信息处理主要集中在音频信息压缩上，目前最新的语音压缩算法压缩比可达 6 倍以上。

视频处理技术主要有视频信号的数字化和视频编码技术。视频编码技术是将数字化的视频信号经过编码成为电视信号，从而可以录制到录像带中或在电视系统中播放。

3. 数据压缩和解压缩技术

在处理图形、图像、声音、动画、影像等多媒体信息时，必须要占用相当大的存储空间。而目前硬件技术所能提供的计算机存储资源与实际需求还相差很大，这就给多媒体信息的存储带来了很大的困难，并已成为有效获取和使用多媒体信息的瓶颈。例如，一幅 640 像素 × 480 像素分辨率的 24 位真彩色图像的数据量约为 900 KB，这样，一个 100 MB 的硬盘只能存储约 100 幅静止图像画面。显然，这样大的数据量不仅超出了计算机的存储和处理能力范围，而且与当前通信信道的传输速率也不匹配。因此，以压缩的方式存储数字化的多媒体信息是解决这一问题的唯一途径。

数据压缩处理一般由 2 个过程组成：一是编码过程，将原始数据经过编码进行压缩，以便存储与传输；二是解码过程，对编码数据进行解码，还原为可以使用的数据。

在多媒体应用中常用的压缩方法有脉冲编码调制、预测编码、变换编码、插值和外推法、统计编码、矢量量化和子带编码等。新一代的数据压缩方法，如基于模型的压缩方法、分型压缩和小波变换方法也已经接近实用化水平。数据压缩方法种类繁多，根据质量有无损失压缩编码方法可以分为 2 大类：冗余压缩法（无损压缩法）与熵压缩法（有损压缩法），具体如图 10.2 所示。

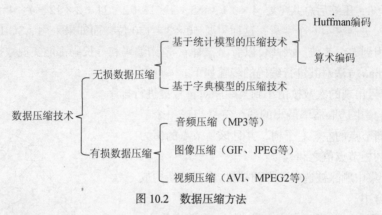

图 10.2　数据压缩方法

（1）无损数据压缩

无损压缩是指使用压缩后的数据可以解压缩，且解压之后的数据与原来的数据完全相同。它利用数据的统计冗余进行压缩，可完全恢复原始数据而不引起任何失真，但压缩率受到数据统计冗余度的理论限制，一般为 2∶1～5∶1。这类方法广泛用于文本数据、程序和特殊应用场合的图像数据（如指纹图像、医学图像等）的压缩。由于压缩比的限制，仅使用无损压缩方法不可能解决图像和数字视频的存储和传输问题。

目前用得最多、最成熟的无损压缩编码技术，有香农-范诺编码、Huffman 编码和字典编码。

例如：有一串由 6 个字母组成的长度为 50 的字符串，字母分别为 A、B、C、D、E 和 F，它们出现的次数如下：

符号	A	B	C	D	E	F
出现的次数	3	5	15	11	12	4

使用香农-范诺方法对其进行编码的步骤如下。

① 首先对符号按出现次数的多少进行排序（也可以按出现的概率进行排序）。

② 然后对符号进行分组,将其分为概率和最接近的两组，即（C、E）和（D、B、F、A），其中（C、E）赋值为 0,（D、B、F、A）赋值为 1,依次递归下去。使用二叉树左支为 0，右支为 1 来进行编码，最终实现如图 10.3 所示。

③ 使用香农-范诺编码算法得到的编码表，如表 10.1 所示。

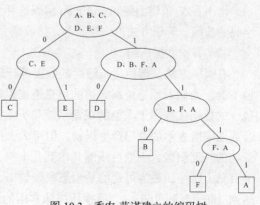

图 10.3　香农-范诺建立的编码树

表 10.1			香农-范诺得到的编码表			
符 号	A	B	C	D	E	F
出现的次数	3	5	15	11	12	4
香农-范诺编码	1111	110	00	10	01	1110
等长码	000	001	010	011	100	101

④ 由表可知，压缩后总共需要 $4 \times 3 + 3 \times 5 + 2 \times 15 + 2 \times 11 + 2 \times 12 + 4 \times 4 = 119$ 位；如果用等长码 3 位二进制表示 6 个字母，这样需要 $50 \times 3 = 150$ 位，而如果采用 ASCII 码进行表示的话，至少需要用到 50×8 位。因此可以看出，香农-范诺编码和等长码都能实现数据压缩。

使用 Huffman 方法对其进行编码的步骤如下。

① 根据符号出现的次数按由小到大顺序对符号集进行排序。

② 从符号集中选取概率最小的两个符号组成一个节点，并作为该新节点的左、右子树，并且该新节点的值为其左、右子树的根节点值之和。

③ 从符号集中删除被选中的那两棵树，同时把新构成的树加入到集合中。

④ 重复步骤②、③，直到集合中只含有一个节点为止。使用二叉树左支为 0，右支为 1 来进行编码，最终实现如图 10.4 所示。

⑤ 使用 Huffman 编码算法得到的编码表，如表 10.2 所示。

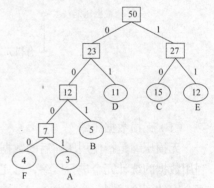

图 10.4　Huffman 建立的编码树

表 10.2			Huffman 得到的编码表			
符 号	A	B	C	D	E	F
出现的次数	3	5	15	11	12	4
Huffman 编码	0001	001	10	01	11	0000

⑥ 可知压缩后总共需要 $4 \times 3 + 3 \times 5 + 2 \times 15 + 2 \times 11 + 2 \times 12 + 4 \times 4 = 119$ 位，与香农-范诺编码得到的最后数据相同，也同样实现了压缩，但这仅仅是巧合，通常情况下 Huffman 编码比香农-范诺编码的效率要高一些。

使用香农-范诺编码和 Huffman 编码这种无损压缩能够保证解码的唯一性，且短字码不构成长字码的前缀。解压方法也比较简单，接收端只需要有一个与发送端相同的编码表即可。

（2）有损数据压缩

有损压缩法是指使用压缩后的数据进行解压缩，解压缩以后的数据与原来的数据有所不同，但不会让人们对原始资料表达的信息造成误解。图像和声音的压缩就采用有损压缩，因为其中包含的数据往往多于人类的视觉系统和听觉系统所能接收的信息，丢掉一些数据而不至于对声音或图像所表示的意思产生误解，但可大大提高压缩比。采用混合编码的 JPEG 标准，对自然景物的灰度图像，一般可压缩几倍到几十倍，而自然景物的彩色图像压缩比将到达几十倍甚至上百倍。压缩比最为可观的是动态视频数据，采用混合编码的 DVI 多媒体系统，压缩比通常可达到 100：1 到 200：1。有损压缩法常用的编码有预测编码、变换编码、信息熵编码和混合编码等。

预测编码是根据离散信号之间存在着一定关联性的特点,利用前面一个或多个信号对下一个信号进行预测,然后对实际值和预测值的差（预测误差）进行编码。如果预测比较准确,误差就会很小。在同等精度要求的条件下，就可以用比较少的位进行编码,达到压缩数据的目的。

变换编码是利用频域中能量较为集中的特点，在变换域上进行。多媒体计算机所获取的数字化视频图像，每一幅都可以表示为一个或几个 $M \times N$ 的矩阵，这种表示方式称为图像的空域表示。变换编码不是直接对空域图像信号进行编码，而是首先将空域图像信号映射变化到另一个正交矢量空间，产生一批变换系数，然后对这些变换系数进行编码处理。变换编码是一种间接编码方法，它是将原始信号经过数学上的正交变换后，得到一系列的变化系数，在对这些系数进行量化、编码、传输。

4．多媒体数据库技术

多媒体数据库是一种包括文本、图像、动画、声音、视频图像等多种媒体信息的数据库。由于一般的数据库管理系统处理的是字符、数值等结构化的信息，无法处理图像数据、音频数据、视频数据以及超文本和超媒体数据等大量非结构化的多媒体信息，因而这就需要一种新的数据库管理系统对多媒体数据进行管理。这种多媒体数据库管理系统能对多媒体数据进行有效的组织、管理和存取，而且还可以实现以下功能：多媒体数据库对象的定义，多媒体数据存取，多媒体数据库运行控制，多媒体数据组织、存储和管理，多媒体数据库的建立和维护，多媒体数据库在网络上的通信功能。

近年来，大容量光盘、高速 CPU 以及宽带网络等硬件技术的发展，为多媒体数据库从研究到应用的发展提供了良好的物理基础，多媒体数据库已广泛用于办公信息系统、商业行销系统、地址信息系统、计算机辅助设计和计算机辅助制造系统、期刊出版系统、医疗信息系统以及军事应用系统中。

5．超文本和超媒体链接技术

多媒体系统中的媒体种类繁多且数据量巨大，各种媒体之间既有差别又有信息上的关联。处理大量多媒体信息主要有 2 种途径：一是利用上述所讲的多媒体数据库系统，以存储和检索特定的多媒体信息；二是使用超文本和超媒体，它一般采用面向对象的信息组织和管理形式，是管理多媒体信息的一种有效方法。

超文本和超媒体允许以事物的自然联系组织信息，类似于人类的联系记忆结构，实现多媒体信息之间的连接，从而构造出能真正表达客观世界的多媒体应用系统。超文本和超媒体的数据模型是一个复杂的非线性网络结构，结构中包含了节点、链、网络这三要素。节点是表达信息的单位，链将节点连接起来，网络是由节点和链构成的有向图。在超文本和超媒体中，信息的组织将不再是线性的，而是以非线性的形式进行存储、管理和浏览。这样，用户对信息的使用将更加灵活方便。

超媒体的本质是相互作用和探索性，其特征在于所包含的信息是以多种形式出现的，而且以非线性方式进行控制。超媒体技术可以十分高效地组织和管理具有逻辑联系的大容量多媒体信息，例如百科全书和参考类 CD-ROM 光盘的信息都是由超媒体技术来组织的。另外，超媒体也是 Internet 上流行的信息检索技术。与普通超媒体有所不同的是，在这里，对于各个网络结点的链接，不但可以指向同一场所的另一篇文本、另一幅图像、另一段声音和影像，而且还可以指向网络上不同地点的资源，这种链接称为超链接。

超媒体技术突破了一般视频技术的线性呈现方式，使人们可以随机访问任意的多媒体信息。

10.1.4　多媒体计算机系统的组成

一般而言，具有对多种媒体进行处理能力的计算机称为多媒体计算机。多媒体计算机系统是一种复杂的将硬件和软件有机结合的综合系统。该系统能将音频、视频等多媒体与计算机系统融合起来，并由计算机系统对各种媒体进行数字化处理。多媒体计算机系统按其物理结构可分为多媒体硬件系统和多媒体软件系统两大部分，其组成结构如图10.5所示。

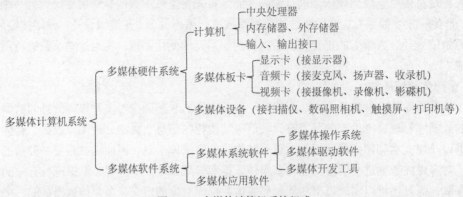

图 10.5　多媒体计算机系统组成

1. 多媒体硬件系统

多媒体计算机硬件系统是构成多媒体系统的物理基础，是指系统中所有的物理设备，如图10.6所示。多媒体硬件系统由主机、多媒体外部设备接口卡（声卡、视频卡等）和多媒体外部设备（麦克风、摄像机等）组成。

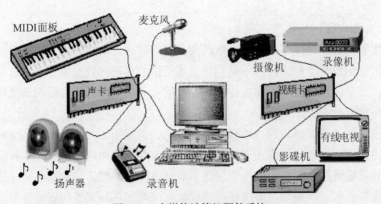

图 10.6　多媒体计算机硬件系统

（1）多媒体计算机

多媒体主机可以是大/中型计算机，也可以是工作站，但用得最多的还是个人计算机。多媒体个人计算机（Multimedia Personal Computer，MPC），是目前市场上最流行的多媒体计算机系统。基本部件由中央处理器（CPU）、内部存储器（只读 ROM 和随机 RAM）和外部存储器（软盘、硬盘、闪盘、光盘）、输入输出接口 3 部分组成。本书第 3 章计算机系统中已经较为详细地讲述了个人计算机，这里就不再赘述。

（2）多媒体板卡

多媒体板卡是根据多媒体系统获取或处理各种媒体信息的需要插接在计算机上，以解决输入和输出问题的硬件设备。是建立多媒体应用程序工作环境必不可少的硬件设备。常用的多媒体板卡有显卡、声卡和视频卡等。

显卡又称显示适配器，它是计算机主机与显示器之间的接口。其作用是将主机中的数字信号转换成图像信号并在显示器上显示出来，它决定着屏幕的分辨率和显示器可以显示的颜色。显卡所处理的信息最终都要输出到显示器上。现在最常见的显卡输出接口如图 10.7 所示。

（a）VGA 接口　　　　（b）DVI-D 接口　　　　（c）DVI-I 接口　　　　（d）HDMI 接口

图 10.7　常见的 4 种显卡输出接口

VGA（Video Graphics Array，视频图形阵列）接口：作用是将转换好的模拟信号输出到 CRT 或者 LCD 显示器中。

DVI（Digital Visual Interface，数字视频）接口：采用 DVI 信号，视频信号无需转换，信号无衰减或失真。DVI 接口分为 2 种，一种是 DVI-D 接口，只能输出数字信号；另一种是 DVI-I 接口，可以输出模拟或数字信号。

HDMI（High Definition Multimedia Interface，高清晰多媒体）接口：作用是将多媒体数字信息输出到液晶电视机或数字投影仪。

声卡是计算机处理声音信息的专用功能卡。声卡上都预留了话筒、录放机、激光唱机等外界设备的插孔，可以用来录制、编辑和回放数字音频文件，控制各声源的音量并加以混合，在记录和回放数字音频文件时进行压缩和解压缩，采用语音合成技术让计算机朗读文本，具有初步的语音识别功能，另外还有 MIDI（Musical Instrument Digital Interface，乐器数字接口）以及输出功率放大等功能。由于话筒输入、音响输出的都是模拟信号，而计算机所能存储和处理的都是数字信号，因此声卡的主要作用之一就是实现模/数、数/模转换。

视频卡是一种基于 PC 的多媒体视频信号处理平台，它可以汇集视频源和音频源的信号，经过捕获、压缩、存储、编辑和特技制作等处理，产生非常亮丽的视频图像画面。视频卡的种类很多，根据功能可以分为视频采集卡、视频解压卡等。视频采集卡是将模拟摄像机、电视机输出的视频信号等输出的视频数据或者视频音频的混合数据输入电脑，并转换成电脑可辨别的数字数据，存储在电脑中，成为可编辑处理的视频数据文件。视频采集卡根据采集的性质可分为模拟信号采集卡和数字信号采集卡。

视频卡和显卡是不同的。视频卡是多媒体计算机中处理活动图像的适配器，有视频叠加卡、视频捕获卡、电视编码卡、电视选台卡、压缩/解压卡等。而显卡是将主机中的数字信号转换成图像信号并在显示器上显示出来。

（3）多媒体设备

多媒体计算机必须配置必要的外部设备来完成多媒体信息的获取。多媒体设备十分丰富，工作方式一般为输入或输出。常用的多媒体设备有显示器、光盘存储器（光存储系统）、音箱、摄像机、扫描仪、数码相机、触摸屏和投影机等。

显示器是一种计算机输出显示设备，它由显示器件（如 CRT、LCD）、扫描电路、视放电路和接口转换电路组成。为了能清晰地显示出字符、汉字、图形，其分辨率和视放带宽比电视机要高出许多。

光存储系统是由光盘驱动器和光盘片组成。驱动器是用于读/写信息的设备，而光盘片是用于存储信息的介质。

音箱是一个能将模拟脉冲信号转换为机械性的振动，并通过空气的振动再形成人耳可以听到的声音的输出设备。

扫描仪是一种静态图像采集设备。它内部有一套光电转换系统，可以把各种图片信息转换成数字图像数据并传送给计算机，然后借助于计算机对图像进行加工处理。如果再配上文字识别OCR（Optical Character Recognition，光学字符识别）软件，则扫描仪可以快速地把各种文稿录入到计算机中。

数码相机（Digital Camera）是一种能够进行拍摄，并通过内部处理把拍摄到的景物转换成数字格式，然后进行压缩（一般压缩为.jpg文件格式），最后传到数码存储设备（通常是闪存）中的相机。数码相机可以直接连接到计算机、电视机或打印机上，对图像进行加工处理、浏览和打印。当数码相机通过USB口连接在计算机后，数码相机的存储卡就被视为计算机的一个可移动磁盘。

触摸屏（Touch Screen）是一种定位设备。当用户用手指或者其他设备触摸安装在计算机显示器前面的触摸屏时，所摸到的位置（以坐标形式）被触摸屏控制器检测到，并通过接口送到CPU，从而确定用户所输入的信息。触摸屏作为一种最新的电脑输入设备，是目前最简单、方便、自然的一种人机交互方式，是一种人人都会使用的计算机输入设备。它主要应用于公共信息的查询、领导办公、工业控制、军事指挥、电子游戏、点歌点菜、多媒体教学、房地产预售等。

2. 多媒体软件系统

和计算机系统类似，要构建一个多媒体系统，多媒体硬件是基础，多媒体软件是灵魂。如何将不同的硬件有机地组织起来，使得用户可以方便地使用各种媒体数据，这些工作都是由多媒体软件来完成的。多媒体软件按功能可分为多媒体系统软件和多媒体应用软件。

（1）多媒体系统软件

多媒体系统软件主要包括多媒体操作系统、多媒体驱动程序和多媒体开发工具。

多媒体操作系统是多媒体的核心系统，主要用于支持多媒体的输入输出及相应的软件接口，具有实时任务调度、多媒体数据转换和同步控制，以及对图形用户界面的管理等功能，使多媒体硬件和软件协调工作。多媒体操作系统主要有Microsoft公司的Windows系列操作系统等。多媒体操作系统是多媒体系统运行的基本环境。

多媒体驱动程序是多媒体计算机系统中直接和硬件打交道的软件，它完成设备的初始化，控制各种设备操作。每种多媒体设备都有对应的驱动程序，安装驱动程序后，多媒体设备方能正常使用。目前流行的多媒体操作系统已带有了大量常用的多媒体驱动程序，但有的外设还需要用户自行安装驱动程序。

多媒体开发工具是多媒体开发人员用于获取、编辑和处理多媒体信息，编制多媒体应用程序的一系列工具软件的统称。它可以对文本、图形、图像、动画、音频和视频等多媒体信息进行控制和管理，并把它们按要求连接成完整的多媒体应用软件。多媒体开发工具大致可分为多媒体素材制作工具、多媒体著作工具和多媒体编程语言等3类。

多媒体素材制作工具是为多媒体应用软件进行数据准备的软件，其中包括文字特效制作软件Word（艺术字）、COOL 3D；图形图像处理与制作软件CorelDRAW、Photoshop、FreeHand；音频编辑与制作软件Wave Studio、Cakewalk、Sound Forge；二维和三维动画制作软件Animator Studio、

3D Studio MAX 等；视频和图像采集编辑软件 ArcSoft 公司的 ShowBiz、Ulead 公司的 VideoStudio 5.0 DVD、Adobe 公司的 Premiere 等；制作地图软件 MapInfo professional。多媒体著作工具又称多媒体创作工具，它是利用编程语言调用多媒体硬件开发工具或函数库来实现的，并能被用户方便地编制程序，组合各种媒体，最终生成多媒体应用程序的工具软件。常用的多媒体创作工具有：PowerPoint、Authorware、ToolBook 等。多媒体编程语言可用来直接开发多媒体应用软件，不过对开发人员的编程能力要求较高，但它有较大的灵活性，适应于开发各种类型的多媒体应用软件。常用的多媒体编程语言有 Visual Basic、Visual C＋＋、Delphi 等。

（2）多媒体应用软件

多媒体应用软件是在多媒体软硬件平台上根据各种需求开发的面向应用的程序以及演示的软件系统。多媒体应用软件又称多媒体应用系统或多媒体产品，是由各种应用领域的专家或开发人员利用多媒体编程语言或多媒体创作工具编制的最终多媒体产品，并直接面向用户。典型的多媒体应用软件有多媒体电子出版物、各种多媒体教学软件、视频会议系统、培训软件等。

10.1.5　多媒体技术的研究发展方向

目前，多媒体技术正在潜移默化地丰富着我们的生活，而且还在飞速地发展。未来对多媒体的研究，主要有以下几个方面。

1. 网络化

即与宽带网络通信的技术相互结合，使多媒体技术进入科研设计、企业管理、办公自动化、远程教育、检索咨询等领域。网络和计算机技术相交融的交互式多媒体将成为多媒体的发展方向。交互式多媒体是指不仅可以从网络上接受信息、选择信息，还可以发送信息，其信息是以多媒体的形式传输。例如，"多媒体"与"网络"的结合促成了"多媒体网络教学"，它作为信息时代的教学媒体，将多媒体和网络技术特有的优点引入到了教学中，使新的教学模式具有资源共享、不限时空性、便于合作等特点。

2. 多媒体终端的部件化、智能化和嵌入化

随着多媒体技术的发展，"信息家电平台"出现了，使多媒体终端集家庭购物、家庭办公、交互教学、交互游戏、视频点播等全方位应用于一身，代表了当今嵌入式多媒体终端的发展方向。

3. 三维化

目前，多媒体技术的研究是将计算机视觉技术和图形学技术的内容结合起来，即增强现实技术。主要可以将注入视频会议的现场图像和计算机生成的图像叠加起来，使多媒体应用效果有了极大的提升，应用范围也随之得到新的拓展。如现在流行的三维电影等。

10.2　声　音　处　理

声音是人们用来传递信息最方便、最熟悉的方式。随着多媒体技术的发展，计算机处理数据的能力不断增强，用户可以通过计算机来达到采集、处理及输出声音的目的。由物理学可知，声音是典型的连续信号，声波由许多具有不同振幅和频率的正弦波组成，不仅在时间上是连续的，在幅度上也是连续的。我们把在时间和幅度上都是连续的信号称为模拟信号。

在利用计算机处理声音信息时，由于计算机只识别"0"、"1"两个数字，因此首先需要将声音数字化，然后才能存储到计算机中并用软件进行编辑。模拟音频技术已经发展了很多年，它能直接记录波形信号，广泛用于声音的采集、处理与播放。音频技术的数字化就是将模拟音频信号等价地转换为离散的数字音频信号，以便利用计算机进行处理。

在多媒体系统中，声音信号处理有以下 3 个特点：

- 由于音频信息是在时间上连续的信号，因此在处理时对时序性的要求较高；
- 由于人有左耳和右耳，类似于两个通道，因此计算机输出的声音应该是立体声的；
- 由于语音信号携带了情感意向，因此对语音信号的处理还要抽取语意等其他信息。

10.2.1　声音的数字化

模拟声音信号的数字化即模数转换（A/D 变换），需要经过采样、量化和编码 3 个步骤，其过程如图 10.8 所示。

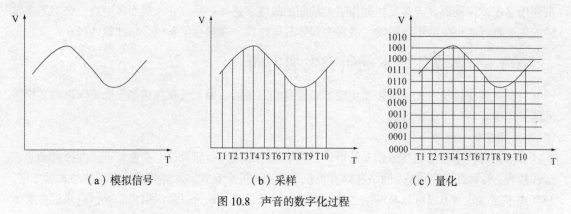

（a）模拟信号　　　　　（b）采样　　　　　（c）量化

图 10.8　声音的数字化过程

1. 采样

采样时将声音信号在时间上离散化，即每隔一定的时间间隔对模拟信号进行取样，如图 10.8（b）所示。采样得到的幅值是无穷多个实数值中的一个，如果把信号幅度取值的数目加以限定，这种由有限个数值组成的信号就称为离散幅度信号。例如，假设输入电压的范围是 0.0 V～0.7 V，并假设它的取值只限定在 0、0.1、0.2……0.7 共 8 个值。如果采样得到的幅度值是 0.123 V，它的取值就应算作 0.1 V，如果采样得到的幅度值是 0.26 V，它的取值就算作 0.3，这种数值就称为离散数值。我们把时间和幅度都用离散的数字表示的信号就称为数字信号。相隔时间相等的采样为均匀采样，相隔时间不相等的采样为不均匀采样。均匀采样又称为线性采样，不均匀采样又称为非线性采样。

2. 量化

量化是将每个采样点得到的幅度值进行数字存储，即把信号强度划分为不同的等级，然后将每一个样本归入预先编排的量化等级上，如图 10.8（c）所示。如果幅度的划分是等间隔的，就称为线性量化，否则称为非线性量化。量化位数表示了采样声音的振幅精度，决定了声音的动态范围。通常量化位数有 8 位、16 位和 32 位等，分别表示有 2^8、2^{16} 和 2^{32} 个等级。在相同的采样频率下，量化位数越多，则采样精度越高，声音的质量也越好，当然信息的存储量也相应越大。

3. 编码

编码就是将量化后的离散值用二进制数来表示。若分成 128 级，量化值为 0～127，每个样本用 7 个二进制位来编码；若分成 32 级，则每个样本只需用 5 个二进制位来编码。采样频率越高，量化数越多，数字化的信号越能逼近原来的模拟信号，而编码用的二进制位数也就越多。如图 10.8

（c）所示的经过编码后的数字信号是：0111 1000 1001 1001 1000 0111 0110……。

10.2.2　常用的声音文件格式

经过采样、量化和编码处理后的声音信号才是真正的数字信号，而音频文件格式就是指对该数字信号的编码方式。在多媒体计算机系统中，数字音频信息是以文件的形式保存的。使用不同的数字音频设备一般都对应着不同的音频文件格式；相同的音频信息，也可以有不同的音频文件格式。常见的存储声音信息的文件格式主要有 WAV 文件格式、MPEG 文件格式、MIDI 文件格式等。

1. WAV 文件格式

WAV 是多媒体计算机获得声音最直接、最简便的方式，是 Microsoft 公司开发的一种声音文件格式，也叫波形声音文件，是最早的数字音频格式，被 Windows 平台及其应用程序广泛支持。该文件是通过对模拟音频以不同的采用频率、不同的量化位数进行数字化而得到的数字信号存入磁盘而形成的波形文件。记录了对真实声音进行采样的数据，能够重现各种声音，适用于记录讲话语音、单声道或立体声的声音信息，并能保证声音不失真。但 WAV 文件的最大缺点是未经压缩的声音文件占用的存储空间较大，因此多用于存储简短的声音片段，不便于交流和传播。

2. MPEG（MP3、MP4）文件格式

MPEG 指的是采用 MPEG 音频压缩标准进行压缩的文件。MP3 全称是 MPEG Audio Layer 3，它在 1992 年合并至 MPEG 规范中，是目前广泛使用的一种声音格式。MP3 能够以高音质、低采样率对数字音频文件进行压缩。换句话说，音频文件（主要是大型文件，比如 WAV 文件）能够在音质丢失很小的情况下，被压缩到更小的程度，人耳根本无法察觉这种音质损失。MP3 的压缩比高达 10∶1～12∶1，因此可以在同样的空间内存储更多的文件，非常适合在网上传播。MP4 的压缩比更是达到了 15∶1，体积较 MP3 更小，但音质却没有下降。不过因为只有特定的用户才能播放这种文件，因此其流传度与 MP3 相比差距甚远。

3. MIDI 文件格式

MIDI（Musical Instrument Digital Interface）是乐器数字接口的英文缩写，是数字音乐/电子合成乐器的统一国际标准。它定义了计算机音乐程序、数字合成器及其他电子设备交换音乐信号的方式，规定了不同厂家的电子乐器与计算机连接的电缆和硬件及设备间数据传输的协议，可以模拟多种乐器的声音。MIDI 文件就是 MIDI 格式的文件，其文件本身不包含任何音频信号。在 MIDI 文件中主要存储指令和数据，包括发生乐器、音量、力度、节拍、音色等信息，当把这些指令发送给声卡后，由声卡按照指令将声音合成出来。由于 MIDI 存储的不是波形信号，因此其文件占用的空间很小，相对于保存真实采样数据的 WAV 文件，MIDI 文件显得更加紧凑，同样 10 分钟的立体声音乐，MIDI 文件的大小不到 70 KB，而 WAV 文件要 100 MB 左右。但缺点是听起来缺乏自然声音的真实感。随着 MIDI 技术的不断发展，其能记录的乐器组合的数量也不断增加，声音质量也正逐步提高。在多媒体应用中，一般用 WAV 文件存放解说词，用 MIDI 文件存放背景音乐。

4. Real Audio 文件格式

RealAudio 文件是 Real Networks 公司开发的一种流式音频文件格式，扩展名为 .ra、.rm、.ram。这种格式的最大特点是可以实时传输音频信息，可谓是网络的灵魂，而强大的压缩量和极小的失真也使其在众多格式中脱颖而出。和 MP3 相同，它也是为了解决网络传输带宽资源而设计的，因此主要目标是压缩比和容错性，其次才是音质。RealAudio 可以随着网络带宽的不同而改变声音的质量，在保证大多数人听到流畅声音的前提下，令带宽较宽敞的听众获得较好的音质。

10.2.3　声音文件的播放和录制

多媒体计算机系统能播放、录制、编辑声音。对于不同文件格式的声音，可用的播放软件也有所不同。Windows 操作系统中自带的录音机程序，只能播放最早流行的 WAV 文件格式的音乐。而后Microsoft公司在 Windows 中集成了自己开发的媒体播放器Windows Media Player，可用于播放使用当前最流行格式制作的音频、视频和混合型多媒体文件。还有类似于超级解霸这种用户需要自己安装的软件，也可以进行多媒体播放。

要录取声音文件需要的硬件主要有：声卡、麦克风，为了回放所录取的声音还需要配备音箱。在完成了硬件设备的连接后为了使声卡能正常工作还要进行软件的调试。依次选择【开始】→【设置】→【控制面板】→【声音、语音和音频设备】→【声音和音频设备】→【音频】，在"声音播放"和"录音"的首选设备中选择声卡所对应的输入和输出选项，如图 10.9 所示。

为确保麦克风能正常使用，双击位于桌面右下任务栏的喇叭，打开"音量控制"对话框，确认话筒和线性输入的【静音】前没有打"√"，如图 10.10 所示。

图 10.9　"声音和音频设备 属性"对话框

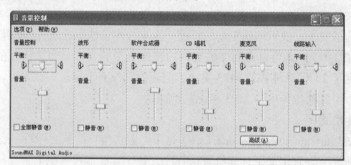

图 10.10　音量控制对话框

1. 声音文件的播放

使用 Windows Media Player 播放媒体的操作步骤如下。

① 依次选择【开始】→【程序】→【附件】→【娱乐】→【Windows Media Player】命令，启动 Windows Media Player 程序。

② 选择菜单栏中的【文件】→【打开】命令，打开所需要的音频文件，如图 10.11 所示。

③ 单击按钮播放音乐。

2. 声音文件的录制

使用 Windows 操作系统中自带的录音机程序录制声音的操作步骤如下。

① 依次选择【开始】→【程序】→【附件】→【娱乐】→【录音机】命令，打开录音机程序，如图 10.12（a）所示。

② 单击【录音】按钮开始录音。Windows 录音机录制音频文件时一次能录制的时间为 60 秒，当录制时间大于 60 秒后，按【录音】继续录制。当朗读文章结束后，单击【停止】结束录音，如图 10.12（b）所示。

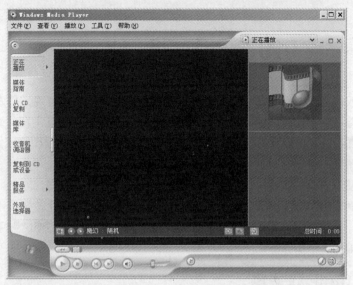

图 10.11　使用 Windows Media Player 播放声音

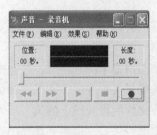

（a）初始状态

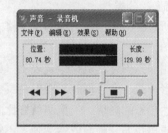

（b）录制状态

图 10.12　Windows 录音机

③ 选择菜单栏中的【文件】→【另存为】命令，在出现的"另存为"对话框中的【格式】项，选【更改】。在"声音选定"对话框中修改【属性】项为【22.05 Hz　16 位　86 KB/s】，单击【确定】返回"另存为"对话框，选好保存的路径，文件名存为"示例 1_1"，保存类型选【wav】，如图 10.13 所示。

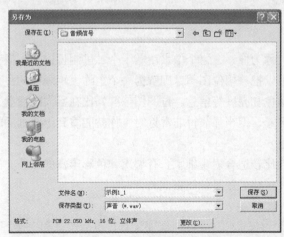

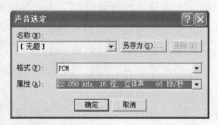

图 10.13　Windows 录音机的保存及属性修改

这样一个完整语音音频文件便保存好了。

10.3 图像处理

图形图像是人们现实生活中最常见的各种景物的抽象浓缩和真实再现,是人们最容易接收的信息媒体。常言道"百闻不如一见",就足以说明图形图像是信息量及其丰富的媒体。一幅图画可以形象、生动和直观地表现大量的信息,具有文本、声音无法比拟的优点。因此在多媒体系统中,灵活地使用图形图像,可以达到事半功倍的效果。

图像信息是基于空间的连续模拟信息,而计算机只能处理数字数据,因此要在计算机中处理图像,必须先把真实的图像(照片、画报、图书、图纸等)通过数字化转变成计算机能够接受的显示和存储格式,然后再用计算机进行分析处理。与音频信号一样,图像的数字化过程也需要经过采样、量化与编码 3 个步骤。

10.3.1 图像的数字化

1. 数字图像的分类

计算机中所包含的图形和图像的文件格式常用位图或矢量图来表示。

(1)矢量图

矢量图是用一系列计算机指令来表示一幅图,这幅图由基本图元组成,这些图元有点、线、圆、椭圆、矩形、弧、多边形等。图形由具有方向和长度的矢量表示,所以比较适合于描述能够用数学方式表达出来的图形。矢量图就好比画在质量非常好的橡胶膜上的画,不管对橡胶膜做怎样的常宽等比成倍拉伸,画面依然清晰;不管你离得多么近去看,也不会看到图形的最小单位。图形主要是通过绘图软件,如 CorelDRAW、AutoCAD 等设计而成,是由轮廓线经过填充而来的。在对图形进行编辑时,可以对每个图元分别实施操作,如对目标图像进行移动、缩放、旋转等操作;在对图形进行显示时,按照绘制的过程逐一显示图元,需要相应的软件读取这些指令,并将其转换成屏幕上所显示的形状与颜色。

对于色调丰富或色彩变化太多的图像,矢量图绘制出来的不是很逼真;对于很复杂的图像,计算机需要花费很长的时间去执行绘图指令;对于一幅复杂的照片,很难用数学描述,因而就不用矢量图表示,而是采用位图表示。

(2)位图

位图是由许许多多的点组成的,这些点称为像素,每个像素用若干个二进制位记录,像素点的颜色和亮度等反映该像素属性的信息。可以把一幅位图图像理解为一个矩阵,矩阵中的每个元素都是图像中的一个像素,每个像素都有颜色和亮度等信息。位图图像就好比在巨大的沙盘上画好的画,当你从远处看的时候,画面细腻多彩,但当你靠得非常近时,你就能看到组成画面的每粒沙子以及每个沙粒单纯的不可变化的颜色。

位图图像是采用像素点来描述的,因此比较适合表现细腻、有层次和色彩丰富的图像。使用 Windows 操作系统自带的画图工具制成的图像格式就是位图格式。

(3)矢量图和位图的区别

① 在显示图像时,位图比矢量图快。因为矢量图在显示时需要计算机重新运算和变换,而位图只需将像素点显示到屏幕即可。

② 矢量图的文件数据量比位图的小。因为位图是由像素构成的,每个像素点又有若干二进制

位进行描述，占用的二进制位数越多，一幅图像的文件数据量也会随之增大。而矢量图的颜色参数等均是在指令中给出的，所以图形的颜色数目与文件数据量的大小无关。

③ 矢量图在进行放大、缩小、旋转等操作后不会产生失真，而位图则会出现失真现象，特别是放大若干倍后可能出现严重的"马赛克"现象。矢量图与位图的这种区别如图 10.14 所示。

　　　　（a）矢量图　　　　　　　　　　　　（b）位图

图 10.14　矢量图与位图的区别（失真）

④ 矢量图侧重于"绘制"和"创造"，而位图侧重于"获取"和"复制"。

⑤ 矢量图是由计算机绘图软件生成的，文件存储的是描述生成图形的指令，因此不必对矢量图进行数字化处理。

2．采样

采样就是将二维空间上连续的图像转换成离散点的过程，采样的实质就是要用若干像素点来描述一幅图像。可以理解为对二维空间上连续的图像在水平和垂直方向上等间距地分割成矩形网状结构，所形成的微小方格称为像素点。一幅图像就被采样成有限个像素点构成的集合。例如：一幅 640 × 480 分辨率的图像，表示这幅图像是由 640 × 480 = 307 200 个像素点组成的。如图 10.15 所示，左图是要采样的物体，右图是采样后的图像，每个小格即为一个像素点。采样结果质量的高低是用图像分辨率来衡量的，图像分辨率是指在一幅图像中，每个单位长度（英寸）中的像素数。

采样频率是指一秒钟内采样的次数，它反映了采样点之间的间隔大小。采样频率越高，得到的图像样本越逼真，图像的质量越高，但要求的存储量也越大。在进行采样时，采样点间隔大小的选取很重要，它决

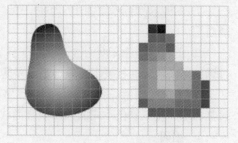

图 10.15　图像采样

定了采样后的图像能真实地反映原图像的程度。一般来说，原图像中的画面越复杂，色彩越丰富，则采样间隔应越小。由于二维图像的采样是一维图像采样的推广，根据信号的采样定理，要从取样样本中精确地复原图像，可得到图像采样的奈奎斯特（Nyquist）定理：图像采样的频率必须大于或等于源图像最高频率分量的 2 倍。

3．量化

量化是在图像采样后，将表示图像色彩浓淡的连续变化值离散化为整数的过程。实质是指要使用多大范围的数值来表示图像采样之后的每一个点。量化的结果是图像能够容纳的颜色总数，它反映了采样的质量。例如：如果以 4 位存储一个点，就表示图像只能有 2^4 = 16 种颜色；若采用 16 位存储一个点，则有 2^{16} = 65 536 种颜色。所以，量化位数越大表示图像可以拥有更多的颜色，自然可以产生更为细致的图像效果，但是，也会占用更大的存储空间。因此，采样和量化的基本问题都是视觉效果和存储空间的取舍。

假设有一幅黑白灰度的照片，因为它在水平与垂直方向上的灰度变化都是连续的，都可认为有无数个像素，而且任一点上灰度的取值都是从黑到白可以有无限个可能值。通过沿水平和垂直方向的等间隔采样可将这幅模拟图像分解为近似的有限个像素，每个像素的取值代表该像素的灰度（亮度）。对灰度进行量化，使其取值变为有限个可能值。经过这样采样和量化得到的一幅空间上表现为离散分布的有限个像素，灰度取值上表现为有限个离散的可能值的图像称为数字图像。只要水平和垂直方向采样点数足够多，量化比特数足够大，数字图像的质量就比原始模拟图像毫不逊色。例如，图 10.16（a）中沿线段 AB 的连续图像灰度值的曲线，取白色值最大，黑色值最小，如图 10.16（b）所示；沿线段 AB 等间隔进行采样，取样值在灰度值上是连续分布，连续的灰度值再进行数字化（8 个级别的灰度级标尺），如图 10.16（c）所示。

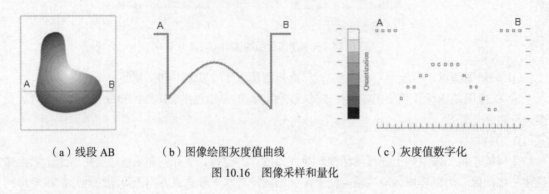

（a）线段 AB　　　　（b）图像绘图灰度值曲线　　　　　（c）灰度值数字化

图 10.16　图像采样和量化

图像文件中记录每个像素的颜色信息所占的二进制位数称为图像的颜色深度。在多媒体计算机中，根据颜色深度可以判断图像包含的颜色数，常见的颜色深度有以下 3 类。

① 图像的颜色深度为 1，即用一个二进制位 1 和 0 来表示纯白和纯黑两种状态，这种图称为黑白图。

② 图像的颜色深度为 8，即占 1 字节（灰度级别为 $2^8 = 256$）来表示 256 种不同的颜色。通过调整黑白两色的程度来有效地显示单色图像，这种图称为灰度图。

③ 图像的颜色深度为 24，即占 3 字节来表示 $2^{24} = 16\,777\,216$（约 16 M）种不同的颜色。通过红、绿、蓝三基色不同的强度混合而成，这种图称为真彩色图像。

4. 编码

图像的分辨率和像素的颜色深度决定了图像文件的大小，用字节表示图像文件大小时，一幅未经压缩的数字图像的数据量计算公式为：

列数 × 行数 × 颜色深度/8 = 图像字节数

例如，一幅 640×480 的 24 位真彩色图像，需要 640×480×24/8 = 900 KB 的数据量。由此可见数字化后得到的图像数据量巨大，必须采用编码技术来压缩其信息量。在一定意义上讲，编码压缩技术是实现图像传输与储存的关键。目前已有许多成熟的编码算法应用于图像压缩。常见的有图像的预测编码、变换编码、分形编码、小波变换图像压缩编码等。当需要对所传输或存储的图像信息进行高比率压缩时，必须采取复杂的图像编码技术。

10.3.2　常用的图像文件格式

随着信息技术的发展，计算机多媒体信息处理能力越来越强。人们对图形图像的要求也越来越高，既要保持图形图像的质量，还要减小体积便于传输，这就出现了目前常见的图形图像格式。

1．BMP 文件格式

BMP（Bitmap，位图）是 Windows 操作系统中的标准图像文件格式，能够被多种 Windows 应用程序所支持。随着 Windows 操作系统的流行与丰富的 Windows 应用程序的开发，BMP 位图格式理所当然地被广泛应用。这种格式的优点是包含的图像信息较丰富，几乎不进行压缩，但由此导致了它与生俱生来的缺点，即占用磁盘空间过大。目前 BMP 在单机上比较流行。

2．GIF 文件格式

GIF（Graphics Interchange Format，图形交换格式）格式是用来交换图片的。事实上也是如此。20 世纪 80 年代，美国一家著名的在线信息服务机构 CompuServe 针对当时网络传输带宽的限制，开发出了这种 GIF 图像格式。GIF 格式的特点是压缩比高，磁盘空间占用较少，所以这种图像格式迅速得到了广泛的应用。最初的 GIF 只是简单地用来存储单幅静止图像（称为 GIF87a），后来随着技术的发展，可以同时存储若干幅静止图像，进而形成连续的动画，使之成为当时支持 2D 动画为数不多的格式之一（称为 GIF89a），而在 GIF89a 图像中可指定透明区域，使图像具有非同一般的显示效果，这更使 GIF 风光十足。此外，考虑到网络传输中的实际情况，GIF 图像格式还增加了渐显方式，也就是说，在图像传输过程中，用户可以先看到图像的大致轮廓，然后随着传输过程的继续而逐步看清图像中的细节部分，从而适应了用户的"从朦胧到清楚"的观赏心理。

GIF 格式具有压缩比高、磁盘空间占用较小、下载速度快、颜色数较少等优点，因此目前 Internet 上大量采用的彩色动画文件多为这种格式的文件。但 GIF 有个小小的缺点，即不能存储超过 256 色的图像。

3．JPEG 文件格式

JPEG（Joint Photographic Experts Group，联合图片专家组）是由联合图片专家组开发并命名为"ISO 10918-1"的图像文件格式，JPEG 仅仅是一种俗称而已。JPEG 文件的扩展名为 .jpg 或 .jpeg，其压缩技术十分先进，它用有损压缩方式去除冗余的图像和彩色数据，在取得极高的压缩率的同时又能展现十分丰富生动的图像，即可以用最少的磁盘空间得到较好的图像质量。同时 JPEG 还是一种很灵活的格式，具有调节图像质量的功能，允许你用不同的压缩比例对这种文件压缩，比如我们最高可以把 1.37 MB 的 BMP 位图文件压缩至 20.3 KB。对于同一幅画面，JPEG 格式存储的文件数据量大小只相当于其他类型压缩方式所得文件的几十分之一，甚至更高，但当压缩比设定太高时，图像的质量就会变差。当然我们完全可以在图像质量和文件尺寸之间找到平衡点。

4．JPEG 2000 文件格式

JPEG 2000 同样是由 JPEG 组织负责制定的，它有一个正式名称叫做"ISO 15444"。与 JPEG 相比，它是具备更高压缩率以及更多新功能的新一代静态影像压缩技术。JPEG 2000 作为 JPEG 的升级版，其压缩率比 JPEG 高约 30%左右。与 JPEG 不同的是，JPEG 2000 同时支持有损和无损压缩，而 JPEG 只能支持有损压缩。无损压缩对保存一些重要图片是十分有用的。JPEG 2000 的一个极其重要的特征在于它能实现渐进传输，这一点与 GIF 的"渐显"有异曲同工之妙，即先传输图像的轮廓，然后逐步传输数据，不断提高图像质量，让图像由朦胧到清晰地显示，而不必是像现在的 JPEG 一样，由上到下慢慢显示。JPEG 2000 和 JPEG 相比优势明显，且向下兼容，因此取代传统的 JPEG 格式指日可待。JPEG 2000 可应用于传统的 JPEG 市场，如扫描仪、数码相机等，亦可应用于新兴领域，如网路传输、无线通信等。

5．PSD 文件格式

PSD（Photoshop Document）是 Adobe 公司的图像处理软件 Photoshop 的专用格式。PSD 其实是 Photoshop 进行平面设计的一张"草稿图"，它里面包含有各种图层、通道、遮罩等多种设计的

样稿，以便于下次打开文件时可以修改上一次的设计。在 Photoshop 所支持的各种图像格式中，PSD 的存取速度比其他格式快很多，功能也很强大。

6. PNG 文件格式

PNG（Portable Network Graphics，流式网络图像）是一种新兴的网络图像格式。PNG 汲取了 GIF 和 JPG 二者的优点，存储形式丰富，兼有 GIF 和 JPG 的色彩模式，是目前最能保证不失真的格式，另外它能把图像文件压缩到极限以利于网络传输，但又能保留所有与图像品质有关的信息，因为 PNG 是采用无损压缩方式来减少文件的大小，这一点与牺牲图像品质以换取高压缩率的 JPG 有所不同。PNG 支持透明图像的制作，透明图像在制作网页图像的时候很有用，我们可以把图像背景设为透明，用网页本身的颜色信息来代替设为透明的色彩，这样可让图像和网页背景很和谐地融合在一起。现在，越来越多的软件开始支持这一格式，而且在网络上也越来越流行。PNG 的缺点是不支持动画应用效果，如果在这方面能有所加强，简直就可以完全替代 GIF 和 JPEG 了。

7. SWF 文件格式

SWF（Shockwave Flash）是利用 Flash 制作出的一种动画格式，这种格式的动画图像能够用比较小的体积来表现丰富的多媒体形式。在图像的传输方面，不必等到文件全部下载才能观看，而是可以边下载边看，因此特别适合网络传输，特别是在传输速率不佳的情况下，也能取得较好的效果。SWF 动画是基于矢量技术制作的，因此不管将画面放大多少倍，画面不会因此而有任何损害。目前，SWF 文件格式以其高清晰度的画质和小巧的体积，受到了越来越多网页设计者的青睐，也越来越成为网页动画和网页图片设计制作的主流。

10.3.3 常用的图像处理软件

目前在图形图像处理时有很多软件可供使用，例如 Windows 操作系统附件程序之一的"画图"程序、Photoshop 数字图像处理软件、CorelDRAW 和 AutoCAD 等软件。

Photoshop 是美国公司 Adobe 开发并不断推陈出新的图像设计软件，它支持真彩色和灰度模式的图像，可以针对图像进行多种操作，如复制、粘贴、修饰、色彩调整、编辑、创建、合成等，并给出了许多增强图像的特殊手段。在 Photoshop 中制作好的图像格式（PSD 文件），可以便捷地输出为各种常用格式的图像文件，同时可从与其他各种图像设计软件相互衔接。Photoshop 擅长于扫描或对数码相机得到的图像素材进行编辑。目前它广泛地应用于美术设计、广告制作、计算机图像处理、旅游风光展示等领域，是计算机数字图像处理的有力工具。Photoshop 的系统比较复杂，因此本节不做深入介绍。在此仅介绍"画图"程序。"画图"的功能有限，常用于绘制简单的图形、截取屏幕画面、对图像进行简单编辑、显示和保存图像文件等。"画图"程序创建的文件默认为.bmp 格式，也可以保存为.jpg 或.gif 文件格式。

打开了 Windows 操作系统后，依次选择【开始】→【程序】→【附件】→【画图】命令，打开"画图"软件，便会出现一个白板，相当于新建了一张画纸，绘图就在这个白板上进行。"画图"软件的基本界面如图 10.17 所示。注意要随时把自己的画作保存起来，这样才能避免因断电或是死机等原因而引起的没保存的文件丢失等后果。

例 10.1 画一幅夜景，有房子，有灯光，有天空，有月亮，有星星，如图 10.17 画图软件中的内容所示。具体实现过程如下。

1. 给夜景选一个颜色

单击菜单【颜色】弹出"编辑颜色"对话框，如图 10.18（a）所示。如果觉得这个面板上的颜色还不够用，我们可以选【规定自定义颜色】。在右面出来的色板中选择合适的颜色后，将这个颜色【添加到自定义颜色】中去，然后在"编辑颜色"对话框单击【确定】按钮。

图 10.17　"画图"软件界面

2．绘制夜景底色

单击左边工具栏中的【用颜色填充】按钮，在画纸上点一下（用鼠标左键单击一次），整个画纸就被填充成了同一种颜色，如图 10.18（b）所示。颜色填充工具所使用的颜色，正是刚刚添加的新的"自定义颜色"。

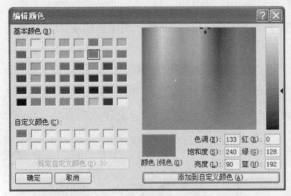

（a）"编辑颜色"对话框

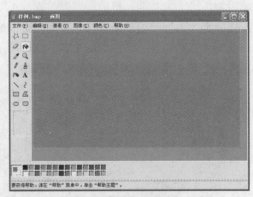

（b）"用颜色填充"绘制夜景底色

图 10.18　绘制夜景

3．绘制房子轮廓

单击左边工具栏中的【直线】按钮，将房子的轮廓画出来。首先选择颜色为黑色，然后和在真实的绘图纸上画图一样，鼠标左键按住不放，然后移动鼠标，移到某一个位置再松开鼠标左键，一条直线就出来了。这样一条条地画直线，将房子轮廓画出来，如图 10.19（a）所示。还可以在下面选择直线线条的粗细。如果画错了，可以单击菜单【编辑】→【撤销】，或按 Ctrl + Z 进行撤销操作，但最多撤销三次。

4．填充房子

在夜色下，房子可以看成是漆黑一片，偶尔有一点亮光。单击左边工具栏中的【用颜色填充】按钮，将房子涂成黑色，如图 10.19（b）所示。

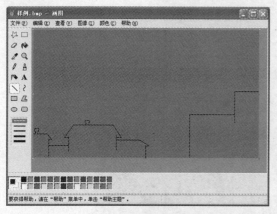

（a）"直线"绘制房子轮廓

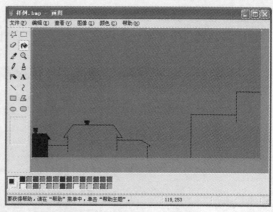

（b）"用颜色填充"填充房子

图 10.19　绘制房子

5. 绘制窗户

现在是黑压压的一片，应该加一些有灯的窗户。单击左边工具栏的【矩形工具】，选择最下面的【实心填充】模式。从上到下的 3 个模式分别为：边框模式，边框加实心填充模式，实心模式。首先选择一个灯光的颜色，例如选择光亮的黄色，然后画矩形（正方形或长方形均可）。在画矩形时，将鼠标左键按住，然后往右下角拖拉，就可以画出矩形图，如图 10.20（a）所示。

6. 给窗户加上窗格

为了逼真，还需要给窗户加上窗格，但因为这里画的窗户比较小，直接画窗格可能会对不准，便可使用另一个功能，把画纸放大（缩放）。单击左边工具栏中的【放大镜】，然后在左下方选择 2 倍放大，再拖动滚动条，找到需要加窗格的窗户，再给窗户画上窗格，用【直线】工具，在窗格上画线，横竖各一条，如图 10.20（b）所示。

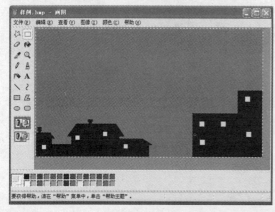

（a）"矩形工具"绘制窗户

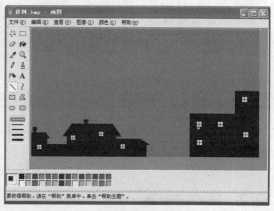

（b）"直线工具"绘制窗格

图 10.20　绘制窗户

7. 绘制真实的夜空

单色的夜空看上去有点单调，需要将其画得更为逼真一些。想要夜景更有立体感，同一个颜色已经不能满足需求了。我们时常可以看到，越高的夜空颜色越深，所以可以利用深浅颜色渐变来给夜空增添更丰富的颜色层次。首先选择和夜空底色相近，但看上去稍微浅一点的颜色，然后单击左边工具栏的【曲线】画出弧线，再继续选择其他颜色，颜色越来越浅，画出更多的弧线并填充，如图 10.21（a）所示。

8. 绘制夜空中的月亮

绘制一个比较弯的月亮。首先选好黄色，单击左边工具栏中的【椭圆形】画一个整圆；然后选择和背景颜色相同的颜色，再画一个椭圆形，把月亮遮住一部分，如图 10.21（b）所示。

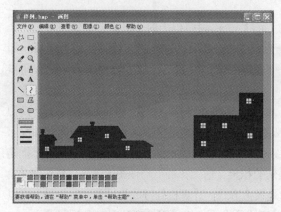

（a）绘制渐变的夜空　　　　　　　　　　　（b）绘制月亮

图 10.21　绘制夜空

9. 绘制夜空中的星星

首先选择颜色，然后单击左边工具栏中的【刷子】工具点缀上星星，如图 10.22（a）所示。

10. 写上文字

单击左边工具栏中的【文字】工具，选下面"无背景颜色"的文字输入框，输入文字。文字的颜色、字体等属性都可以根据自己的需求设计，如图 10.22（b）所示。

（a）绘制星星　　　　　　　　　　　　　　（b）添加文字

图 10.22　绘制星星和添加文字

11. 保存图像

单击【文件】→【另存为】命令，保存为.bmp 格式的位图文件，也可以选择.jpg 或其他格式。

10.4　视 频 处 理

人们感知客观世界有 70%以上的信息是通过视觉获取的，视觉信息以其直观生动等特点反应着周围视觉的景物和图像。因此在多媒体应用系统中，视频也是一种重要的媒体，应用非常广泛。生活中常用的电视机、录像机、摄像机上都有 2 个输出口：视频（Video）和音频（Audio）。随着计算机网络和多媒体技术的发展，视频信息技术已经成为人们生活中不可缺少的组成部分，渗透到工作、学习、娱乐等各个方面。

静止的画面称为图像，当连续的图像变化超过每秒 12 幅画面以上时，根据视觉暂留原理，人眼无法辨别每幅单独的静态画面，看上去是平滑连续的视觉效果，这样的连续画面称为视频。即视频是由一系列静态图像按一定顺序排列组成，每一幅图像称为帧。伴随着视频图像还配有同步的声音，因此视频信息需要巨大的存储容量。

视频按照处理方式的不同，可分为模拟视频（Analog Video）和数字视频（Digital Video）。模拟视频是指视频信号产生、处理、记录与重放、传送与接收中采用的均是模拟信号，即在时间和幅度上都是连续的信号。模拟信号的图像质量主要受到视频信号的精度和稳定性等因素的制约，其抗干扰能力较差，在远距离传输中会造成信号及图像质量损伤的积累，信噪比的下降使图像清晰度越来越低。早期的电视等视频信号的记录、存储和传输采用的是模拟方式。计算机处理的信号是数字信号，可以直接进行存储、编辑和传输。现在 VCD、DVD、数字式便携摄像机采用的都是数字视频方式。

10.4.1　视频的数字化

视频数字化的目的是将模拟视频信号经模/数转换和彩色空间变化，转换成多媒体计算机可以显示和处理的数字信号。采用数字视频信号可以获得比原有模拟信号更好的图像质量。视频信号的数字化过程与音频信号的数字化原理是一样的，它也要通过采集、量化、编码等必经步骤。但由于视频信号本身的复杂性，它在数字化的过程又同音频信号有一些差别。如视频信息的扫描过程中要充分考虑视频信号的采样结构，色彩、亮度的采样频率等。

在数字化后，如果视频信号不加以压缩，数据量的大小是帧乘以每幅图像的数据量。如要在计算机上连续显示 640×480 的 24 位真彩色图像的高质量电视图像，按每秒 30 帧计算，显示 1 分钟需要 $640 \times 480 \times 24/8 \times 30 \times 60 \approx 1.54$ GB。一张 650 MB 的光盘只能存放 24 s 左右的电视图像。这就带来了图像数据压缩问题，也成为多媒体技术中一个重要的研究课题。

10.4.2　常用的视频文件格式

现在多媒体的发展势头非常迅猛，各种各样的多媒体设备也层出不穷，让人眼花缭乱。于是不同的多媒体文件格式也是如雨后春笋般不断涌现出来，同音频格式文件类似，每一种视频格式也需要与其对应的播放器才能进行播放，如 WMV 格式的文件需要 Windows Media Player 播放，RM 格式的文件需要 Real Player 来支持，而 MOV 格式的文件需要 QuickTime 来播放等。视频文件可以分成影像文件和流式视频文件两类。影像文件不仅包含了大量的图像信息，同时还容纳了大量的音频信息，如 VCD。流式视频文件，是随着国际互联网的发展而诞生的，如在线实况传播。流式视频采用一种"边传边播"的方法，即先从服务器上下载一部分视频文件，形成视频流缓冲区后实时播放，同时进行下载，为接下来的播放做好准备。在多媒体格式中，基本上只有文本、图形可以按照原始格式在网上传输，而动画、音频、视频等类型的多媒体格式一般要采用流式技术来进行处理以便在网上传输。

1. 影像文件格式

（1）AVI 文件格式

AVI（Audio Video Interleave）文件格式，即音频视频交叉存取格式。1992 年初 Microsoft 公

司推出了 AVI 技术及其应用软件 VFW（Video for Windows，视窗视频操作环境）。在 AVI 文件中，视频数据和音频数据是以交织的方式存储，并独立于硬件设备。这种按交替方式组织音频和视频的方式可使得读取视频数据流时能更有效地从存储媒介得到连续的信息。AVI 格式允许视频和音频交错在一起同步播放，但 AVI 文件没有限定压缩标准，由此也造就了 AVI 文件格式不具有兼容性，不同压缩标准生成的 AVI 文件，就必须使用相应的解压缩算法才能将之播放出来。AVI 视频格式的优点是图像质量好，可以跨多个平台使用，但是其缺点是体积过于庞大，而且更加糟糕的是压缩标准不统一，因此经常会遇到高版本 Windows 媒体播放器播放不了采用早期编码编辑的 AVI 格式视频，而低版本 Windows 媒体播放器又播放不了采用最新编码编辑的 AVI 格式视频。不过 AVI 格式还是经常可以在网上看到，主要用于播放新影片的精彩片段。

（2）MOV 文件格式

MOV 格式是美国 Apple 公司开发的一种视频格式，具有很高的压缩比和较完美的视频清晰度，具有跨平台、存储空间要求小的技术特点。采用了有损压缩方式的 MOV 格式文件，画面效果较 AVI 格式要稍微好一些。其最大的特点还是跨平台性，不仅能支持 Mac OS，同样也能支持 Windows 系列操作系统。目前为止，MOV 格式共有 4 个版本，其中以 4.0 版本的压缩率最好。这种编码支持 16 位图像深度的帧内压缩和帧间压缩，帧率在每秒 10 帧以上。现在 MOV 格式有些非编软件也可以对它实行处理，包括 Adobe 公司的专业级多媒体视频处理软件 Aftereffect 和 Premiere。

（3）MPEG 文件格式

和 AVI 相反，MPEG（Moving Picture Expert Group，动态图像专家组）不是简单的一种文件格式，而是编码方案。家里常看的 VCD、SVCD、DVD 就是这种格式。MPEG 文件格式是动态图像压缩算法的国际标准，它采用了有损压缩的方法，从而减少了动态图像中的冗余信息。MPEG 的压缩方法说得更加深入一点就是保留了相邻两幅画面绝大多数相同的部分，而把后续图像中和前面图像有冗余的部分去除，从而达到压缩的目的。MPEG 的平均压缩比为 50∶1，最高可达 200∶1，压缩效率很高。同时图像和声音的质量也非常好，并且在电脑上有统一的标准格式，兼容性相当好，现在很多视频处理软件都支持这种格式的文件。

目前 MPEG 格式有 3 个压缩标准，分别是 MPEG-1、MPEG-2 和 MPEG-3。而大家熟悉的 MP3 就是采用的 MPEG-3 编码。

（4）DAT 文件格式

DAT（Digital Audio Tape）技术又可以称为数码音频磁带技术。最初是由惠普（HP）公司与索尼（SONY）公司共同开发出来的。这种技术以螺旋扫描记录（Helical Scan Recording）为基础，将数据转化为数字后再存储下来。早期的 DAT 技术主要应用于声音的记录，后来随着这种技术的不断完善，又被应用在数据存储领域里。目前 VCD 采用 DAT 文件格式，VCD 中的.dat 文件则需要用 VCD 播放软件打开。

2．流式视频文件格式

（1）RealMedia 文件格式

RM 格式是 RealNetworks 公司开发的一种新型流式视频文件格式，它包含有 RealAudio、RealVideo 和 RealFlash。RealAudio 用来传输接近 CD 音质的音频数据，RealVideo 用来传输连续视频数据，而 RealFlash 则是 RealNetworks 公司与 Macromedia 公司新近合作推出的一种高压缩比的动画格式。RealMedia 可以根据网络数据传输速率的不同确定不同的压缩比率，从而实现在低速率的广域网上进行影像数据的实时传送和实时播放。RealVideo 除了可以以普通的视频文件形式播放之外，还可以与 RealServer 服务器相配合，首先由 RealEncoder 负责将已有的视频文件实时转换成 RealMedia 格式，RealServer 则负责广播 RealMedia 视频文件。在数据传输过程中可以边下载边由 RealPlayer 播放视频影像，而不必像大多数视频文件那样，必须先下载完后才能播放。目前，Internet 上已有不少网站利用 RealVideo 技术进行重大事件的实况转播。

（2）RMVB 文件格式

RMVB 是一种由 RM 视频格式升级延伸出的新视频格式，它的先进之处在于 RMVB 视频格式打破了原先 RM 格式那种平均压缩采样的方式，在保证平均压缩比的基础上合理利用了比特率资源，就是说静止和动作场面少的画面场景采用较低的编码速率，这样可以留出更多的带宽空间，而这些带宽会在出现快速运动的画面场景时被利用。这样在保证了静止画面质量的前提下，大幅提高了运动图像的画面质量，从而图像质量和文件大小之间达到了微妙的平衡。

（3）ASF 文件格式

ASF（Advanced Streaming Format）是由 Microsoft 公司推出的高级流格式，也是一个在 Internet 上实时传播多媒体的技术标准。ASF 的主要优点有本地或网络回放、可扩充的媒体类型、部件下载以及扩展性等。ASF 应用的主要部件是 NetShow 服务器和 NetShow 播放器。有独立的编码器将媒体信息编译成 ASF 流，然后发送到 NetShow 服务器，再由 NetShow 服务器将 ASF 流发送给网络上的所有 NetShow 播放器，从而实现单路广播或多路广播。因为 ASF 是以一个可以在网上即时观赏的"视频流"格式存在的，所以它的图像质量比 VCD 稍差，但比同是视频流格式的 RM格式要稍好。该格式是 Microsoft 为了和 Real Player 竞争而推出的一种视频格式，用户可以直接使用 Windows 系统附带的 Windows Media Player 对其进行播放。

（4）WMV 文件格式

WMV（Windows Media Video）是 Microsoft 推出的一种采用独立编码方式并且可以直接在网上实时观看视频节目的文件压缩格式。WMV 视频格式的主要优点有本地或网络回放，可扩充的、可伸缩的媒体类型，多语言支持，环境独立性，丰富的流间关系以及扩展性等。

此外，MPEG、AVI、SWF 等格式也都适用于流媒体技术的文件格式。由于流媒体文件技术在一定程度上突破了网络带宽对多媒体信息传输的限制，因此该技术被广泛运用于网上直播、网络广告、视频点播、远程教育、电子商务等诸多领域。

10.4.3　视频文件的播放

前面已经说过，根据视频格式的不同有相应的播放软件。目前播放视频的软件种类也有很多，如暴风影音、超级解霸、千千静听和 Real Player 等。

暴风影音是暴风网际公司推出的一款视频播放器，该播放器兼容大多数的视频和音频格式，是 Internet 上较流行的播放器，连续获得《电脑报》、《电脑迷》、《电脑爱好者》等 IT 专业媒体评选的消费者最喜爱的互联网软件荣誉以及编辑推荐的优秀互联网软件荣誉。暴风影音的界面如图10.23 所示，图中所示的主要的按键功能如下。

① 快速打开文件与视频字符设置。

② 播放 DVD 的设置菜单，仅对 DVD 光盘生效。

③ 显示比例与皮肤更换。

④ 影片记忆功能，方便从断开的地方继续观看。

⑤ 更换观看循环方式，例如单曲循环或随机播放。

⑥ 隐藏播放列表。

⑦ 综合设置快捷键，包括视频设置、音频设置和字幕设置。

⑧ 更换皮肤快捷方式并加入换肤功能。

⑨ 截屏工具快捷方式。

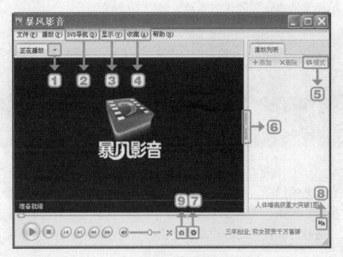

图 10.23　"暴风影音"软件界面

Windows 自带的 Windows Media Player 的最新版本 7.0 版本已经升级成为一个全功能的网络多媒体播放器软件，既可以播放音频、视频，也可以播放混合多媒体文件；既可以播放本机的多媒体文件，也可以播放网络上的流式多媒体文件，因此得到了广泛的应用。

在打开了 Windows 操作系统后，依次选择【开始】→【程序】→【附件】→【娱乐】→【Windows Media Player】命令，启动 Windows Media Player 程序，如图 10.11 所示。其使用方法很简单，这里就不再赘述了。

10.5　Flash 动画制作

随着计算机图形学和计算机硬件的不断发展，人们已经不满足于仅仅生成高质量的静态画面，于是计算机动画就应运而生。计算机动画是指采用图形图像的处理技术，借助编程或动画制作软件生成一系列的景物画面，其中当前帧是前一帧的部分修改。目前计算机动画制作软件很多，虽然制作的复杂程度不同，但制作动画的基本原理是一致的。

所谓的动画就是会"动"的画，它是利用人类眼睛的"视觉暂留"现象，使一幅幅静止的画面连续播放，看起来像在运动。有一个实验表明，当 2 个小灯在黑暗的房间里，相距 2 m 远，让 2 个小灯以 25~400 ms 的时间间隔交替点亮和熄灭。我们看到的是一个小灯在 2 个位置之间跳来跳去，而不是 2 个灯分别点亮和熄灭的情形。这就是由于一个灯亮时在人视觉中保留一段短暂的时间，还未消失时另一个灯又点亮，在视觉上将 2 个灯混合为一个灯，感觉就只有一个灯跳来跳去，这就是视觉暂留的原理。大型文艺晚会的彩灯产生流水似的视觉效果也是利用了这个原理。

目前流行的计算机动画制作软件有：Animator Pro、Flash，3DStudio 等。本节仅介绍交互动画制作软件 Flash 的使用方法，为学习多媒体动画制作打好基础。

10.5.1　动画概述

动画是动态生成系列相关画面以产生运动视觉的技术，是利用人的"视觉暂留"特性，连续播放一系列画面，给视觉造成连续变化的图画，如图 10.24 所示。

图 10.24　连续画面

动画是一种综合的艺术门类，是工业社会人类寻求精神解脱的产物，它集合了绘画、漫画、电影、数字媒体、摄影、音乐、文学等众多艺术门类于一身的艺术表现形式。而 Flash 动画是一种交互式动画格式，通过计算机与动画开发软件相结合制作而成。它也是目前最流行的计算机动画软件之一。

1．动画的分类

根据不同的分类角度，动画可以分为不同的形式。

① 根据动画的创作角度分类，动画可分为商业动画和实验动画。

② 根据动画的制作技术和手段分类，动画可分为以手工绘制为主的传统动画、以计算机为主的电脑动画、应用摄影技术来制作的定格动画以及其他动画（如胶片绘制动画）。

③ 根据动画的动作表现形式分类，动画分为接近自然动作的完善动画（动画电视）和采用简化、夸张的局限动画（幻灯片动画）。

④ 根据动画的空间视觉效果分类，动画分为二维动画和三维动画。

⑤ 根据动画的播放效果分类，动画分为顺序动画（连续动作）和交互式动画（反复动作）。

2．动画的文件格式

计算机动画现在应用得比较广泛，由于应用领域不同，动画文件也存在着不同类型的存储格式。常见的动画文件格式主要有 GIF 文件格式、FLIC 文件格式、SWF 文件格式等。

（1）GIF 文件格式

GIF 图像由于采用了无损数据压缩方法中压缩率较高的 LZW（Lempel-Ziv-Welch Encoding）算法，文件尺寸较小，因此被广泛采用。GIF 动画格式可以同时存储若干幅静止图像并进而形成连续的动画，目前 Internet 上大量采用的彩色动画文件多为这种格式的 GIF 文件。

（2）FLIC 文件格式

FLIC 是 Autodesk 公司在其出品的 Autodesk Animator、Animator Pro、3D Studio 等 2D/3D 动画制作软件中采用的彩色动画文件格式，FLIC 是 FLC 和 FLI 的统称，其中，FLI 是最初的基于 320×200 像素的动画文件格式，而 FLC 则是 FLI 的扩展格式，采用了更高效的数据压缩技术，其分辨率也不再局限于 320 像素 × 200 像素。FLIC 文件采用行程编码（RLE）算法和 Delta 算法进行无损数据压缩，首先压缩并保存整个动画序列中的第一幅图像，然后逐帧计算前后两幅相邻图像的差异或改变部分，并对这部分数据进行 RLE 压缩，由于动画序列中前后相邻图像的差别通常不大，因此可以得到相当高的数据压缩率。它被广泛用于动画图形中的动画序列、计算机辅助设计和计算机游戏应用程序中。

（3）AVI 文件格式

AVI 是对视频、音频文件采用的一种有损压缩方式，该方式的压缩率较高，并可将音频和视频混合到一起，因此尽管画面质量不是太好，但其应用范围仍然非常广泛。AVI 文件目前主要应用在多媒体光盘上，用来保存电影、电视等各种影像信息，有时也出现在 Internet 上，供用户下载、欣赏新影片的精彩片段 SWF 格式。

（4）SWF 文件格式

SWF 是 Micromedia 公司的产品 Flash 专用的矢量动画格式，它采用曲线方程描述其内容，而不是由点阵组成内容，因此这种格式的动画在缩放时不会失真，非常适合描述由几何图形组成的动画，如教学演示等。由于这种格式的动画可以与 HTML 文件充分结合，并能添加 MP3 音乐，因此被广泛地应用于网页上，成为一种"准"流式媒体文件。

3. Flash 动画的特点

Flash 以流控制技术和矢量技术等为代表，能够将矢量图、位图、音频、动画和深层交互动作有机地、灵活地结合在一起，从而制作出美观、新奇、交互性更强的动画效果。较传统动画而言，Flash 提供的物体变形和透明技术，使得创建动画更加容易，并为动画设计者的丰富想象提供了实现手段，其交互设计让用户可以随心所欲地控制动画，赋予用户更多的主动权。因此，Flash 动画具有以下特点。

（1）动画短小

Flash 动画受网络资源的制约一般比较短小，但绘制的画面是矢量格式，无论把它放大多少倍都不会失真。

（2）交互性强

Flash 动画具有交互性优势，可以通过单击、选择等动作决定动画的运行过程和结果，是传统动画所无法比拟的。

（3）具有传播性

Flash 动画由于文件小、传输速度快、播放采用流式技术的特点，所以可以上传到网上供人欣赏和下载，具有较好的广泛传播性。

（4）轻便与灵巧

Flash 动画有崭新的视觉效果，成为一种新时代的艺术表现形式。比传统的动画更加轻便与灵巧。

（5）人力少，成本低

Flash 动画制作的成本非常低，使用 Flash 制作的动画能够大大地减少人力、物力资源的消耗，同时，在制作时间上也会大大减少。

10.5.2　Flash 基本动画制作

Flash 是一种矢量图像编辑与动画制作工具，支持动画、声音及交互，具有强大的多媒体编辑功能，并可直接生成主页代码。Flash 动画采用流式播放技术，适合网络传播。因此，学好 Flash 可以说是很重要的。

1. Flash 的界面组成

以 Flash Professional 8 版本为例，其工作界面如图 10.25 所示，主要包括菜单栏、工具箱、时间轴、场景等，熟练掌握每一项的特点和使用技巧，是制作动画的基本条件。

图 10.25　Flash Professional 8 的界面组成

① 工具箱：是用于创建、放置、修改文本和图形的工具，按功能分为工具、查看、颜色、选项等按钮区域。

② 时间轴：用来管理不同场景中的图层与帧的处理。

③ 工作区域：可以绘制图形，导入外部图形、添加文本等。

④ 属性面板：用于设置或检查文本、图形、组件等对象的相关属性，只要选择对象就可同步得到相关属性提示。

2. 工具箱

利用工具箱中的绘图工具可以绘制基本图形，利用属性面板和混色器面板可以对绘制的对象进行相应的外观设置。

单击【窗口】→【混色器】命令，可以打开"混色器"面板，如图 10.26 所示。利用混色板可以设置渐变颜色。为使填充颜色丰富化，可通过混色器面板中的填充方式下拉列表框进行选择。

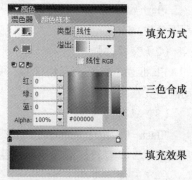

3. 时间轴

时间轴是 Flash 的一大特点，它位于舞台的上方。通过对时间轴上的关键帧的制作，Flash 会自动生成运动中的动画帧，从而节省了制作人员的大部分时间，也提高了效率。在时间轴的上面有一个红色的线，那是播放的定位磁头，拖动

图 10.26　"混色器"面板

磁头可以实现对动画的观察，这在制作当中是很重要的步骤。时间轴可以调整播放速度，并把不同的图像作品放到不同图层的相应帧里，以安排内容的播放顺序。时间轴主要由图层和帧区两部分组成，每层图像都有其对应的帧区，上一层的图像会覆盖下一层的图像。"时间轴"窗口如图 10.27 所示。由图可见，时间轴分为左右两个区域：左为图层控制区，右为帧控制区。

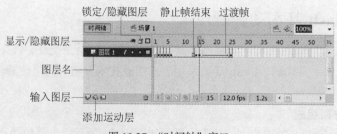

图 10.27　"时间轴"窗口

在时间轴中，使用帧来组织和控制文档的内容。不同的帧对应不同的时刻，画面随着时间的推移逐个出现，就形成了动画。

帧是制作动画的核心，是动画的最小单元。它们控制着动画的时间和动画中各种动作的发生。动画中帧的数量及播放速度决定了动画的长度。最常用的帧类型有以下几种，如图 10.28 所示。

（1）关键帧

制作动画过程中，在某一时刻需要定义对象的某种新状态，这个时刻所对应的帧称为关键帧，如图 10.28（a）所示。关键帧是变化的关键点，如过渡动画的起点和终点，以及逐帧动画的每一帧，都是关键帧。关键帧数目越多，文件体积就越大。所以，同样内容的动画，逐帧动画的体积比过渡动画大得多。注意实心圆点表示的是有内容的关键帧，即实关键帧。

（2）空白关键帧

没有内容的关键帧，时间轴上为"空心的圆点"，表示此帧为空白关键帧，如图 10.28（b）所示。它不包含内容，当该帧添加内容后变为关键帧。每层的第 1 帧被默认为空白关键帧，可以在上面创建内容，一旦创建了内容，空白关键帧就变成了实关键帧。

（3）普通帧

普通也称为静态帧，在时间轴中显示为一个个矩形单元格，如图 10.28（c）所示。无内容的普通帧显示为空白单元格，有内容的普通帧显示出一定的颜色。例如，静止关键帧后面的普通帧显示为灰色。关键帧后面的普通帧将继承该关键帧的内容。例如，制作动画背景，就是将一个含有背景图案的关键帧的内容沿用到后面的普通帧上。

（4）过渡帧

过渡帧实际上也是普通帧。过渡帧中包括了许多帧，但其中至少要有 2 个帧：起始关键帧和结束关键帧，如图 10.28（d）所示。起始关键帧用于决定动画主体在起始位置的状态，而结束关键帧则决定动画主体在终点位置的状态。在 Flash 中，利用过渡帧可以制作 2 类过渡动画，即运动过渡和形状过渡。不同颜色代表不同类型的动画，此外，还有一些箭头、符号和文字等信息，用于识别各种帧的类别。2 个关键帧的中间可以没有过渡帧（如逐帧动画），但过渡帧前后肯定有关键帧，因为过渡帧附属于关键帧；关键帧可以修改该帧的内容，但过渡帧无法修改该帧内容。

（a）关键帧　　　　　（b）关键空白帧　　　　　（c）普通帧　　　　　（d）过渡帧

图 10.28　帧类型

图层是 Flash 中一个非常重要的概念，灵活运用图层，可以帮助用户制作出更多效果精彩的动画。图层类似于一张透明的薄纸，每张纸上绘制着一些图形或文字，而一幅作品就是由许多张这样的薄纸叠合在一起形成的，可以透过该图层看到下面图层同一位置的内容。多个图层按一定的顺序叠放在一起会产生综合的效果。它可以帮助用户组织文档中的插图，可以在图层上绘制和编辑对象，而不会影响其他图层上的对象。如图 10.29（a）所示，有多个图层，每一个图层上都有一幅图，每一个图层的内容互不影响。

图层具有独立性，当改变其中的任意一个图层的对象时，其他图层的对象保持不变。每个图层都有自己的时间轴，包含了一系列的帧，在各个图层上所用的帧都是相互独立的。在操作过程中，不仅可以加入多个层，并且可以通过图层文件夹来更好地组织和管理这些层，还可以根据每个层的具体内容，重新命名层的名称。在创建动画时，层的数目仅受计算机内存的限制，增加层不会增加最终输出动画文件的大小。另外，创建的层越多越便于管理及控制动画。Flash 的图像有普通图层、遮盖层、被遮盖层、引导层、被引导层，如图 10.29（b）所示。

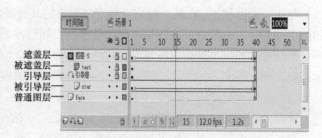

（a）多图层叠合效果　　　　　　　　　　（b）各图层表示

图 10.29　图层

① 普通图层：放置各种动画元素。

② 遮盖层：使被遮盖层中的动画元素只能通过遮盖层被看到。在遮盖动画中，遮盖层只有一个，而被遮盖层可以有任意个。

③ 被遮盖层：在遮盖层下方的普通图层。

④ 引导层：就是用来摆放对象运动路径的图层，它所起的作用在于确定了指定对象的运动路线，使被引导层中的元件沿引导线运动。该层下的图层为被引导层。引导层中的路径，在实际播放时不会显示出来。

⑤ 被引导层：在引导层下方的普通图层。

4. Flash 元件

元件是 Flash 中一种比较独特的、可重复使用的对象。在创建动画时，利用元件可以使创建复杂的交互变得更加容易。单击【插入】→【新建元件】命令，打开"创建新元件"对话框，如图 10.30 所示。在【名称】文本框中输入元件名称，在【类型】区域中选择元件的类型，选择好类型后单击【确定】按钮，进入到元件绘制界面。在 Flash 中，元件分为 3 种形态：影片剪辑、按钮和图形。元件只需创建一次，然后即可在整个文档或其他文档中重复使用。

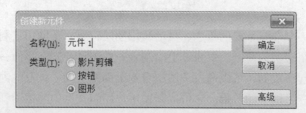

图 10.30　"创建新元件"对话框

（1）影片剪辑元件

影片剪辑元件 MC（Movie Clip）是一种可重用的动画片段，拥有各自独立于主时间轴的多帧时间轴。MC 可以理解为电影中的小电影，可以完全独立于场景时间轴，并且可以重复播放。影片剪辑是一小段动画，用在需要有动作的物体上，它在主场景的时间轴上只占 1 帧，就可以包含所需要的动画。用户可以把场景上任何看得到的对象，甚至整个时间轴内容创建为一个 MC，而且可以将这个 MC 放置到另一个 MC 中，还可以将一段动画（如逐帧动画）转换成 MC。

（2）按钮元件

使用按钮元件可以创建用于响应鼠标单击、滑过或其他动作的交互式按钮。可以定义与各种按钮状态关联的图形，然后将动作指定给按钮实例。

按钮实际上是 4 帧的交互影片剪辑，时间轴实际上并不播放，它只是对指针运动和动作做出反应，跳转到相应的帧，通过按钮添加动作语句而实现 Flash 影片强大的交互性。当为元件选择按钮行为时，Flash 会创建一个包含 4 帧的时间轴，如图 10.31 所示。前 3 帧显示按钮的 3 种可能状态，第 4 帧定义按钮的活动区域。

图 10.31　按钮时间轴

按钮元件的时间轴上的每一帧都有一个特定的功能。

第一帧是弹起状态，代表指针没有经过按钮时该按钮的状态。

第二帧是指针经过状态，代表指针滑过按钮时该按钮的外观。

第三帧是按下状态，代表单击按钮时该按钮的外观。

第四帧是单击状态，定义响应鼠标单击的区域。

（3）图形元件

图形元件是可以重复使用的静态图像，它是作为一个基本图形来使用的，一般是一幅静止的图画，每个图形元件占 1 帧。图形元件可用来创建连接到主时间轴的可重用动画片段。图形元件与主时间轴同步运行。与影片剪辑和按钮元件不同，用户不能为图形元件提供实例名称，也不能在动作脚本中引用图形元件。图形元件的对象可以是导入的位图图像、矢量图像、文本对象，以及用 Flash 工具创建的线条、色块等。

影片剪辑元件、图形元件和按钮元件，最主要的差别在于，影片剪辑元件和按钮元件本身都可以加入动作语句和声音，图形元件上则不能。影片剪辑元件的播放不受场景时间线长度的制约，它有元件自身独立的时间线；按钮元件独特的 4 帧时间线并不自动播放，而只是响应鼠标事件；图形元件的播放完全受制于场景时间线。影片剪辑元件在场景中按回车测试时看不到实际播放效果，只能在各自的编辑环境中观看效果，而图形元件在场景中即可适时观看，也可以实现所见即所得的效果。影片剪辑中可以嵌套另一个影片剪辑，图形元件中也可以嵌套另一个图形元件，但是按钮元件中不能嵌套另一个按钮元件。

三种元件的共性主要体现在元件都可以在属性面板中相互改变其行为，也可以相互交换类型，因而可以对元件进行角色转换。如在编辑影片剪辑时，可以先把它转换为图形，循环运行，在不需要影片剪辑运动时，可转换为单帧图形。此外几种元件都可以重复使用，且当需要对重复使用的元素进行修改时，只需编辑元件。

5. Flash 动画

动画是一个创建动作或随时间变化的幻觉过程。动画可以是一个物体从一个地方到另一个地方的移动，或者是经过一段时间后颜色的改变或形态的改变等。任何随着时间而发生的位置或者形态上的改变都可以称为动画。Flash 中利用时间轴可以制作逐帧动画和过渡动画，利用图层可以制作引导动画和遮盖动画。

（1）逐帧动画

逐帧动画就是对每一帧的内容逐个编辑，然后按一定的时间顺序进行播放而形成的动画。它意味着创建和存储一组连续的位图，每一帧都是一幅图像，只需要进行显示即可。逐帧动画是最基本的动画形式，它最适合于每一帧中的图像都在更改，而并非仅仅简单地移动动画，所以逐帧动画增加文件大小的速度也比过渡动画快得多。最简单并且与传统动画相似的动画效果就是逐帧动画。

（2）过渡动画

在 Flash 中，过渡动画又分为形状补间动画和动作补间动画，有前后两个关键帧的对象以及补间动画的方式来决定中间过渡帧的内容。补间动画是一个帧到另一个帧之间对象变化的一个过程。在创建补间动画时，可以在不同关键帧的位置设置对象的属性，如位置、大小、颜色、角度、Alpha 透明度等。编辑补间动画后，Flash 将会自动计算这两个关键帧之间属性的变化值，并改变对象的外观效果，使其形成连续运动或变形的动画效果。补间动画功能强大且创建简单，可以对补间的动画进行最大程度的控制。可补间的对象类型包括影片剪辑元件、图形元件、按钮元件以及文本字段。创建补间动画的方法是：右键单击第一帧，弹出一个菜单，在菜单中执行【创建补间动画】命令，此时，Flash 将包含补间对象的图层转换为补间图层，并在该图层中创建补间范围。如果对象仅驻留在一帧中，则补间范围的长度等于 1 秒所播放的帧数。例如帧频为 24 帧每秒，则补间范围的长度为 24 帧。如果帧频不足 5 帧每秒，则补间范围的长度为 5 帧。如果对象存在于多个连续的帧中，则补间范围将包含该对象所占用的帧数。

（3）引导动画

为了在绘画时帮助对象对齐，可以创建引导层，然后将其他层上的对象与引导层上的对象对齐。任何层都可以作为引导层，引导层中的内容不会出现在发布的 SWF 动画中，它是用层名称左侧的辅助线图标表示的。另外还可以创建运动引导层，用来控制运动补间动画中对象的移动情况，这样用户不仅仅可以制作沿直线移动的动画，也能制作出沿曲线移动的动画。

（4）遮罩动画

遮罩动画是 Flash 中的一个很重要的动画类型，很多效果丰富的动画都是通过遮罩动画来完成的。在 Flash 的图层中有一个遮罩图层类型，为了得到特殊的显示效果，可以在遮罩层上创建一个任意形状的"视窗"，遮罩层下方的对象可以通过该"视窗"显示出来，而"视窗"之外的对象将不会显示。在 Flash 动画中，"遮罩"主要有 2 种用途：一个是用在整个场景或一个特定区域，使场景外的对象或特定区域外的对象不可见；另一个作用是用来遮罩某一元件的一部分，从而实现一些特殊的效果。

6. 添加声效

美妙的音乐和动听的解说词是任何多媒体动画不可缺少的部分，是各种多媒体动画的感染力和魅力所在。在 Flash 中虽然不能自己创建或录制声音，但可以从外部导入声音文件。可以使用的声音文件类型为.wav 和.mp3 格式。

单击菜单中的【文件】→【导入】→【导入到舞台】命令，弹出"导入到舞台"对话框，如图 10.32 所示。在该对话框中，选择要导入的声音文件，单击【打开】按钮，声音文件便导入到 Flash 动画文件中。然后单击菜单中的【文件】→【导入】→【库】命令，声音文件就作为一个对象被导入到"库"面板中，之后就可以像使用元件一样使用声音对象了。接着单击菜单中的【窗口】→【库】命令，弹出"库"对话框，如图 10.33 所示。在库对话框中可以看到声音文件的名称，选中声音文件后，在库对话框的"预览"区域可以看到声音的波形。单击"预览"区域中右

上角的 按钮，就可以试听所选声音文件的效果。

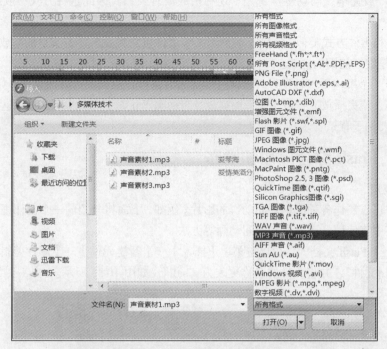

图 10.32　"导入到舞台"对话框

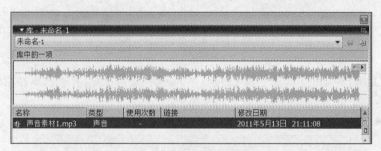

图 10.33　"库"对话框

选择要插入声音文件的帧，单击帧的"属性面板"中的【声音】下拉列表框，这时"库"面板中的声音已经被列入其中，选择要插入的文件即可。选择某一声音文件后，"属性"面板中则会显示该声音文件的信息，如图 10.34 所示。

图 10.34　帧"属性"面板中的声音信息

Flash 中的"同步"下拉列表框有以下 4 个选项。

① 事件：声音由动画中发生的某个动作来触发，如按下某个按钮或时间线到达某个设置了声

音的关键帧。事件驱动声音在播放之前必须全部下载完毕才能开始播放，而且一旦播放就会把整个声音文件播放完毕，与动画本身是否还在播放没有关系。因此这种方式一般用于播放简短的声音。

② 开始：和事件方式类似，区别仅在于当某个事件再次触发该声音文件的播放时，不会从头开始播放，而是继续前面的播放。

③ 停止：某个事件再次触发该声音文件的播放时将停止前面的播放而重新开始播放。

④ 数据流：流失播放，一边下载一遍播放，当动画停止时，声音也会停止。这种方式一般用在网络中，主要用于背景音乐。

10.5.3 Flash 综合应用和发布

1. 综合应用

Flash 软件可以制作各种简单补间动作的影片。例如，下面将介绍的一个制作逐渐显示图片的 Flash 影片，其中将使用到遮罩层和补间动画等方法。

① 新建一个 Flash 文档，然后单击菜单【插入】→【新建元件】→【影片剪辑】命令，建立一个"影片剪辑元件"，并将元件的名称更改为"ball"，如图 10.35 所示。

图 10.35　创建影片剪辑元件"ball"

② 选择【工具】栏中的【椭圆工具】命令，在面板中画一椭圆。把椭圆画在面板的中心位置，即画在面板中有一个十字形箭头的位置，如图 10.36 所示。

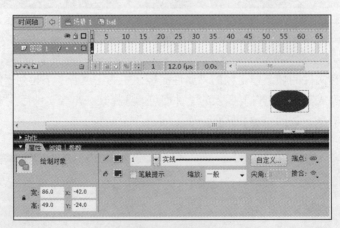

图 10.36　制作椭圆元件

③ 接着回到图层面板，单击菜单【文件】→【导入】→【导入到库】命令，把需要的背景图片导入进来。如果单击【窗口】→【库】命令，就可以看到库中的资源，当前库中有"ball"

和"吊兰.jpg"2 个资源。如图 10.37（a）所示。右键单击导入的图片"吊兰.jpg"，便可以查看图片资源的属性，可以看到位图属性中图片的大小是 550 像素 × 300 像素，如图 10.37（b）所示。

（a）库中资源信息

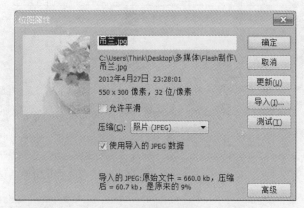

（b）位图属性信息

图 10.37　库资源信息

④ 更改文档的大小，把文档的大小设置成和图片一样大（550 像素 × 300 像素），如图 10.38（a）所示。更改后，在动画播放时，四周没有空隙，效果完好。另外，帧频、背景颜色都可以做修改。

⑤ 把"吊兰.jpg"元件拖入到场景里面，并在属性面板中将 x，y 都设置为 0.0，如图 10.38（b）所示。背景图层的位置一般是需要调整的。

（a）更改文档属性

（b）更改位置属性

图 10.38　更改属性信息

⑥ 新建图层 ball，并把"ball"元件拖入到该图层中，效果如图 10.39 所示。

⑦ 分别对 2 个图层在第 90 帧处插入帧。单击元件 ball，在 ball 图层的第 90 帧处插入关键帧，并用任意变形工具将 ball 拉大，如图 10.40 所示。

⑧ 在 ball 图层的第一帧添加补间动画，并选中 ball 图层后右键单击选择【遮盖层】，如图 10.41 所示。

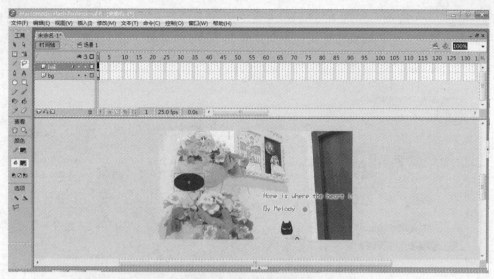

图 10.39 导入库中资源

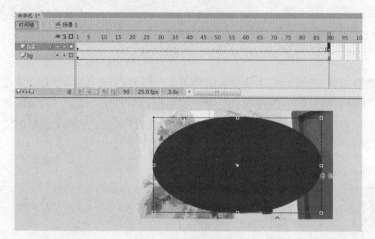

图 10.40 插入关键帧

图 10.41 添加补间动画和遮盖层

⑨ 按住 Ctrl + Enter 进行测试，就可以看到效果如图 10.42 所示。

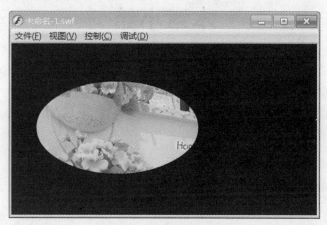

图 10.42　测试效果示意图

2．导出与发布

上例到步骤⑨为止，制作的动画还是.fla 文件，只能在 Flash 软件中播放。若要在其他环境播放，特别是在 Internet 中发布，则需要通过发布或导出功能生成播放文件或所需的格式文件。因此需要将文档的 FLA 版本保存为文件的压缩 SWF 版本，这个 SWF 版本的文件要小得多，可以方便地在 Web 浏览器中加载。

发布和导出的区别是：发布是指整个 Flash 影片，并保存在.fla 文件所在的文件夹中。导出可以把 Flash 影片里的某一部分提取出来在其他地方使用。

（1）导出

导出有导出图像和导出影片 2 种形式。"导出图像"是指输出一帧（默认为第一帧）；"导出影片"是指输出所有的帧。导出的文件可以被其他软件编辑和使用。

（2）发布

发布就是将制作好的 Flash 影片插入至 HTML 文件中以便在网络上传输。在 Flash 中文件格式也分两种，一种是原文件，后缀为 .fla，这是我们编辑时的文件格式；还有一种为打包以后的影片文件，后缀为 .swf。发布出去的就是 .swf 文件，此文件不能进行编辑。可以简单的把 .fla 文件理解为正在编辑的原文件，而 .swf 则是进行打包封装的影片文件。相对于 FLA，SWF 文件要显得苗条许多，一般大小仅为原 FLA 文件的几分之一至几十分之一。正因为有这么大的压缩比，才能在网上播放高质量的互动影片。

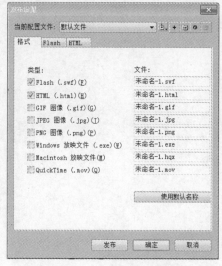

图 10.43　"发布设置"对话框

选择【文件】→【发布设置】命令，在对话框选择和设置发布文件类型，如图 10.43 所示。然后直接单击【发布】按钮，或关闭对话框后选择【文件】→【发布】命令，即可完成发布。发布的文件与 Flash 动画源文件在同一目录下。

本章小结

本章主要介绍了多媒体信息处理技术的概述，包括多媒体、多媒体计算机技术的概念、多媒体计算机的基本构成以及多媒体的应用领域，然后针对三种主要媒体：声音、图像、视频，较为详细地叙述了它们的处理方法以及它们的主要数据文件格式，最后介绍了 Flash 动画的基本概念，Flash 动画的制作过程。

思 考 题

1. 简述媒体和多媒体技术。
2. 简述多媒体技术的主要特点。
3. 简述多媒体计算机系统的组成。
4. 多媒体信息处理的关键技术有哪些？
5. 简述声音数字化的过程。
6. MP3 属于什么媒体的压缩技术？
7. 简述图像数字化的过程。
8. 简述矢量图文件与位图图像的区别。
9. 利用"画图"软件，观察.bmp 和.jpg 文件的大小区别。
10. 简述数据压缩技术的分类。
11. 简单说明动画的分类。
12. Flash 动画有哪些特点？
13. 用 Flash 软件制作一个沿指定路径运动的汽车动画。

第 11 章
数据库技术

数据库技术是数据管理的技术，是计算机科学技术中发展最快的技术之一，也是应用最为广泛的技术之一，它早已成为计算机科学的重要分支。数据库技术的应用已渗透到工农业生产、商业、行政、科学研究、工程技术和国防军事等领域的每一个部门，并随着 Internet 的出现遍布社会的每一个角落。目前，各种各样的计算机应用系统和信息系统绝大多数都是以数据库为基础和核心的，因此，掌握数据库技术与应用是当今大学生信息素养的重要组成部分。

本章首先对数据库系统进行概述，然后在 Microsoft Access 环境中，介绍数据库的建立、维护及查询，以及窗体和报表的创建。

11.1　数据库系统概述

11.1.1　信息、数据和数据处理

人类的社会活动和生产活动，离不开对信息的收集、保存、利用和处理，特别是当今社会生产力的发展突飞猛进，新技术层出不穷，信息量迅速剧增。那么什么是信息呢？信息是人们用以对客观世界直接进行描述的，可在人们之间进行传递的一些知识。信息需要被加工和处理，需要被交流和使用。随着计算机技术的迅速发展，计算机具有的高速处理的能力和存储容量巨大的特点，使得人们有可能对大量的信息进行保存和加工处理。为了记载信息，人们使用各种各样的符号和它们的组合来表示信息，这些符号及其组合就是数据。数据是信息的具体表示形式，信息是数据的有意义的表现。由此可见，信息和数据有一定的区别，但在有些场合信息和数据难以区分，信息本身就是数据化了的，数据本身也是一种信息。因此在很多场合不对它们进行区分，信息处理与数据处理往往指同一个概念，计算机之间交换数据也可以说成是交换信息等。

有了数据就产生了数据处理的问题，人们收集到的各种数据需要经过加工处理。数据处理包括对数据的收集、记载、分类、排序、存储和计算等工作，其目的是使有效的信息资源得到合理和充分的利用，从而促进社会生产力的发展。

数据处理经过了手工处理、机械处理和电子数据处理 3 个阶段。今天，用计算机进行数据处理的方法的研究已成为计算机技术中的主要课题之一，数据库技术已成为社会信息化时代不可缺少的方法和工具。

11.1.2 数据管理技术的发展

数据处理的核心问题是数据管理，数据管理是指对数据进行分类、组织、编码、存储、检索、维护等。在应用需求的推动下，随着计算机硬件和软件的发展，数据管理技术先后经历了 3 个发展阶段，即人工管理阶段、文件系统管理阶段和数据库系统管理阶段。

1. 人工管理阶段

在 20 世纪 50 年代中期以前，计算机主要用于科学计算。当时的硬件状况是，外存只有纸带、卡片和磁带，没有磁盘等直接存取的存储设备；软件状况是，没有操作系统，没有管理数据的软件；数据处理方式是批处理。当时对数据的管理是由程序员个人考虑和安排的，一个程序对应于一组数据，进行程序设计时，往往也要对数据的结构、存储方式和输入输出方式等进行设计。严格地说，这种管理只是一种技巧，这是数据自由管理的方式，因此，这一阶段又称为自由管理阶段。其特点包括以下几方面。

（1）数据不能长期保存

当时计算机主要用于科学计算，当用户需要计算某一课题时，就临时将有关数据输入，计算完毕后输出运算结果。随着计算任务的完成，数据空间与程序空间一起被释放，计算机在处理过程中不长期保存数据。

（2）没有专门的软件对数据进行管理

由于没有专门的数据管理软件负责数据的管理工作，数据管理是由应用程序自己管理。程序员不仅要规定数据的逻辑结构，而且还要在编制程序时设计物理结构，即要设计数据的存储结构、存取方法和输入输出方式等。因此程序员负担很重。

（3）数据不共享

由于数据是面向应用程序的，一组数据只能对应一个应用程序。当多个应用程序涉及某些相同的数据时，由于必须各自定义，无法互相利用，因此存在大量的冗余数据。

（4）数据不具有独立性

由于一组数据只能对应一个程序，即程序依赖于数据，如果数据的类型、格式或输入输出方式等逻辑结构或物理结构发生变化，必须对应用程序做出相应的修改，这就加重了程序员的负担。

在人工管理阶段，程序与数据之间的对应关系如图 11.1 所示。

图 11.1 人工管理阶段程序与数据的关系

2. 文件系统管理阶段

20 世纪 50 年代后期到 60 年代中期，计算机软硬件都得到了发展，计算机应用领域拓宽，不仅用于科学计算，还大量用于数据管理。这时硬件方面已出现了磁盘、磁鼓等直接存取的存储设备；软件方面，操作系统中已经有了专门的数据管理软件，即文件系统；处理方式上不仅有了批处理，而且能够联机实时处理。和人工管理阶段相比，该阶段的数据管理具有如下优点。

（1）数据可以长期保存

（2）由文件系统管理数据

在文件系统阶段，由专门的软件即文件系统进行数据管理。文件系统把数据组织成相互独立的数据文件，利用"按文件名进行访问，按记录进行存取"的管理技术，可以对文件进行修改、插入和删除的操作。文件系统实现了记录内的结构性，但整体无结构。程序和数据之间由文件系统提供存取方法进行转换，使应用程序与数据之间有了一定的独立性，程序员可以不必过多地考虑物理细节，将精力集中于算法。而且数据在存储上的改变不一定反映在程序上，大大节省了维护程序的工作量。

但是，当时的文件系统仍存在以下缺点。

（1）数据共享性差，冗余度大

文件系统中，一个数据文件基本上对应于一个应用程序，即数据仍然是面向应用的。当不同的应用程序具有部分相同的数据时，也必须建立各自的数据文件，而不能共享相同的数据，因此数据的冗余度大，浪费存储空间。同时由于相同数据的重复存储、各自管理，容易造成数据的不一致性，给数据的修改和维护带来困难。

（2）数据独立性差

文件系统中的文件是为某一特定应用服务的，文件的逻辑结构对该应用程序来说是优化的，因此要想对现有的数据再增加一些新的应用会很困难，系统不容易扩充。一旦数据的逻辑结构改变，必须修改应用程序；应用程序的改变，也将引起文件的数据结构改变。因此数据与程序之间仍缺乏独立性。可见，文件系统仍然是一个不具有"弹性"的无结构的数据集合，即数据文件之间是孤立的，不能反映现实世界事物之间的内在联系。

在文件系统阶段，程序与数据之间的关系如图 11.2 所示。

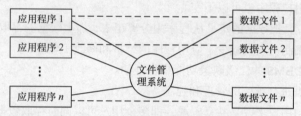

图 11.2　文件系统阶段程序与数据的关系

3．数据库系统管理阶段

20 世纪 60 年代后期以来，计算机软硬件技术得到了飞速发展，同时，计算机用于管理的规模越来越大，应用也越来越广泛，数据量急剧增长，多种应用、多种语言互相覆盖地共享数据集合的要求越来越强烈。这时硬件已有大容量的磁盘，硬件价格下降；软件则价格上升，为编制和维护系统软件及应用程序所需的成本相对增加；在处理方式上，联机实时处理要求更多，并开始提出和考虑分布处理。

为了实现多用户、多应用共享数据，使数据为尽可能多的应用服务，以文件系统作为数据管理手段已经不能满足应用的需求，于是数据库技术便应运而生，出现了统一管理数据的专门软件系统，即数据库管理系统（DataBase Management System，DBMS）。

从文件系统到数据库系统，标志着数据管理技术的飞跃。与文件系统管理阶段相比，数据库系统管理阶段具有以下优点。

（1）数据结构化

数据结构化是数据库主要特征之一，是数据库系统与文件系统的根本区别。

在文件系统中，相互独立的文件的记录内部是有结构的，传统文件的最简单形式是等长同格式的记录集合，但记录之间是没有联系的，并且文件是面向某一应用的。而实际系统往往涉及许多应用，在数据库系统中不仅要考虑某个应用的数据结构，还要考虑整个组织的数据结构。这就要求在描述数据时不仅要描述数据本身，还要描述数据之间的联系。

在数据库系统中，数据不再针对某一应用，而是面向全组织，具有整体的结构化。另外存取数据的方式也很灵活，可以存取数据库中的某一个数据项、一组数据项、一个记录或一组记录。而在文件系统中，数据的最小存取单位是记录。

（2）数据的共享性高、冗余度低、易扩充

由于数据库系统中的数据不再面向某个应用而是面向整个系统，因此数据可以被多个用户、多个应用共享使用。数据共享可以大大减少数据冗余，节约存储空间。数据共享还能够避免数据之间的不相容性与不一致性。

由于数据库系统中的数据是面向整个系统、是有结构的数据，因此不仅可以被多个应用共享使用，而且容易增加新的应用，可以适应各种应用需求。当应用需求改变或增加时，只要重新选取整体数据的不同子集，便可以满足新的要求，这就使得数据库系统具有弹性大、易扩充的特点。

（3）数据独立性高

数据独立性是数据库领域中的一个常用术语，包括数据的物理独立性和数据的逻辑独立性。

数据的物理独立性是指用户的应用程序与存储在磁盘上的数据库中数据是相互独立的。也就是说，数据在磁盘上的数据库中怎样存储是由 DBMS 管理的，用户程序不需要了解，应用程序要处理的只是数据的逻辑结构，这样即使数据的物理存储改变了，应用程序也不用改变。

数据的逻辑独立性是指用户的应用程序与数据库的逻辑结构是相互独立的，也就是说，数据的逻辑结构改变了，用户程序也可以不变。

数据与程序的独立，把数据的定义从程序中分离出去，加上数据的存取又由 DBMS 负责，从而简化了应用程序的编制，大大减少了应用程序的维护和修改工作。

数据独立性是由 DBMS 的二级映象功能来保证的。

（4）DBMS 对数据进行统一的管理和控制

数据库对系统中的用户来说是共享资源，即多个用户可以同时存取数据库中的数据甚至可以同时存取数据库中的同一个数据。为此，DBMS 必须提供以下几方面的数据控制和保护功能。

① 数据的安全性保护。数据的安全性是指保护数据以防止被不合法的使用造成数据泄密和破坏，使每个用户只能按规定，对某些数据以某些方式进行使用和处理。例如，学生对于课程的成绩只能进行查询，不能修改。

② 数据的完整性控制。数据的完整性是指数据的正确性、有效性和相容性。完整性检查将数据控制在有效的范围内，或保证数据之间满足一定的关系。例如，月份是 1～12 之间的正整数，学生学号必须唯一，学生所在的院系必须是有效存在的院系等。

③ 数据库恢复。计算机系统的软硬件故障、操作员的失误以及恶意的破坏都会影响到数据库中数据的正确性，甚至造成数据库部分或全部数据的丢失。因此 DBMS 必须具有将数据库从错误状态恢复到某一已知的正确状态（也称为完整性状态或一致性状态）的功能。

④ 并发控制。当多个用户的并发进程同时存取、修改数据库时，可能会发生相互干扰而得到错误的结果或使得数据库的完整性遭到破坏，因此必须对多用户的并发操作加以控制和协调。

数据库技术发展到今天已经是一门成熟的技术，无论是从数据库的技术水平，还是从数据库的应用水平，今天与过去不可同日而语，但数据库的最基本特征并没有变化。在数据库系统中，程序与数据之间的关系如图 11.3 所示。

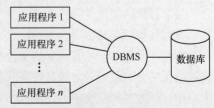

图 11.3　数据库系统阶段程序与数据的关系

11.1.3　数据库系统

1. 数据库

顾名思义，数据库（DataBase，DB）是存放数据的仓库。仓库是保存和管理物资的，并能根据其服务对象的要求随时提供所需物资。数据库是存储和管理数据，并负责向用户提供所需数据的"机构"。只不过这个仓库是在计算机存储设备上，而且数据是按一定的格式存放的。

数据库是指长期储存在计算机内的、有组织的、可共享的数据集合。数据库中的数据按一定的数据模型组织、描述和储存，具有较小的冗余度，较高的数据独立性和易扩展性，并可为各种用户共享。

例如，一个部门可能同时有职工文件（职工号、姓名、地址、部门、工资等）和业务档案文件（职工号、姓名、部门、完成项目、评价等），在这 2 个文件中存在着一定的冗余（重复）数据（职工号、姓名、部门）。在构造数据库时，就可以消除这 3 项数据的冗余，只存储一套数据，因为数据库中的数据可为用户共享。

概括地说，数据库数据具有永久存储、有组织和可共享 3 个基本特点。

2. 数据库管理系统

介绍了数据和数据库的概念，接下来的问题是如何科学地组织和存储数据，如何高效地获取和维护数据，完成这个任务的是一个系统软件——数据库管理系统。

数据库管理系统（DBMS）是位于用户与操作系统之间的一层数据管理软件，是一个帮助用户建立、使用和管理数据库的软件系统，是数据库与用户之间的接口。它的基本功能应包括以下几个方面。

① 数据定义功能：对数据库中数据对象进行定义，如表、视图、索引等。

② 数据操纵功能：对数据库中数据对象的基本操作，如查询、插入、删除和修改。

③ 运行管理功能：数据库在建立、运行和维护时由 DBMS 统一管理、统一控制，以保证数据的安全性、完整性、多用户对数据的并发使用及发生故障后的系统恢复。

④ 系统维护功能：数据库初始数据的输入、转换功能，数据库的转储、恢复功能，数据库的重组织功能，以及性能监视、分析功能等。

3. 数据库系统

数据库系统（DataBase Syetem，DBS）是指在计算机系统中引入数据库后的系统，或者说数据库系统是指具有管理和控制数据库功能的计算机系统。DBS 一般由数据库、操作系统、数据库管理系统（及其工具）、应用系统、数据库管理员和用户构成，如图 11.4 所示。

应当指出的是，数据库的建立、管理、使用和维护等工作只靠一个 DBMS 远远不够，在数据库系统中，还需要有专门的管理机构来监督和管理数据库系统，数据库管理员（DataBase Adiministrator，DBA）则是这个机构的一个（组）人员。DBA 是负责全面管理和控制数据库系统正常运行的人员，他承担着创建、监控和维护整个数据库结构的责任。DBA 应该对程序语言和系统软件（如 OS、DBMS 等）都比较熟悉，还要了解各应用部门

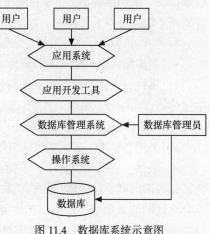

图 11.4　数据库系统示意图

的所有业务工作。DBA 的素质在一定程度度决定了数据库应用的水平，所以他们是数据库系统中最重要的一类人员。

由于数据库系统数据量通常都很大，加之 DBMS 丰富的功能使得自身的规模也很大，因此数据库系统对硬件提出了较高的要求，这些要求包括要有足够大的内存；要有足够大的磁盘存放数据库，足够的磁带做数据备份；要求系统有较高的通信能力，以提高数据传输率。

通常，在一台能够满足数据库应用系统开发需求的计算机上先安装一个具体的数据库管理系统，而它必须安装在一个具体的操作系统之上，然后开发人员利用应用开发工具并根据用户需求开发一个具体的应用系统，从而形成一个完整的数据库系统。DBA 的任务就是管理和维护这个数据库系统的正常运行。

在具备了硬件环境、操作系统等其他系统软件和某个具体的数据库管理系统的情况下，对数据库应用开发人员来说，要考虑的就是如何使用这个环境来表达用户的要求，并转换成有效的数据库结构，构造较优的数据库模式等，这就涉及数据库设计问题。

在不引起混淆的情况下常常把数据库系统简称为数据库。

11.1.4 数据模型

1. 数据模型的概念

数据模型是用来描述数据、组织数据和对数据进行操作的一组概念和定义。由于计算机不可能直接处理现实世界的具体事物，所以人们必须事先把具体事物转换为计算机能够处理的数据，用户使用数据模型这个工具来抽象、表示和处理现实世界中的数据。通俗地讲，数据模型就是现实世界的模拟。

为了把现实世界中的具体事物抽象、组织为某一 DBMS 支持的数据模型，人们常常首先将现实世界抽象为信息世界，然后再将信息世界转换为机器世界。也就是说，首先把现实世界中的客观对象抽象为某一种信息结构，这种信息结构并不依赖于具体的计算机系统，不是某一个 DBMS 支持的数据模型，而是概念级的模型；然后再把概念模型转换为计算机上某一 DBMS 支持的数据模型，其过程如图 11.5 所示。

概念模型是现实世界到机器世界的一个中间层次，用于信息世界建模，并独立于计算机系统。因此，概念模型能够方便、准确地表示出信息世界中的基本概念。信息世界的基本概念有以下几种。

图 11.5 现实世界中客观对象的抽象过程

- 实体：客观存在并可相互区别的事物称为实体。例如，一个职工、一个学生、一门课程等。
- 实体集：同一类实体的集合。例如，全体学生就是一个实体集。
- 属性：实体所具有的某一特性称为属性。一个实体可以由若干个属性来刻画。例如，学生实体可以由学号、姓名、性别、出生年份、系、入学时间等属性组成，如（20020124，张亮，男，1984，计算机系，2002）表征了一个学生。
- 关键字：唯一标识实体的属性或属性组。例如，学号是学生实体的关键字。
- 联系：在现实世界中，事物内部以及事物之间是有联系的，这些联系在信息世界中反映为实体内部的联系和实体之间的联系。实体内部的联系通常是指组成实体的各属性之间的联系。实体之间的联系通常是指不同实体集之间的联系。实体之间的联系可以分为 3 类：一对一联系（$1:1$）、一对多联系（$1:n$）和多对多联系（$m:n$）。

数据模型是数据库系统的核心和基础，各个 DBMS 软件产品都是基于某种数据模型的或者支持某种数据模型的。在几十年的数据库发展史中，出现了 3 种重要的数据模型：层次模型（Hierarchical Model）、网状模型（Network Model）和关系模型（Relational Model）。其中层次模型和网状模型统称为非关系模型，非关系模型的数据库系统在 20 世纪 70 年代非常流行，到了 20 世纪 80 年代，逐渐被关系模型的数据库系统取代。

2. 层次模型

层次模型是数据库系统中最早出现的数据模型，层次数据库系统采用层次模型作为数据的组织方式，层次数据库系统的典型代表是 IBM 公司的 IMS（Information Management System）数据库管理系统，这是 1968 年 IBM 公司推出的第一个大型商用数据库管理系统，曾经得到广泛的使用。

层次模型实际上是一个树型结构，它用树型结构来表示各类实体以及实体间的联系。实际上现实世界中许多实体之间的联系本身就呈现出一种很自然的层次关系，如行政机构、家族关系等。

3. 网状模型

网状数据库系统采用网状模型作为数据的组织方式，网状数据模型的典型代表是 DBTG 系统，这是 20 世纪 70 年代数据系统语言研究会（Conference On Data System Language）下属的数据库任务组（DataBase Task Group，DBTG）提出的一个系统方案。DBTG 系统虽然不是实际的软件系统，但是它提出的基本概念、方法和技术具有普遍意义，对于网状数据库系统的研制和发展起了重大的影响。后来不少的实际系统都采用了 DBTG 模型或者简化了的 DBTG 模型。

网状模型实际上是一个网状（图型）结构，它是用网状结构来表示实体及实体间的联系。在现实世界中事物之间的联系更多的是非层次关系，因此网状模型是一种比层次模型更具普遍性的结构。

4. 关系模型

关系数据库系统采用关系模型作为数据的组织方式。1970 年美国 IBM 公司 San Jose 研究室的研究员 E.F.Codd 首次提出了数据库系统的关系模型，开创了数据库关系方法和关系数据理论的研究，为关系数据库技术奠定了理论基础。由于 E.F.Codd 在关系数据库中的杰出贡献，他于 1981 年获得 ACM 图灵奖。

关系模型是目前最重要的一种数据模型。20 世纪 80 年代以来，计算机厂商新推出的数据库管理系统几乎都支持关系模型，非关系模型的产品也大都加上了关系接口，数据库领域当前的研究工作也大都是以关系方法为基础。现在流行的数据库系统大都是基于关系模型的关系数据库系统。

关系模型完全不同于非关系模型，它是建立在严格的数学概念基础上的。关系模型的数据结构不是图或者树，而是表格，即关系模型是用一组二维表来表示实体及实体间的联系。

在关系模型中，每一个二维表称为一个关系，对应于一个实体集或者实体集之间的一种联系，如表 11.1 中的学生表和表 11.2 中的课程表各为一个关系，分别对应于一个学生实体集和一个课程实体集，表 11.3 中的学生选课表对应于学生实体集和课程实体集之间的多对多联系。

表 11.1　　　　　　　　　　　学生表

学　　号	姓　　名	性　　别	年　　龄	所　在　系
00001	王平	男	20	计算机系
00002	李丽	女	20	计算机系
00010	赵勇	男	19	数学系
…	…	…	…	…

表 11.2   课程表

课 程 号	课 程 名	学 分	先 修 课
1	高级程序设计语言	4	
2	数据结构	4	1
3	数据库	4	2
…	…	…	…

表 11.3   学生选课表

学 号	课 程 号	成 绩
00001	1	85
00001	2	88
00002	1	90
…	…	…

下面结合表 11.1 至表 11.3，介绍关系模型中的一些术语。

① 关系：一个关系对应一张二维表，二维表名就是关系名，如表 11.1 "学生表"。

② 元组：也称为记录，即表中的一行。如表 11.1 中的（"00001"，"王平"，"男"，"20"，"计算机系"）为一个记录。

③ 属性：也称为字段，表中的一列即为一个属性，给每一列起一个名字即属性名（字段名）。如表 11.1 有 5 列，对应 5 个属性，属性名分别为"学号"、"姓名"、"性别"、"年龄"、"所在系"。

④ 候选键和主键：表中能够唯一地标识一个记录的某个属性或若干个属性的集合，称为候选键。在一个表中可能有多个候选键，从中选择一个作为主键。例如，"学号"是学生表的主键，（"学号"，"课程号"）是学生选课表的主键。

⑤ 外键：一个关系的某个（或某组）属性是另外一个关系的键，但不是该关系的键，则称该（组）属性为该关系的外键。例如，"学号"是学生选课表的外键。

⑥ 关系模式：是对关系的描述，一般表示为：关系名（属性 1，属性 2，…，属性 n）。例如学生表（学号，姓名，性别，年龄，所在系）。

关系模型中数据结构单一，只有二维表格，通常可把表格看成一个集合，因此集合论、数理逻辑等知识可引入到关系模型中来。

11.2 Access 数据库基础

Access 是微软 Office 办公套装软件的组件之一，它是一种小型的关系型数据库管理系统。Access 提供了一套完整的工具和向导，即使是初学者，也可以通过可视化的操作来完成大部分的数据库管理和开发工作。对高级数据库系统开发人员来说，可以通过 VBA（Visual Basic for Application）开发出高质量的数据库系统。

在使用 Access 数据库之前，用户应掌握一些 Access 数据库的基础知识。

在 Access 中，一个数据库是所有相关对象的集合，这些对象有表、查询、窗体、报表、宏、模块和页。数据库中除了页之外的其余对象都存放在同一个数据库文件中，数据库文件的扩展名为.mdb。

1．表

表是数据库中最基本的对象，没有表就没有其他对象（查询是对表中数据的查询，窗体和报表是对表中数据的维护）。表中存放了大量的数据，表中的一行称为一条"记录"，表中的每一列表示同一类型的数据，称为"字段"，每一个字段有一个名字，称为"字段名"。

一个数据库中通常有多个表，表与表之间通常是有关系的，可以通过相关的字段建立关联。相互关联的一组表构成数据库的核心。

2．查询

查询就是从一个或多个表（或查询）中根据设置的查询条件，选择所需要的数据供用户查看。查询作为数据库的一个对象保存后，就可以作为窗体、报表甚至另一个查询的数据源。

3．窗体

窗体是 Access 向用户提供的一个交互式的图形界面，用于数据的输入、显示、编辑和控制程序的运行。窗体的数据源可以是表，也可以是查询。

与 VB 中的窗体一样，Access 中的窗体可以看作一个容器，在其中可以放置标签、文本框、列表框等控件来显示表（或查询）中的数据。

4．报表

Access 中的报表与现实生活中的报表是一样的，是一种按指定的样式格式化的数据形式，可以浏览和打印。与窗体一样，报表的数据源可以是一个或多个表，也可以是查询。

在 Access 中，不仅可以简单地将一个或多个表（或查询）中的数据组织成报表，也可以在报表中进行计算，如求和、求平均值等。

5．宏

宏属于 Office 的公用高级功能，用来自动执行任务的一个操作或一组操作。

6．模块

模块属于 Access 的高级功能，在模块中，用户可以用 VBA 语言编写函数、过程或子程序。

7．页

页是根据用户需求建立的网页（Web 页），可以把数据库中的数据发布到 Internet 上。页与其他对象不同，不保存在数据库文件（.mdb）中，而是单独保存在 HTM 文件中。

11.3　Access 的数据库与数据表

Access 数据库中的数据都是存储在表中，表是数据库的基础，而其他对象（如查询、窗体等）只是 Access 提供的工具，用于对数据库进行维护和管理。所以，设计一个数据库的关键就集中体现在建立基本表上。当一个数据库系统需要多个表时，不是每次创建新表时都要创建一个数据库，而是把组成一个数据库系统的所有表放在一个数据库中。创建好数据表之后，就可以对数据表进行编辑，如查看、追加、修改或删除数据等操作。

11.3.1　创建数据库

要设计一个数据库应用系统，必须首先创建一个数据库。创建数据库的方法有 3 种。

- 使用数据库向导创建数据库。

- 使用模板创建数据库。
- 创建空数据库。

其中创建空数据库方法最为灵活，先创建一个空数据库，然后再根据需要添加表、窗体、报表及其他对象。下面以创建空数据库为例介绍创建数据库的方法。

1．创建空数据库

创建空数据库的操作步骤如下。

① Access 启动后，在 Access 启动窗口（如图 11.6 所示）中选择【文件】→【新建】命令，或单击工具栏上的【新建】按钮或单击开始工作窗口中的【新建文件】，打开"新建文件"任务窗格，如图 11.7 所示。

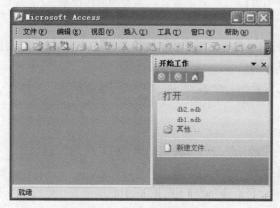

图 11.6　Access 启动界面

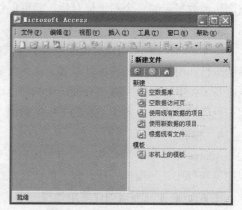

图 11.7　"新建文件"任务窗格

② 单击"新建文件"任务窗格中的【空数据库】超链接，弹出"文件新建数据库"对话框，如图 11.8 所示。

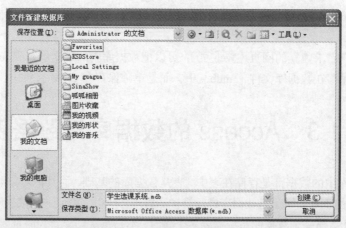

图 11.8　"文件新建数据库"对话框

③ 在"文件新建数据库"对话框中指定数据库的名称（如指定数据库名为"学生选课系统"）和存储位置，单击【创建】按钮。

此时在指定的存储位置就创建了一个名为"学生选课系统.mdb"的数据库文件，并且在数据库窗口中打开了创建的数据库，如图 11.9 所示。接下来就可以在该窗口中创建数据库所需的对象。

2. 打开数据库

打开数据库的方法有很多，可以执行以下任意一种操作来打开数据库。

① 打开【文件】菜单，在下拉菜单底部列出了最近编辑过的几个数据库文件，单击文件名可直接打开相应的数据库。

② 单击开始工作窗口中打开下面罗列的数据库名，可直接打开相应的数据库。

③ 选择【文件】→【打开】命令。

④ 单击工具栏中的【打开】按钮。

⑤ 按 Ctrl＋O 组合键。

使用上述几种方法都将打开"打开"对话框，在其中选择要打开的文件，或者在"文件名"文本框中输入文件名，单击【打开】按钮，即可打开相应的数据库。打开数据库之后的窗口如图 11.9 所示。

图 11.9 "学生选课系统"的数据库窗口

11.3.2　创建数据表

表是存储和管理数据的对象，表将数据组织成行（称为记录）和列（称为字段）的形式。

表的创建方法有 3 种：使用设计器创建表、使用向导创建表和通过输入数据创建表。其中使用向导简便快捷，但有局限性，不通用，有些复杂的表不能用向导创建；使用设计器创建表可以创建满足要求的任意表，是最灵活的一种方法。下面就仅介绍如何使用设计器创建数据表，并在介绍创建表之前先来了解一下表的结构和表创建有关的一些概念。

1. 表的结构

表是由表结构和表中记录数据 2 部分组成，表能够存储记录数据之前，必须先定义表的结构。表结构是指表中的每个字段的名称、数据类型、宽度等属性；表中记录数据是指表中的一行行的数据。表的基本形式如表 11.1～11.3 所示。

在表 11.1 所示的学生表中，"学号"、"姓名"、"性别"、"年龄"和"所在系"为字段名，位于表的顶端，是表的结构；字段名下面的每行都是一条条的记录，是表的内容。

2. 表创建有关的概念

要创建表，首先要创建表的结构，表结构包括字段名、字段数据类型、字段说明、字段属性、主键等。

（1）字段名

字段名的命名规则如下。

① 字段名最长可达 64 个字符，但应避免字段名过长，最好使用便于理解的名字。

② 字段名可以包含字母、数字、汉字和其他字符，但不能包含（)!、[]等字符，且第一个字符不能为空格。

（2）字段数据类型

Access 提供的数据类型有 10 种，其中常用的有 8 种。

① 文本：这是数据表的默认类型，最长为 255 个字符。

② 备注：也称为长文本型，存放说明性文字，最长为 65 536 个字符。

③ 数字：用于存储进行算术运算的数值型数据。

④ 日期/时间：用于存储日期和时间数据，其存储宽度为 8 字节。

⑤ 货币：用于存储货币值，并且计算期间禁止四舍五入，其存储宽度为 8 字节。

⑥ 自动编号：在增加记录时，其值依次自动加 1，其存储宽度为 4 字节。

⑦ 是/否：用于存储逻辑型数据，其存储宽度为 1 位。

⑧ OLE 对象：用于链接或嵌入 OLE 对象，如文档、电子表格、图像、声音等。

⑨ 超链接：用于保存超链接的字段。

⑩ 查阅向导：这是与使用向导有关的字段。

（3）字段说明

在表的设计视图中，字段输入区域的"说明"列用于帮助用户了解字段的用途、数据的输入方式、字段对输入数据格式的要求等。

（4）字段属性

字段属性用来指定字段在表中的存储方式，不同类型的字段具有不同的属性，常用属性如下。

① 字段大小：指定文本型字段和数字型字段的长度。文本型字段长度为 0~255 个字符，数字型字段长度由数据类型决定。

② 格式：指定字段的数据显示方式。

③ 小数位数：对数字型或货币型数据指定小数位数。

④ 标题：用于在窗体和报表中显示表内容时取代字段的名称显示出来，但并不改变表中的字段名。

⑤ 默认值：定义字段的默认值。在添加新记录时，默认值自动添加到字段中。

⑥ 有效性规则：用于检查字段的输入数据是否符合要求。

（5）设定主键

对每一个数据表都可以指定某个或某些字段为主关键字即主键。在 Access 中，对某个表设置主键后，表中的记录自动按主键值的顺序排列。

设置主键的方法：在表设计视图中，选定主键字段，单击工具栏上的【主键】按钮，或右键单击选定的主键字段，在弹出的快捷菜单中选择【主键】选项即可。

3. 表的创建

下面主要介绍使用设计器创建表。

例 11.1 创建"学生选课系统"中的"学生表"、"课程表"和"学生选课表"。

（1）打开"学生选课系统"数据库，在图 11.9 的数据库窗口中选择"表"数据库对象，单击【新建】按钮，打开"新建表"对话框，如图 11.10 所示。

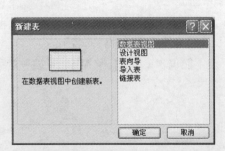

图 11.10 "新建表"对话框

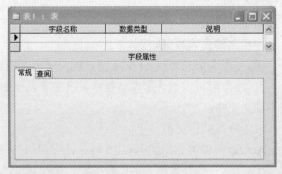

图 11.11 表设计视图

（2）在数据库窗口中双击【使用设计器创建表】，或者在"新建表"对话框中双击【设计视图】，进入数据表的设计视图，如图 11.11 所示。

（3）在表设计视图中"字段名称"列输入各字段名称，"数据类型"列选择相应的数据类型，"说明"列对字段进行说明，"常规"选项卡中设置当前字段的属性，"查阅"选项卡中设置在窗体上用于显示该字段的控件类型，如图 11.12 所示。

（4）设置"学号"字段为主键。

（5）保存表，打开"另存为"对话框，在"表名称"文本框中输入表的名称："学生表"，单击【确定】按钮即可。如图 11.13 所示。

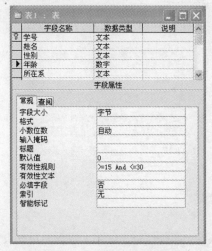

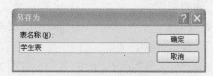

图 11.12 学生表中各字段的输入   图 11.13 "另存为"对话框

至此，"学生表"的表结构就创建完成，可以向学生表中输入数据了。

同理的方法，可以实现创建"课程表"和"学生选课表"。在如图 11.14 中的"学生选课系统"的数据库窗口，可以看到已经建立了 3 张表。

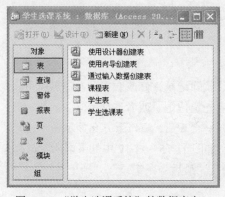

图 11.14 "学生选课系统"的数据库窗口

11.3.3 数据表的基本操作

完成表的创建后，仅仅是定义了表的结构，表中尚无任何数据记录，接下来就需要往表中输入数据记录。另外对数据表还可以进行编辑。

1. 表数据的输入

下面通过例题说明表数据是如何输入的。

例 11.2 分别为"学生选课系统"中的"学生表"、"课程表"和"学生选课表"输入一些记录。

① 打开"学生选课系统"数据库，在数据库窗口中选择【表】对象，如图 11.14 所示。

② 在数据库窗口中，选定"学生表"，单击【打开】按钮，或双击"学生表"，进入"学生表"数据表视图，在数据表视图中可以输入表中的记录数据，如图 11.15 所示。

③ 同②操作，分别在"课程表"和"学生选课表"的数据表视图中输入课程表记录和学生选课表记录，如图 11.16 和 11.17 所示。

图 11.15 "学生表"的数据表视图

图 11.16 "课程表"的数据表视图　　　　图 11.17 "学生选课表"的数据表视图

2. 编辑数据表

编辑数据表可以对表的结构和表中的记录分别进行。

（1）修改表结构

修改表结构包括更改字段的名称、数据类型、属性，增加字段、删除字段等，可在设计视图中进行。另外除了修改类型、属性操作，其他操作也可以在数据表视图下进行。

① 修改字段名：在设计视图中单击字段名或在数据表视图中双击字段名，被选中的字段反相显示，输入新的名称后单击工具栏上的【保存】按钮即可。

② 插入字段：在数据表视图中选择【插入列】命令或在设计视图中选择【插入行】命令即可插入新的字段。

③ 删除字段：在数据表视图中选择【删除列】命令或在设计视图中选择【删除行】命令即可删除字段。

（2）定位记录

编辑记录包括添加记录、删除记录、修改数据和复制数据等，编辑记录的操作只能在数据表视图中进行。在编辑之前，应先定位记录或者选择记录。

在数据表视图窗口中打开一个表后，窗口下方会显示一个"记录定位器"，该定位器由若干个按钮和一个记录编辑框组成，如图 11.15~11.17 中的下端所示。这些按钮分别是："第一条记录"、"上一条记录"、"下一条记录"、"最后一条记录"、"新记录"。

（3）添加记录

在 Access 中，只能在表的末尾添加记录，方法如下：

① 在数据库窗口中，单击"表"对象；

② 双击要编辑的表，在数据表视图中打开该表；

③ 单击工具栏或记录定位器上的【新记录】按钮▶*，光标将停在新记录上；

④ 输入新记录各字段的数据即可。

（4）删除记录

删除记录时，先在数据表视图窗口中打开表，然后选择要删除的记录，单击工具栏上的【删除】按钮 或选择"编辑"菜单中的【删除记录】命令，这时，屏幕上出现确认删除记录的对话框，单击【是】按钮，选定的记录被删除。

（5）修改数据

修改数据是指修改某条记录的某个字段的值，只要把鼠标定位到要修改的字段值上，直接进行修改即可。

（6）复制数据

复制数据是指将选定的数据复制到指定的某个位置。方法是先选择要复制的数据，然后单击工具栏上的【复制】按钮，接下来【单击】要复制的位置，最后单击工具栏上的【粘贴】按钮即可。

11.3.4　表间关系

一个数据库中可能有很多表，而且一般情况下这些表之间都有联系。如果对于一个表中的任何一条记录，在另一个表中只有一条记录与它相关，则称这 2 个表之间是一对一的联系；如果对于一个表中的任何一条记录，在另一个表中可以有许多记录与它相关，则称这 2 个表之间是一对多的联系。

Access 中对表间关系的处理，是通过 2 个表中的公共字段在两表之间建立关系的，这 2 个字段可以是同名的字段，也可以是不同名的字段，但必须具有相同的数据类型。

用于建立表间关系的字段在主表中必须是主键或设置为无重复索引，而该字段在从表中则无要求。如果这个字段在从表中也是主键或设置了无重复索引，则 Access 会在 2 个表之间建立一对一的关系，否则在 2 个表之间建立一对多的关系。

当 2 个表之间建立联系后，用户就不能再随意地更改建立关系的字段的值，也不能随意地向表中添加记录，从而保证数据的完整性，这就是数据库的参照完整性。

Access 中的关联可以建立在表和表之间，也可以建立在查询和查询之间，还可以建立在表和查询之间。

1.　建立表间关系

下面通过例题说明 Access 中如何建立表间关系。

例 11.3　建立"学生选课系统"中"学生表"、"课程表"和"学生选课表"之间的关联关系。

① 打开"学生选课系统"数据库，然后选择"工具"菜单的【关系】命令，或单击工具栏上的【关系】按钮 ，打开"关系"窗口；

② 单击工具栏上的【显示表】按钮 ，打开"显示表"对话框，选择需要建立关系的表，单击【添加】按钮，将其加入到"关系"窗口中，直至将相关的表均加入到"关系"窗口中。关闭"显示表"对话框。结果如图 11.18 所示。

③ 在"关系"窗口中，将要建立关系的字段从一个表中拖动到其他表中的相关字段上。结果如图 11.19 所示。

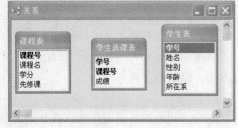
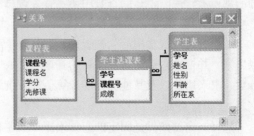

图 11.18　"关系"窗口　　　　　　　图 11.19　关系建立后的窗口

2．删除表间关系

要删除 2 个表之间的关系，单击要删除关系的连接，然后按 Del 键即可。

3．修改表间关系

要修改 2 个表之间的关系，双击要修改关系的连接，弹出"编辑关系"对话框，可在此对话框中重新设置复选框，然后再单击【创建】按钮。

删除和编辑关系也可以这样操作，在"关系"窗口中右击表间的连线，这时，弹出的快捷菜单中只有 2 条命令，分别是"删除"和"编辑关系"。

11.4　数　据　查　询

11.4.1　查询与表

在使用表存储数据时，习惯上是把同类的数据放在一个表中，然后给表取一个有意义的表名，通过名字就可以看出表中存储有什么数据。在使用数据库中的数据时，并不是简单地使用某个表中的数据，而常常是将有"关系"的很多表中的数据关联起来使用，有时还可能要把这些数据进行一定的计算以后才能使用。

对于这样的要求，通过建立"查询"对象可以很轻松地解决，查询的字段来自互相之间有"关系"的表，这些字段组合成一个新的数据表视图。查询并不真正存储任何数据，查询对应的数据还存储在导出查询的那些表中。改变表中的数据时，查询得到的数据也会发生改变。查询中保存的是查询的结构，即查询所涉及的表、字段、筛选条件等，而不是记录数据。

查询是 Access 数据库最重要的对象之一，是数据处理和数据分析的工具。Access 的查询可以从已有的数据表或查询中选择满足条件的数据，也可以对已有的数据进行统计计算，还可以对表中的记录进行诸如修改、删除等操作。查询的结果可以作为数据库中其他数据库对象的数据源，功能类似于视图。

查询的基本作用有：利用查询选择用户所需要和关心的数据；把经常进行的计算、统计、汇总等数据操作定义为查询，可以提高效率、简化操作；增强数据库的安全性；查询的结果可以生成新的基本表，并能为窗体、报表、数据访问页等提供数据。

11.4.2　查询的类别

Access 有 5 种查询，包括选择查询、参数查询、交叉表查询、操作查询和 SQL 查询。各种查询的规律是一样的，它们各有用途、各有特点。

1．选择查询

选择查询是最常用的一种查询，它从一个或多个有关系的表中将满足要求（条件）的数据提取出来，并把这些数据显示在新的查询数据表中。也可以使用选择查询对记录进行分组、总计、计数、求平均值以及其他类型的计算。在查询设计视图中，默认的是选择查询。

2．参数查询

选择查询的条件是固定的，如果用户需要在运行查询的过程中输入查询条件，就要使用参数查询。参数查询是在执行查询时显示对话框提示用户输入查询条件。

3. 交叉表查询

Access 还支持一种特殊类型的总计查询，即交叉表查询。交叉表查询计算数据的总计、平均值、计数或其他类型的总和。使用交叉表查询可以计算并重新组织数据的结构，这样可以更加方便地分析数据。

4. 操作查询

操作查询只需进行一次操作就可以对许多记录进行改动和移动。操作查询包括 4 种查询方式。

- 删除查询：可以从一个或多个表中删除记录。
- 更新查询：可以对一个或多个表中的一组记录进行全部更改。
- 追加查询：可将一个或多个表中的一组记录追加到一个或多个表中。
- 生成表查询：利用一个或多个表的全部或部分数据创建新表。

5. SQL 查询

指用户使用结构化查询语言 SQL 来查询、更新和管理 Access 关系数据库中的表。

11.4.3 创建查询的方法

Access 提供了多种创建查询的方法，在数据库窗口中选择"查询"对象后，可以看到有使用向导创建查询和在设计视图中创建查询，如图 11.20 所示。使用向导创建查询比较简单，可以从一个或多个表（或查询）中抽取字段查询数据，但不能通过设置条件来筛选记录。使用设计视图创建查询没有这方面的限制，使用起来比向导更加灵活。

在图 11.20 的数据库查询窗口中，单击【新建】按钮，打开"新建查询"对话框，如图 11.21 所示。对话框中显示了不同的查询创建方法，一种是设计视图（与图 11.20 中"在设计视图中创建查询"相同），另外 4 种是采用向导创建不同类型的查询。

图 11.20 数据库查询对象窗口

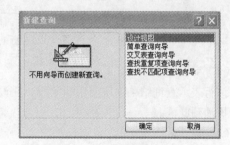

图 11.21 "新建查询"对话框

1. 设计视图

这是最为常用的查询设计方法，可在一个或多个表（或查询）中按照指定的条件进行查询，并指定显示的字段，本教材主要介绍这种方法。

2. 简单查询向导

可以按照 Access 提供的每一步向导的提示设计查询的结果。

3. 交叉表查询向导

是指用两个或多个分组字段对数据进行分类汇总的方式。

4. 查找重复项查询向导

在数据表中查找具有相同字段值的重复记录。

5. 查找不匹配项查询向导

在数据表中查找与指定条件不匹配的记录。

建立查询时可以在"设计视图"窗口或"SQL视图"窗口下进行，而查询结果可在"数据表视图"窗口中显示，这些视图可以通过"视图"菜单进行切换，"视图"菜单如图 11.22 所示。

图 11.22　建立查询时的"视图"菜单

11.4.4　设计视图

1. "设计视图"窗口的组成

"设计视图"窗口由上下两部分组成，如图 11.23 所示。上半部分显示查询所使用的数据源，包括表或已创建的查询。下半部分用于设计查询的各个条件，由若干行、若干列构成，其中每列对应着查询结果中的一个字段，每一行的标题则指出了该字段的各个属性，每一行的作用如下。

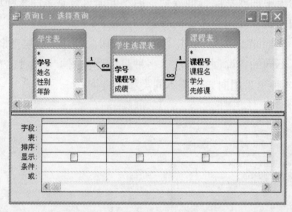

图 11.23　查询的"设计视图"窗口

（1）字段

该行表示查询结果中所使用的字段，在设计时通常是用鼠标将字段从窗口上半部分的名称列表中拖动到此区。

（2）表

本行显示的是该字段所在的数据表或查询的名称。

（3）排序

此行用来指定查询的结果集是否按此字段排序以及排序时的升降顺序。

（4）显示

此行确定该字段是否在查询结果中集中显示。

（5）条件

此行指定对该字段的查询条件，例如对"年龄"字段，如果该处输入">20"，表示选择年龄大于 20 的记录；对于"性别"字段，如果此处输入"男"，表示选择男生记录。

（6）或

此行用来指定与上面条件并列的其他查询条件。

查询条件设计完成后，单击工具栏上的【执行】按钮，可以在屏幕上显示查询的结果，如果对查询结果不满意，可以切换到设计窗口重新进行设计。

查询结果符合要求后，单击工具栏上的【保存】按钮，打开"另存为"对话框，输入查询名称后，单击【确定】按钮，可将建立的查询保存到数据库中。

2. 在设计视图中创建查询

下面通过例题介绍在设计视图中如何创建查询。

例 11.4　在"学生选课系统"中查询选修了"数据结构"课程的学生的学号和姓名。

先来分析一下题目：该题要求是求出学生的学号和姓名，这只能是学生表中的字段；查询的条件是选修了"数据结构"课程，而课程名只有课程表中有此字段；学生表和课程表只有通过学生选课表才能把它们联系起来。所以该题进行查询的数据源涉及到三张表：学生表、课程表、学生选课表。具体操作如下。

① 在"学生选课系统"数据库窗口中选择"查询"对象后，双击【在设计视图中创建查询】，弹出"显示表"对话框；或者单击【新建】按钮，打开"新建查询"对话框（如图 11.21 所示），在对话框中选择【设计视图】，单击【确定】按钮，出现"显示表"对话框，如图 11.24 所示。

② 在对话框中选择查询所用的"学生表"、"学生选课表"和"课程表"，并分别【添加】后，单击【关闭】按钮，此对话框关闭，并打开"设计视图"窗口，如图 11.23 所示。

③ 选择输出字段：在设计视图窗口中，将学生表中的学号、姓名，以及课程表中的课程名等 3 个字段分别从字段列表中拖动到字段区。

④ 在"课程名"字段和显示交叉处取消该字段在查询结果中集中显示。

⑤ 在"课程名"字段和条件交叉处输入条件"数据结构"，这时的设计视图如图 11.25 所示。

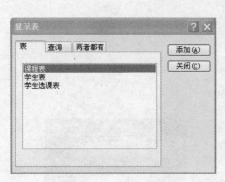

图 11.24　"显示表"对话框

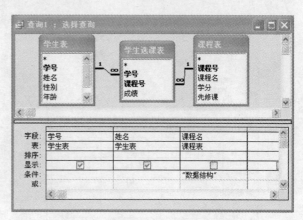

图 11.25　设置查询条件后的设计视图

⑥ 单击工具栏上的【执行】按钮可显示查询的结果，如图 11.26 所示。

⑦ 单击工具栏上的【保存】按钮，在打开的"另存为"对话框中输入查询名称"选修数据结构的学生"，然后单击【确定】按钮。

⑧ 单击查询右上角的【关闭】按钮，该查询创建完毕。

图 11.26　查询的结果

例 11.5 在"学生选课系统"中查询选修了某门课程（课程名运行时输入）的学生的学号和姓名。

上题的查询条件课程名在查询之前已经确定，而本题与上题不同的是课程名没有指定，需要执行查询时输入，这属于"参数查询"。

本题的操作①~④同上题，接下来从第 5 步给出。

⑤ 在"课程名"字段和条件交叉处输入条件"[请输入课程名：]"（方括号一起输入）。

⑥ 单击工具栏上的【执行】按钮，这时屏幕出现"输入参数值"对话框，如图 11.27 所示。

向对话框中输入课程名"数据结构"后，单击【确定】按钮，这时屏幕上显示的查询结果同上题。当然，输入不同的课程名，其查询结果不同。

⑦ 单击工具栏上的【保存】按钮，在打开的"另存为"对话框中输入查询名称"选修某课程的学生"，然后单击【确定】按钮。

图 11.27　运行参数查询时的对话框

⑧ 单击查询右上角的【关闭】按钮，该查询创建完毕。

例 11.6 在"学生选课系统"中查询选修了"1"号课程的平均成绩。

分析：在学生选课表中包含了本查询所涉及的各个字段，因此数据源只有一张表。

该题的操作①~③类似于上两题，其他操作如下。

④ 在设计视图窗口中，单击工具栏上的【汇总】按钮 Σ，这时设计视图窗口的下半部分多了一个"总计"行。

⑤ 在"成绩"字段对应的"总计"行中，单击右侧的向下箭头，在打开的列表框中单击【平均值】，表示要计算成绩的平均值。

⑥ 在"课程号"字段和条件交叉处输入条件"1"，这时的设计视图如图 11.28 所示。

⑦ 单击工具栏上的【执行】按钮可显示查询的结果，如图 11.29 所示。

图 11.28　输入条件

图 11.29　汇总查询结果

⑧ 单击工具栏上的【保存】按钮，在打开的"另存为"对话框中输入查询名称"选修 1 号课程的平均成绩"，然后单击【确定】按钮。

⑨ 单击查询右上角的【关闭】按钮，该查询创建完毕。

11.5　窗体和报表

窗体是 Access 数据库的重要对象，是维护表中数据的最灵活的一种形式。作为数据库和用户之间的接口，窗体提供了对数据库中数据输入输出和维护的一种便捷的方式，同时，窗体也是开发应用程序的一个重要工具。

窗体最基本的功能是显示和编辑数据，窗体上可以放置各种各样的控件，用于对表中记录进行添加、删除和修改等操作。用户可以利用窗体显示表中的数据，一般情况下，窗体上只显示一条记录，用户可以使用窗体上的移动按钮和滚动条查看其余的记录。窗体上的数据可以是来自多个表的数据。

报表也是 Access 数据库的重要对象，主要用来把表、查询甚至窗体中的数据生成报表，然后打印输出。

11.5.1　创建窗体

在 Access 中，创建窗体的方法有 2 个：一是使用向导创建窗体，二是在设计视图中创建窗体。在数据库窗口中选择【窗体】对象，如图 11.30 所示。在该窗口中单击【新建】按钮，可以打开"新建窗体"对话框，如图 11.31 所示。在此对话框中，列出了 9 种创建窗体的方法，除了"设计视图"外，其余 8 种都是使用向导创建不同格式的窗体。

图 11.30　数据库"窗体"对象窗口

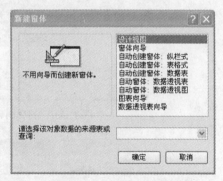

图 11.31　"新建窗体"对话框

下面使用"窗体向导"来创建一个简单的窗体，数据源是"学生表"，操作过程如下。

① 打开窗体向导对话框：在图 11.31 所示的对话框中，单击选择【窗体向导】，在下拉列表框中选中数据源【学生表】，然后单击【确定】按钮，打开"窗体向导"对话框，如图 11.32 所示。

② 选择窗体中包含的字段：在"可用字段"列表框中显示可以使用的字段名称，可将其添加到"选定的字段"列表框中，假如使用【>>】按钮把所有字段都加到"选定的字段"列表框中，然后单击【下一步】按钮，打开布局对话框，如图 11.33 所示。

③ 选择窗体布局：布局对话框中提供了有关窗体布局的选择，选择一种布局后（例如选定"纵栏表"），单击【下一步】按钮，打开样式对话框，如图 11.34 所示。

④ 选择窗体样式：样式对话框中列出了不同的窗体样式，单击某个样式时，可在对话框的

左侧预览样式，选中样式后（这里选定【标准】），单击【下一步】按钮，打开输入窗体标题的对话框。

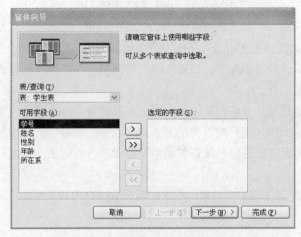

图 11.32 "窗体向导"对话框之一

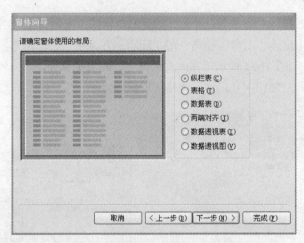

图 11.33 "窗体向导"对话框之二——布局

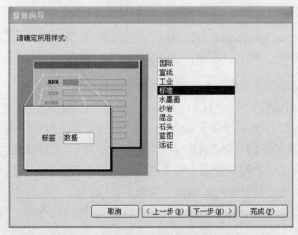

图 11.34 "窗体向导"对话框之三——样式

⑤ 输入窗体标题：在对话框中输入窗体的标题，在此输入 "学生表"，单击【完成】按钮。至此，窗体建立完毕，图 11.35 是创建的结果。

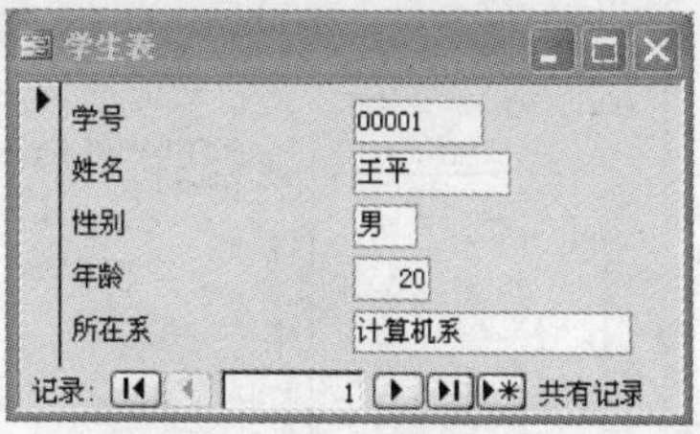

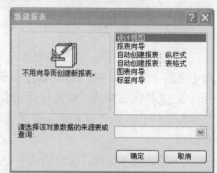

图 11.35 "学生表"窗体

在图 11.35 所示的窗体中，可分别单击记录指示器中的◄、►等按钮，逐条显示或修改记录，也可以输入新的记录。

11.5.2 创建报表

在 Access 中，与创建窗体一样，创建报表也有两个方法：一是使用向导创建报表，二是在设计视图中创建报表。在数据库窗口中选择【报表】对象，单击【新建】按钮，可以打开"新建报表"对话框，如图 11.36 所示。在此对话框中，列出了 6 种创建报表的方法，除了"设计视图"外，其余 5 种都是使用向导创建不同格式的报表。

下面使用"报表向导"来创建一个简单的报表，数据源是"学生表"，操作过程如下。

① 打开报表向导对话框：在图 11.36 所示的对话框中，单击选择【报表向导】，在下拉列表框中选中数据源【学生表】，然后单击【确定】按钮，打开【报表向导】对话框，如图 11.37 所示。

图 11.36 "新建报表"对话框

② 选择报表中包含的字段：在"可用字段"列表框中显示可以使用的字段名称，可将其添加到"选定的字段"列表框中，假如使用【>>】按钮把所有字段都加到"选定的字段"列表框中，然后单击【下一步】按钮，打开分组对话框，如图 11.38 所示。

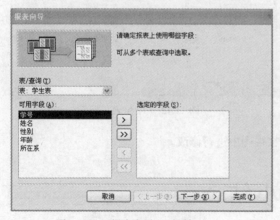

图 11.37 "报表向导"对话框之一

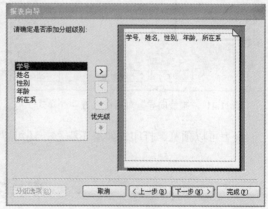

图 11.38 "报表向导"对话框之二——分组

③ 确定分组级别：在此选择不分组，如果要分组，则在对话框中选择用于分组的字段，分组的效果会显示在预览框中，单击【下一步】按钮，打开排序对话框，如图 11.39 所示。

④ 选择排序字段：这里选择按学号的升序排序，单击【下一步】按钮，打开布局对话框，如图 11.40 所示。

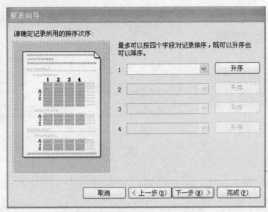

图 11.39 "报表向导"对话框之三——排序   图 11.40 "报表向导"对话框之四——布局

⑤ 选择报表布局：布局对话框中提供了有关报表布局和方向的选择，这里选择【表格】布局和【纵向】方向，单击【下一步】按钮，打开样式对话框，如图 11.41 所示。

⑥ 选择报表样式：样式对话框中列出了不同的报表样式，单击某个样式时，可在对话框的左侧预览样式，选中样式后（这里选定【组织】)，单击【下一步】按钮，打开输入报表标题的对话框。

⑦ 输入报表标题：在对话框中输入报表的标题，在此输入"学生表"，单击【完成】按钮。至此，报表建立完毕，图 11.42 是创建的结果。

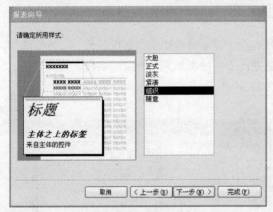
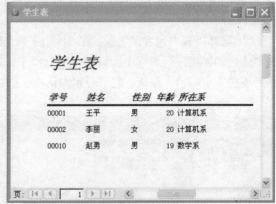

图 11.41 "报表向导"对话框之五——样式   图 11.42 "学生表"报表

报表可以预览、打印，如果不满意，还可以在视图中进行修改。

本章小结

数据库技术是数据管理的技术，是计算机科学技术中发展最快、应用最广的技术之一，它早已成为计算机科学的重要分支。数据库技术的应用已渗透到各行各业，目前，各种各样的计算机应用系统大多数都是以数据库为基础和核心的，因此，掌握数据库技术与应用是当今大学生信息素养的重要组成部分。

本章首先在数据库系统概述中介绍了数据库系统的基本概念，包括数据管理技术的发展，数据、数据库、数据库管理系统等名词术语，数据库系统的组成，以及数据模型等。然后在 Microsoft Access 环境下，介绍了数据库和数据表的建立和维护及查询、窗体和报表的创建方法。

数据管理技术的发展经历了 3 个发展阶段，即人工管理阶段、文件系统管理阶段和数据库系统管理阶段。

数据是指能被计算机识别和处理的符号的总称。数据库是指长期储存在计算机内的、有组织的、可共享的数据集合。数据库管理系统（DBMS）是位于用户与操作系统之间的一层数据管理软件，是帮助用户建立、使用和管理数据库的软件系统，是数据库与用户之间的接口。数据库系统（DBS）一般由数据库、操作系统、数据库管理系统（及其工具）、应用系统、数据库管理员和用户构成。数据库管理员（DBA）是负责全面管理和控制数据库系统正常运行的人员，他承担着创建、监控和维护整个数据库结构的责任。

数据模型是数据库系统的核心和基础，各个 DBMS 软件产品都是基于某种数据模型的。常用的数据模型有：层次模型、网状模型和关系模型，其中层次模型和网状模型统称为非关系模型，非关系模型的数据库系统在 20 世纪 70 年代非常流行，到了 20 世纪 80 年代，逐渐被关系模型的数据库系统取代。关系模型是目前最重要的一种数据模型。

Access 是微软 Office 办公套装软件的组件之一，它是一种小型的关系型数据库管理系统。Access 提供了一套完整的工具和向导。Access 中，一个数据库是所有相关对象的集合，这些对象有表、查询、窗体、报表、宏、模块和页。数据库中除了页之外的其余对象都存放在同一个数据库文件中，数据库文件的扩展名为.mdb。利用 Access 提供的工具和向导可以创建数据库以及数据库中的各个对象，并能够对数据库进行有效的维护和管理。

思　考　题

1. 试述数据、数据库、数据库管理系统、数据库系统的概念。
2. 试述文件系统与数据库系统的区别和联系。
3. 试述数据库系统的特点。
4. 数据库管理系统的主要功能有哪些？
5. 试述数据模型的概念和作用。
6. 试述概念模型的作用。
7. 解释概念模型中的以下术语：实体，实体集，属性，键，联系。
8. 实体之间的联系有哪几种？分别举例说明。
9. 试述关系模型的特点。
10. 什么叫数据与程序的物理独立性？什么叫数据与程序的逻辑独立性？
11. Access 中数据库有哪几种对象？简述它们的作用。
12. Access 数据库文件的扩展名是什么？
13. 创建数据库有哪几种方法？
14. 创建数据表有哪几种方法？
15. 简述查询与表的关系。
16. 查询包括哪几种类别的查询？

第12章
信息安全

现代社会到处充斥着各种各样的信息，信息是人类社会的宝贵资源，信息化水平已成为衡量国家现代化程度和综合实力的重要标志。目前，全球正处于网络化大发展的信息时代，随着信息技术的飞速发展，在信息技术推动经济全球化的进程中，人们在享受信息所带来的巨大利益的同时，也面临着严峻的信息安全的考验。因此，如何有效地保护信息的安全对信息化社会的发展至关重要。从信息技术的发展历程来看，信息安全已经由20世纪80年代的被动保密安全发展到90年代的主动保护，继而发展到21世纪的信息全面保障。

12.1　信息安全概述

1. 什么是信息安全

信息安全（Information Security）这个词源于书信和话音的保密。究竟什么是"信息安全"？目前尚未有一个统一的认识。至今国内外对信息安全定义的众多描述不尽相同，它们大体上分为2类：一类是指特定的信息体系的安全（如银行、证券等金融机构和商用网站）；另一类是指国家的信息化体系不受外来敌对国家的威胁和侵害。

概括来说，所谓网络信息安全，是指"计算机网络系统的硬件、软件及其系统中的数据受到保护，不会遭到偶然的或者恶意的破坏、更改、泄漏，系统能连续、可靠、正常地运行，网络服务不中断。"而按照国际上流行的说法，信息安全是信息系统或者安全产品的安全策略、安全功能、管理、开发、维护、检测、恢复和安全评测等概念的简称。

信息安全涉及的内容主要包括以下2个方面，一方面是信息本身的安全，主要是保障个人数据或企业信息在存储，传输过程中的保密性、完整性、合法性和不可抵赖性，防止信息的泄露和破坏，防止信息资源的非授权访问；另一方面是信息系统或网络系统的安全，主要是保障合法用户正常使用网络资源，避免病毒、拒绝服务、远程控制和非授权访问等安全威胁，及时发现安全漏洞，制止攻击行为等。

2. 信息安全的特点

在美国国家信息基础设施（NII）的文献中，给出了信息安全的5个特点：可用性、机密性、完整性、可靠性和不可抵赖性。

① 可用性：是指得到授权的实体在需要时可以得到所需要的网络资源和服务。

② 机密性：是指网络中的信息不被非授权实体（包括用户和进程）等获取与使用。

③ 完整性：是指网络信息的真实可信性，即网络中的信息不会被偶然或者蓄意地进行删除、

修改、伪造、插入等破坏，保证授权用户得到的信息是真实的。

④ 可靠性：是指系统在规定的条件下和规定的时间内，完成规定功能的概率。可靠性是信息安全最基本的要求之一。

⑤ 不可抵赖性：也称为不可否认性。是指通信的双方在通信过程中，对于自己所发送或接收消息的事实和内容不能抵赖。

12.2　计算机病毒及其防治

随着网络的普及和计算机应用的推广，国内外各种软件的大量流行，计算机病毒的滋扰也愈加频繁，对计算机系统和计算机网络系统的正常运行造成了严重的威胁。因此，了解基本的计算机病毒知识并掌握常见的防治技术以及清除方法对广大计算机使用者来说是非常重要的。

12.2.1　计算机病毒的定义

《中华人民共和国计算机信息系统安全保护条例》中对计算机病毒进行了明确的定义："计算机病毒是指编制或者在计算机程序中插入的破坏计算机功能或者破坏数据，影响计算机使用并且能够自我复制的一组计算机指令或者程序代码"。

由此可知计算机病毒实际上是一种计算机程序，是一段可执行的指令代码。

12.2.2　计算机病毒的特征

由计算机病毒的定义，以及对病毒的产生、来源、表现形式和破坏行为的分析，可以抽象出病毒所具有的一般特征。

1. 程序性

由计算机病毒的定义可知，计算机病毒是一段具有特定功能的、严谨精巧的计算机程序。计算机本身绝对不会生成计算机病毒，而程序是由人来编写的，即是人为的结果。这就决定了计算机病毒表现形式和破坏行为的多样性、复杂性。同时，人既然能编写出计算机病毒程序，当然也就能够开发出反病毒程序，即决定了计算机病毒的可防治、可清除性。另一方面，计算机病毒既然是一段"程序"，它就具备了其他计算机程序的所有特点。

程序性既是计算机病毒的基本特征，也是计算机病毒的一种最基本的表现形式。

2. 传染性

传染性又称自我复制、自我繁殖、感染或再生，是计算机病毒的最本质的重要属性，是判断一个计算机程序是否为计算机病毒的首要依据。病毒程序一旦进入计算机并被执行，就会对系统进行监视，寻找符合其传染条件的其他程序体或存储介质。确定了传染目标后，采用附加或插入等方式将病毒程序自身链接到这个目标之中，该目标即被传染，同时这个被传染的目标又成为新的传染源，当它被执行以后，去传染另一个可以被传染的其他目标。计算机病毒的这种将自身复制到其他程序之中的"再生机制"，使得病毒能够在系统中迅速扩散。

3. 潜伏性

病毒程序进入计算机之后，一般情况下除了传染外，并不会立即发威，而是在系统中潜伏一段时间。只有当其特定的触发条件满足时，才会激活病毒的表现模块而出现中毒症状。病毒的潜伏性越长，用户就越是意识不到，发现不了病毒的存在而去清除它，使得病毒向外传染的机会就越多，病毒传染的范围就越广泛。

4. 破坏性

一般病毒作者编写病毒程序的起因，其一是为了表现自己与众不同的编程技能；其二是为了破坏染毒计算机系统的正常运行。这两种原因都决定了系统中病毒程序模块存在的必然性。区别在于，前者编写的病毒程序一般不会对系统造成重大危害，仅仅影响到计算机的工作效率、占用系统资源或弹出一个对话框给操作者开个小玩笑等"轻量级"的破坏；而后者则会对系统造成重大危害，其发作模块激活后的结果可能是格式化磁盘、更改系统文件、攻击硬件甚至阻塞网络等"重量级"的破坏。

只要是计算机病毒，就必然具有破坏机制，只是其破坏程度不同而已。计算机病毒的这种"干扰与破坏性"决定了它的危害性。

5. 可触发性

任何计算机病毒都要有一个或多个触发条件，利用这些触发条件要么触发病毒感染其他程序体，要么触发病毒运行自身的破坏模块进行破坏性工作。触发的实质是一种或多种条件控制。触发条件的激活之时，就是病毒潜伏期的终止之时。一般病毒的触发条件可以是系统的时间、日期、文件类型、特定数据、病毒体自带的计数器或计算机内的某些特例操作等。

12.2.3　计算机病毒的分类

目前计算机病毒的种类已达数万余种，而且每天都有新的病毒出现，因此计算机病毒的种类会越来越多。根据病毒不同的特征进行分类，就可以掌握各种类型病毒的工作原理，这也是防范、遏制病毒蔓延的前提。计算机病毒的分类方法通常有以下几种。

1. 按计算机病毒的传染方式分类

（1）引导型病毒

引导型病毒利用磁盘的启动原理工作，主要感染磁盘的引导区。在计算机系统被带毒磁盘启动时首先获得系统控制权，使得病毒常驻内存后再引导并对系统进行控制。病毒的全部或者一部分取代磁盘引导区中正常的引导记录，而将正常的引导记录隐藏在磁盘的其他区中。

病毒程序被执行之后，将系统的控制权交给正常的引导区记录，使得带毒系统表面上看起来好像是在正常运作，实际上病毒已隐藏在系统中，监视系统的活动，伺机传染给其他负责读、写、格式化等操作的硬盘（或插入的软盘）的引导扇区。在一般情况下与操作系统型病毒类似，引导型病毒不会感染磁盘文件。

典型的引导型病毒如：小球病毒、大麻病毒、磁盘杀手病毒等。

（2）文件型病毒

文件型病毒就是通过操作系统的文件系统实施感染的病毒，这类病毒可以感染.com 文件、.exe 文件；也可以感染.obj、.doc、.dot 等文件。

当用户调用染毒的可执行文件（.exe 和.com）时，病毒首先被运行，然后病毒驻留内存，伺机传染其他文件或直接传染其他文件，其特点是病毒依附于正常的程序文件，成为该正常程序的一个外壳或部件。

典型的文件型病毒如：CIH 病毒、Shifter（移动者）病毒等。

（3）混合型病毒

这类病毒既具有引导型病毒的特点，又有文件型病毒的特点，即它是同时能够感染文件和磁盘引导扇区的"双料"复合型病毒。混合型病毒通常都具有复杂的算法，使用非常规的方法攻击计算机系统。

混合型病毒如：Amoeba（变形虫）病毒、新世纪病毒等。

（4）宏病毒

宏病毒是一种寄生于文档（或模板）宏中的计算机病毒，它的感染对象主要是 Office 组件或类似的应用软件。如果一旦打开感染宏病毒的文档，宏病毒就会被激活，进入计算机内存并驻留在 Normal 模板上。此后所有自动保存的文档都会感染上这种宏病毒，如果其他用户打开了感染宏病毒的文档，宏病毒就会传染到他的计算机上。宏病毒的传染途径很多，如电子邮件、磁盘、Web 下载、文件传输等。

宏病毒如：Concept（概念）病毒等。

2. 按计算机病毒的破坏性分类

（1）良性病毒

良性病毒一般对计算机系统内的程序和数据没有破坏作用，只是占用 CPU 和内存资源，降低系统运行速度。病毒发作时，通常表现为显示信息、奏乐、发出声响或出现干扰图形和文字等，且能够自我复制。这种病毒一旦清除后，系统可恢复正常工作。比如小球病毒。

（2）恶性病毒

恶性病毒对计算机系统具有较强的破坏性，病毒发作时，会破坏系统的程序或数据，删改系统文件，重新格式化硬盘，使用户无法打印，甚至中止系统运行等。由于这种病毒破坏性较强，有时即使清除病毒，系统也难以恢复。比如上面提到过的 CIH 病毒。

3. 按是否具备传染性分类

（1）狭义计算机病毒

传统的计算机病毒都需要依附于正常的程序上，才能工作。它能够自动寻找其宿主对象，并依附其中，所以计算机病毒是一种具备传染性的可执行程序。"传染性"是计算机病毒最本质的特征，是我们判断一个计算机程序是否为计算机病毒程序的首要判据。严格说来，我们一般所说的计算机病毒，指的是需要依附于宿主程序、具备传染性的计算机病毒，也称其为狭义计算机病毒。

（2）蠕虫和特洛伊木马

还有两种通过网络传播的、与计算机病毒相仿的独立程序：蠕虫（Worm）和特洛伊木马（Trojan Horse）。这两种网络病毒和狭义计算机病毒一样，都具有破坏性，但是严格来讲，它们并不属于狭义上的计算机病毒范畴，而是计算机病毒的近亲。因为它们都是独立存在的程序，并不需要宿主程序，所以不具备上述的"传染性"。

① 蠕虫。

蠕虫是一种智能化、自动化，综合网络攻击、密码学和计算机病毒技术。无需使用者干预即可运行的攻击程序或代码，它会扫描和攻击网络上存在系统漏洞的节点主机，通过网络从一个节点传播到另外一个节点。蠕虫不依附于其他程序、不需要宿主对象，其最大特点是可在系统中快速自我复制（繁殖），利用各种漏洞进行自动传播。

典型的蠕虫病毒如：尼姆达病毒、冲击波病毒、红色代码、熊猫烧香等。

② 特洛伊木马。

特洛伊木马，简称木马，是一种与计算机病毒相仿的妨害计算机安全的程序。它因古希腊战争中的"木马"战术而得名的。

木马实际上是一种在远程计算机之间建立起连接，使远程计算机能通过网络控制本地计算机上的程序。它冒名顶替，以人们所知晓的合法而正常的程序（如计算机游戏、压缩工具乃至防治计算机病毒软件等）面目出现，来达到欺骗的目的。获得该"合法"程序的用户将其在计算机上运行就会产生用户所料不及的破坏后果。通俗地讲，木马就是一种"挂着羊头"的招牌，干着"卖狗肉"的勾当，具有破坏作用的计算机程序。木马的最终意图是窃取信息、实施远程监控，如冰河木马等。

一般情况下，木马程序由服务器端程序和客户端程序组成。其中服务器端程序安装在被控制对象的计算机上，客户端程序是木马控制者所使用的。在通过 Internet 将服务器程序和客户端程序连接后，若用户的计算机运行了服务端程序，则控制者就可使用客户端程序来控制用户的计算机，实现对远程计算机的控制。

木马一般不进行自我复制，但可以捆绑在合法程序中得到安装、启动木马的权限，甚至采用动态嵌入技术寄生在合法程序的进程中，但它不具有狭义计算机病毒所具有的自我繁殖、主动传染特性，我们习惯上将其和蠕虫一样，纳入广义病毒，也就是说，木马和蠕虫都是广义计算机病毒的子类。

12.2.4　计算机病毒的检测与防治

1．计算机病毒的预防

防治计算机病毒的关键是做好预防工作，首先在思想上给予足够的重视，采取"预防为主，防治结合"的方针；其次是尽可能切断病毒的传播途径。对计算机病毒以预防为主，从加强管理入手，争取做到尽早发现，尽早清除，这样既可以减少病毒继续传染的可能性，还可以将病毒的危害降低到最低限度。预防计算机病毒主要应从以下几个方面进行。

① 安装实时监控的杀毒软件或防毒卡，定期更新或升级病毒库。

② 经常运行 Windows Update，安装操作系统的补丁程序。

③ 安装防火墙。

④ 不随便使用外来软件，对外来软件必须先检查、后使用。

⑤ 不随便打开来历不明的电子邮件及附件。

⑥ 不随便安装来历不明的插件程序。

⑦ 不随便打开陌生人传来的页面链接。

⑧ 对系统中的重要数据定期进行备份。

⑨ 定期对磁盘进行检测，以便及时发现病毒、清除病毒。

2．计算机病毒的检测

计算机病毒的检测技术是指通过一定的技术手段判定出计算机病毒的一种技术。计算机病毒检测通常采用人工检测和自动检测 2 种方法。

（1）人工检测

人工检测是指通过一些软件工具如 DEBUG.COM、PCTOOLS.EXE 等进行病毒的检测。这种方法比较复杂，需要检测者有一定的软件分析经验，并对操作系统有较深入的了解，而且费时费力，但可以检测出未知病毒。

（2）自动检测

自动检测是指通过一些查杀病毒软件来检测病毒。自动检测相对比较简单，一般用户都可以操作，但因检测工具总是滞后于病毒的发展，所以这种方法只能检测已知病毒。

那么如何选择检测工具呢？病毒检测工具的选择应根据自身情况而定，对于个人用户而言，病毒主要是通过磁盘交换、上网等操作行为进行感染，所以可以选择一些较成熟的反病毒软件，例如，瑞星杀毒软件、金山毒霸等。而企业用户一般是由一个局域网组成，网络内存在各种形式的服务器、打印机、交换机、网络连接器、电话、传真机等设备，信息量大，传递频繁，某些信息有较高的安全要求。因此，这时的反病毒能力要求较高。不仅要有单机的病毒检测查杀能力，还应具有网络病毒控制能力，所以应该选择一些网络型反病毒软件。

选用检测工具时还应尽可能地选择高版本、能升级的反病毒软件。版本所以要升级，是因为新的病毒出现后，已有版本的病毒信息库中没有该病毒的信息，无法扫描检测。在这种情况下，版本就需要升级了。版本升级不是全盘否定已经建立起来的病毒信息库，也不是全部推翻已有的检测病毒的技术，而是对已有的病毒信息库加以扩充，加进新的病毒信息。根据新病毒的情况，必要时还需对病毒检测技术加以调整与改进，以适应新的病毒出现后的新情况或病毒的发展趋势。

3. 计算机病毒的清除

一旦检测到计算机病毒就应该立即清除掉，清除计算机病毒通常采用人工处理和杀毒软件 2 种方式。

人工处理方式一般采用如下的方法：用正常的文件覆盖被病毒感染的文件，删除被病毒感染的文件，对被病毒感染的磁盘进行格式化操作等。

使用杀毒软件清除病毒是目前最常用的方法，常用的杀毒软件有瑞星杀毒软件、江民杀毒软件、金山毒霸和诺顿防毒软件等。但目前还没有一个"万能"杀毒软件，各种杀毒软件都有其独特的功能，所能处理病毒的种类也不相同。因此，比较理想的清查病毒方法是综合应用多种正版杀毒软件，并且要及时更新杀毒软件版本。对于某些病毒的变种不能清除的情况，应使用专门的杀毒软件（专杀工具）进行清除。

12.3　网　络　安　全

12.3.1　黑客攻防

1. 黑客

黑客（hacker）最早其实是个褒义词，是指那些对计算机有很深研究的人，他们有着专业的计算机知识，具备较高的编程水平，了解系统的漏洞和原因所在。目前许多软件的安全漏洞都是黑客发现的，这些漏洞被公布后，软件开发者就会对软件进行改进或发布补丁程序，因而黑客的工作在某种意义上是有创造性和有积极意义的。

如今，黑客这个词已经被认为是贬义的了，现在我们所讨论的黑客相当于骇客（cracker），骇客有着和黑客一样的技术，但以搞破坏为主，以非法入侵窃取资料为目的。

目前，黑客特指利用系统安全漏洞对网络进行攻击破坏或窃取资料的人。

2. 黑客攻击的对象

（1）系统固有的安全漏洞

任何软件系统都无可避免的会存在安全漏洞，这些漏洞主要来源于程序设计等方面的错误或疏忽，给入侵者提供了可乘之机。

（2）维护措施不完善的系统

当发现漏洞时，管理人员虽然采取了对软件进行更新或升级等补救措施，但由于路由器及防火墙的过滤规则复杂等问题，系统可能又会出现新的漏洞。

（3）缺乏良好安全体系的系统

一些系统没有建立有效的、多层次的防御体系，缺乏足够的检测能力，因此不能防御日新月异的攻击。

3. 黑客攻击的步骤

了解黑客攻击的方法和手段，更有利于计算机使用者避免受到黑客的攻击。黑客的攻击分为以下 3 个步骤。

（1）收集信息

收集要攻击的目标系统的详细信息，包括目标系统的位置、路由、目标系统的结构及技术细节等。例如使用 SNMP 协议查看路由器的路由表，用 Ping 程序检测一个指定主机的位置并确定是否可以到达等。

（2）探测分析系统的安全弱点和漏洞

入侵者根据收集到的目标网络的有关信息，对目标网络上的主机进行探测，来发现系统的漏洞。主要方法有下面 2 点。

① 攻击者通过分析软件商发布的"补丁"程序的接口，编写程序通过该接口入侵没有及时使用"补丁"程序的目标系统。

② 攻击者使用扫描器发现安全漏洞。扫描器是一种常用的网络分析工具，可以对整个网络或子网进行扫描，以寻找系统的安全漏洞。

（3）实施攻击

① 攻击者潜入目标系统后，会尽量掩盖行迹，建立新的安全漏洞或留下后门。

② 在目标系统中安装探测器软件，如木马程序。即使攻击者退出后，探测器仍可以窥探目标系统的活动，收集攻击者感兴趣的信息，并将其传给攻击者。

③ 攻击者进一步发现目标系统在网络中的信任等级，然后利用其所具有的权限，对整个系统展开攻击。

4. 黑客的攻击方式

（1）密码破解

一般采用字典攻击、假登录程序和密码探测程序等来获取系统或用户的口令文件。

（2）IP 嗅探（Sniffing）与欺骗（Spoofing）

嗅探：又叫网络监听，通过改变网卡的操作模式让它接受流经该计算机的所有信息包，这样就可以截获其他计算机的数据报文或口令。

欺骗：即将网络上的某台计算机伪装成另一台不同的主机，目的是欺骗网络中的其他计算机误将冒名顶替者当作原始的计算机而向其发送数据或允许它修改数据。如 IP 欺骗、路由欺骗、DNS 欺骗、ARP 欺骗以及 Web 欺骗等。

（3）系统漏洞

利用系统中存在的漏洞如"缓冲区溢出"来执行黑客程序。

（4）端口扫描

了解系统中哪些端口对外开放，然后利用这些端口通信来达到入侵的目的。

5. 防御黑客攻击的方法

（1）采用基本安全防护体系

① 用授权认证的方法防止黑客和非法使用者进入网络并访问信息资源，为特许用户提供符合身份的访问权限并有效地控制权限。

②　采用防火墙是对网络系统外部的访问者实施隔离的一种有效的技术措施。

③　对重要数据和文件进行加密传输。解决钥匙管理和分发，数据加密传输，密钥解读和数据存储加密等安全问题。

④　访问控制：系统设置入网访问权限、网络共享资源访问权限、目录安全等级控制、防火墙安全控制等。

（2）实体安全防范

主要包括控制机房、网络服务器、主机和线路等的安全隐患，加强对于实体安全的检查和监护，更主要的是对系统进行整体的动态监控。

（3）内部安全防范

预防和制止内部信息资源或数据的泄露，保护用户信息资源的安全；防止和预防内部人员的越权访问；对网内所有级别的用户实时监测并监督用户；具备全天候动态检测和报警功能；提供详尽的访问审计功能。

（4）其他安全防护措施

进行端口保护；不随便从 Internet 上下载软件，不运行来历不明的软件，不随便打开陌生人发来的邮件及附件，不随意单击具有欺骗诱惑性的网页超链接；经常运行反黑客软件；及时安装系统补丁程序和更新系统软件。

12.3.2　防火墙

防火墙的本意是指古代人们房屋之间修建的一道墙，这道墙可以防止火灾发生的时候蔓延到别的房屋。网络术语中所说的防火墙是指隔离在内部网络与外部网络之间的一道防御系统。

1. 防火墙的定义

防火墙指的是一个由软件和硬件设备组合而成，在内部网和外部网之间，专用网与公共网之间的界面上构造的保护屏障。

具体来说，防火墙在用户的计算机与 Internet 之间建立起一道安全屏障，把用户与外部网络隔离。用户可通过设定规则来决定哪些情况下防火墙应该隔断计算机与 Internet 的数据传输，哪些情况下允许两者之间进行数据传输。如图 12.1 所示。

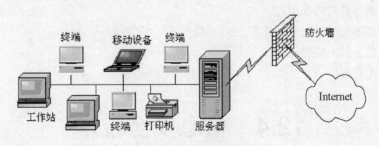

图 12.1　防火墙示意图

2. 防火墙的主要类型

（1）包过滤防火墙

在网络层对数据包进行分析、选择和过滤。通过系统内设置的访问控制表，指定允许哪些类型的数据包可以流入或流出内部网络。防火墙一般可以直接集成在路由器上，在进行路由选择的同时完成数据包的选择与过滤。这类防火墙速度快、逻辑简单、成本低、易于安装和使用，但配置困难，容易出现漏洞。

（2）应用代理防火墙

防火墙内外计算机系统间应用层的连接由 2 个代理服务器的连接来实现，使得网络内部的计算机不直接与外部的计算机通信，同时网络外部计算机也只能访问到代理服务器，从而起到隔离防火墙内外计算机系统的作用。这类防火墙执行速度慢，操作系统容易遭到攻击。

（3）状态检测防火墙

在网络层由一个检查引擎截获数据包并抽取出与应用层状态有关的信息，并以此作为依据决定对该数据包是接受还是拒绝。状态检测防火墙克服了包过滤防火墙和应用代理防火墙的局限性，能够根据协议，端口及 IP 数据包的源地址、目的地址的具体情况来决定数据包是否可以通过。

3. 防火墙的功能

防火墙用于防止外部网络对内部网络不可预测或潜在的破坏和侵扰，对内、外部网络之间的通信进行控制，限制 2 个网络之间的交互，为用户提供一个安全的网络环境。其基本功能有以下几方面。

① 限制未授权用户进入内部网络，过滤掉不安全的服务和非法用户。

② 具有防止入侵者接近内部网络的防御设施，对网络攻击进行检测和告警。

③ 限制内部网络用户访问特殊站点。

④ 记录通过防火墙的信息内容和活动，为监视 Internet 安全提供方便。

4. 防火墙的优缺点

防火墙是加强网络安全的一种有效的手段，但防火墙不是万能的，安装了防火墙的系统仍然存在着安全隐患，其优、缺点如下。

（1）优点

① 防火墙能强化安全策略。

② 防火墙能有效地记录 Internet 上的活动。

③ 防火墙是一个安全策略的检查站。

（2）缺点

① 不能防范恶意的内部用户。

② 不能防范不通过防火墙的连接。

③ 不能防范全部的威胁。

④ 不能防范病毒。

12.4　信息安全技术

12.4.1　数据加密

数据加密技术是一种用于信息保密的技术，它防止信息的非授权用户使用信息。数据加密技术是信息安全领域的核心技术，通常直接用于对数据的传输和存储过程中，而且任何级别的安全防护技术都可以引入加密概念。它能起到数据保密、身份验证、保持数据的完整性和抗否认性等作用。

数据加密技术的基本思想是通过变换信息的表示形式来伪装需要保护的敏感信息，使非授权用户不能看到被保护信息的内容。

因此，数据加密实际上就是将被传输的数据转换成表面上杂乱无章的数据，合法的接收者通过逆变换可以恢复成原来的数据，而非法窃取得到的则是毫无意义的数据。为此，首先区分一下下面几个概念。

明文：没有加密的原始数据。

密文：加密以后的数据。

加密：把明文变换成密文的过程。

解密：把密文还原成明文的过程。

密钥：一般是一串数字，是用于加密和解密的"钥匙"。

加密和解密都需要有密钥和相应的算法，密钥可以是单词、短语或一串数字。而加密和解密算法则是作为明文或密文以及对应密钥的一个数学函数。

例如，替换加密法是用新的字符按照一定的规律来替换原来的字符。假如用字符 b 替换 a，c 替换 b……依次类推，最后用 a 替换 z，那么明文"secret"对应的密文就是"tfdsfu"，这里的密钥就是数字 1，加密算法就是将每个字符的 ASCII 码值加 1 并做模 26 的求余运算。对于不知道密钥的人来说，"tfdsfu"就是一串无意义的字符，而合法的接收者只需将接收到的每个字符的 ASCII 码值相应减 1 并做模 26 的求余运算，就可以解密恢复为明文"secret"。

现代计算机技术和通信技术的发展，对加密技术提出了更多的要求。对于现代密码学者来说，基本原则是一切秘密应该包含于密钥之中，即在设计加密系统时，总是假设密码算法是公开的，真正需要保密的是密钥。密码算法的基本特点是已知密钥条件下的计算应该是简洁有效的，而在不知道密钥条件下的解密计算是不可行的。

根据密码算法所使用加密密钥和解密密钥是否相同可将密码体制分为对称密码体系和非对称密码体系。其中，非对称密码体系也称为公开密钥体系。对称密码体系则是在对信息进行明文/密文变换时，加密与解密使用相同的密钥。如图 12.2 所示。

（1）对称密钥密码体系

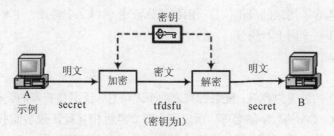

图 12.2　对称加密示意图

（2）非对称密钥密码体系

使用 2 个密钥，即公钥和私钥，其中公钥可以公开发布，但私钥必须保密。一般用公钥进行加密，用对应的私钥进行解密。如图 12.3 所示。

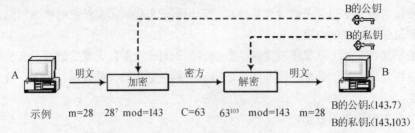

示例　　m=28　　28^7 mod=143　　C=63　　63^{103} mod=143　　m=28

B的公钥:(143,7)
B的私钥:(143,103)

图 12.3　非对称加密示意图

12.4.2　数字签名

数字签名（Digital Signature）就是通过密码技术对电子文档形成的签名，类似现实生活中的手写签名，但数字签名并不是手写签名的数字图像化，而是加密后得到的一串数据。

数字签名的特点是保证信息传输的完整性，发送者的身份认证正确，防止交易中的抵赖发生。

例如，加密发送字符串"TONGJI"（对应的十六进制表示为"544F4E474A49"）的签名示意如图 12.4 所示。

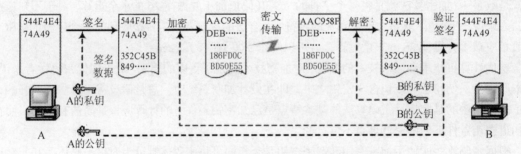

图 12.4　加密发送字符串"TONGJI"的签名示意图

12.4.3　数字证书

数字证书就是包含了用户的身份信息，由权威认证中心（CA）签发，主要用于数字签名的一个数据文件，相当于一个网上身份证。

（1）数字证书的作用

① 身份认证

数字证书中包括的主要内容有：证书拥有者的个人信息、证书拥有者的公钥、公钥的有效期、颁发数字证书的 CA、CA 的数字签名等。所以网上双方经过相互验证数字证书后，不用再担心对方身份的真伪，可以放心地与对方进行交流或授予相应的资源访问权限。

② 加密传输信息

无论是文件、批文，还是合同、票据，协议、标书等，都可以经过加密后在 Internet 上传输。发送方用接收方的公钥对报文进行加密，接收方用只有自己才有的私钥进行解密，得到报文明文。

③ 数字签名抗否认

在现实生活中用公章、签名等来实现的抗否认，在网上可以借助数字证书的数字签名来实现。

数字签名不是书面签名的数字图像，而是在私有密钥控制下对报文本身进行密码变化形成的。数字签名能实现报文的防伪造和防抵赖。

（2）数字证书的管理

数字证书是由 CA 来颁发和管理的，一般分为个人数字证书和单位数字证书，申请的证书类别则有电子邮件保护证书、代码签名证书、服务器身份验证和客户身份验证证书等。用户只需持有关证件到指定 CA 中心或其代办点即可申领。

具体来说，数字证书可用于：发送安全电子邮件、访问安全站点、网上证券交易、网上招标采购、网上办公、网上保险、网上税务、网上签约和网上银行等安全电子事务处理和安全电子交易活动。

以数字证书为核心的加密传输、数字签名、数字信封等安全技术，使得在 Internet 上可以实现数据的真实性、完整性、保密性及交易的不可抵赖性。

本章小结

本章主要介绍了信息安全的基本概念，计算机病毒的定义、特征、分类以及病毒的检测与防治，黑客与防火墙，信息安全常用的典型技术：数据加密、数字签名、数字证书等。

信息安全是指"计算机网络系统的硬件、软件及其系统中的数据受到保护，不会遭到偶然的或者恶意的破坏、更改、泄漏，系统能连续、可靠、正常地运行，网络服务不中断。"

计算机病毒是指编制或者在计算机程序中插入的破坏计算机功能或者破坏数据，影响计算机使用并且能够自我复制的一组计算机指令或者程序代码。目前计算机病毒的种类已达数万余种，而且每天都有新的病毒出现，因此计算机病毒的种类越来越多。防治计算机病毒的关键是做好预防工作。

黑客特指利用系统安全漏洞对网络进行攻击破坏或窃取资料的人。防火墙是指隔离在内部网络与外部网络之间的一道防御系统。

思 考 题

1. 简述信息安全的内容。
2. 简述计算机病毒的定义、特性和分类。
3. 如何检测和清除计算机病毒？
4. 什么是黑客？简述黑客攻击的主要方法。
5. 如何预防黑客攻击？
6. 简述防火墙的定义、功能和特性。
7. 简述防火墙的类型。
8. 数据加密有哪些方式？分析各自的优缺点。
9. 什么是数字签名？
10. 简述数字证书的作用。

［1］ 龚沛曾，杨志强，等. 大学计算机基础（第五版）[M]. 北京：高等教育出版社，2009.

［2］ 耿国华. 大学计算机应用基础[M]. 北京：清华大学出版社，2005.

［3］ 冯博琴，贾应智，张伟. 大学计算机基础（第3版）[M]. 北京：清华大学出版社，2009.

［4］ 刘明生. 大学计算机基础[M]. 北京：中国科学技术出版社，2009.

［5］ 管会生. 大学计算机基础[M]. 北京：中国科学技术出版社，2005.

［6］ 高守平，龚德良，王海文. 大学计算机基础教程[M]. 上海：复旦大学出版社，2009.

［7］ 王行言等. 计算机文化基础（第二版）[M]. 北京：清华大学出版社，1998.

［8］ 张莉等. 大学计算机基础教程（第3版）[M]. 北京：清华大学出版社，2009.

［9］ 孟彩霞. 计算机软件基础[M]. 西安：西安电子科技大学出版社，2003.

［10］ 王玉龙，付晓玲，方英兰. 计算机导论（第3版）[M]. 北京：电子工业出版社，2009.

［11］ 王忠民等. 微型计算机原理（第二版）[M]. 西安：西安电子科技大学出版社，2007.

［12］ 陈国君，陈尹立. 大学计算机基础教程[M]. 北京：清华大学出版社，2011.

［13］ John Walkenbach. 杨艳，胡娟译. Excel 2007 宝典[M]. 北京：人民邮电出版社，2008.

［14］ 宋强，周国文. Office 2007 办公应用从新手到高手[M]. 北京：清华大学出版社，2011.

［15］ 谢希仁. 计算机网络教程（第二版）[M]. 北京：人民邮电出版社，2006.

［16］ 冯博琴等. 计算机文化基础教程（第3版）[M]. 北京：清华大学出版社，2009.

［17］ 杨纪梅等. Dreamweaver 网页设计与制作完全手册[M]. 北京：清华大学出版社，2007.

［18］ 邝翠珊. Dreamweaver 8.0 网页制作教案（一）. http://wenku.baidu.com/view/1332ba37f111f18583d05a8e.html，2011.

［19］ 毛一心. 多媒体技术与应用教程[M]. 北京：中国铁道出版社，2008.

［20］ 姚怡. 多媒体应用技术[M]. 北京：中国铁道出版社，2008.

［21］ 薛为民. 多媒体技术与应用[M]. 北京：中国铁道出版社，2007.

［22］ 鲁宏伟. 多媒体计算机技术（第4版）[M]. 北京：电子工业出版社，2011.

［23］ 李丽萍. 多媒体技术[M]. 北京：清华大学出版社，2010.

［24］ 丁雪芳. Flash CS5 应用实践教程[M]. 西安：西北工业大学出版社，2011.

［25］ 鄂大伟. 多媒体技术基础与应用（第3版）[M]. 北京：高等教育出版社，2007.

［26］ 孟彩霞等. 数据库系统原理与应用[M]. 北京：人民邮电出版社，2008.

［27］ 程胜利，谈冉，熊文龙. 计算机病毒及其防治技术[M]. 北京：清华大学出版社，2005.